# 中华传统道德的精神底蕴与现代弘扬（一）

陈正良　王珂　王梦　著

吉林大学出版社
·长春·

图书在版编目(CIP)数据

中华传统道德的精神底蕴与现代弘扬. 一 / 陈正良，王珂，王梦著. — 长春：吉林大学出版社，2021.9
ISBN 978-7-5692-8908-4

Ⅰ. ①中… Ⅱ. ①陈… ②王… ③王… Ⅲ. ①道德修养—传统文化—研究—中国—通俗读物 Ⅳ. ① B825-49

中国版本图书馆CIP数据核字(2021)第189935号

书　　名：中华传统道德的精神底蕴与现代弘扬（一）
ZHONGHUA CHUANTONG DAODE DE JINGSHEN DIYUN YU XIANDAI HONGYANG (YI)

作　　者：陈正良　王　珂　王　梦　著
策划编辑：邵宇彤
责任编辑：陶　冉
责任校对：柳　燕
装帧设计：优盛文化
出版发行：吉林大学出版社
社　　址：长春市人民大街4059号
邮政编码：130021
发行电话：0431-89580028/29/21
网　　址：http://www.jlup.com.cn
电子邮箱：jdcbs@jlu.edu.cn
印　　刷：定州启航印刷有限公司
成品尺寸：170mm×240mm　　16开
印　　张：17.75
字　　数：321千字
版　　次：2021年9月第1版
印　　次：2021年9月第1次
书　　号：ISBN 978-7-5692-8908-4
定　　价：89.00元

版权所有　　翻印必究

# 前 言

　　文化是民族的血脉，是人民的精神家园。中华优秀传统文化绵延几千年，存留的文化遗产可谓卷帙浩繁，璀璨多姿，博大精深，积淀着中华民族最深沉的精神追求，代表着中华民族独特的精神标志，是中华民族生生不息、发展壮大的丰厚滋养。

　　中华优秀传统文化既包含了讲仁爱、遵礼仪、重民本、守诚信、崇正义、尚和合、知廉耻、求大同等核心思想理念，又蕴含着一系列包括求同存异、和而不同的处世方法，文以载道、以文化人的教化思想，形神兼备、情景交融的美学追求，俭约自守、中和泰和的生活理念等内含丰富人文精神、有利于促进社会和谐、鼓励人们向上向善的思想文化内容，还有着极为丰富的道德理念和规范内容。

　　中华传统道德的形成和发展是在经历了漫长的历史进程后，随着社会演变和文明的推进，逐渐得到明确、规范、升华、丰富和发展的。中华传统道德，就其内容范围看，包括了儒、墨、道、法、兵等各家思想学说中的道德学说内容及以后中国社会各个阶段历史发展中所形成的道德成果，而其中儒家的道德思想是中华传统道德中传承绵延长达两千多年的主流。春秋初期的著名政治家、思想家管仲最早提出了"礼、义、廉、耻"四个道德要素，称之为"国之四维"，并将之放置到关系国家生死存亡的高度，强调这四大道德要素之重要。称"四维张则君令行""四维不张，国乃灭亡"。春秋末期的老子提出，人要"上善若水"，要"居，善地；心，善渊；与，善仁；言，善信；政，善治；事，善能；动，善时；夫唯不争，故无尤"，倡导"仁""信"等道德操守。战国时期的孟子把"恻隐之心、羞恶之心、恭敬之心、是非之心"总结归纳为"仁、义、礼、智"，并把它们作为基本的道德规范、道德准则和道德理念。至汉代，官方将"仁、义、礼、智、信"明确为整个国家要提倡和遵循的道德纲领，后来官方、民间虽对此有过多种不尽一致的阐述，但其作为传统道德的主要架构，之后一直未有发生根本的改变。中华传统道德精华成分经过几千年的文化发展积淀，后来成为中华民族的德性、智慧和力量的体现，维系着社会日常运行的秩序和个人心性的平衡。尤其是以儒家思想为主干的传统道德中被称为美德的部分，更是亘古及今地对中国的历史与现实生活持续地产生着积极而深刻的影响。诸如天下兴亡、匹夫有责的担当意识，精忠报国、振兴中华的爱国情怀，崇德向善、见贤思齐的社会风尚，孝悌忠信、礼义廉耻的荣辱观念，自强不息、敬业乐群、扶危济困、见义勇为、孝老爱亲等中华传统美德都深刻地影响着一代代中国人的精神世界、价值取向、道德追求。如果对中华传统道德的丰富内容中那些自古至今曾经发挥过重要作用，而且对现实与未来仍然具有重要价值引领和规范作用的道德德目做一大略的梳理，就可以罗列出一份长长的清单，如以最简洁的单字表达，举要列之，包括仁、孝、忠、信、礼、义、廉、耻、智、勇、勤、俭、爱、群、恕、敬、慈、温、良、恭、让、和、宽、敏、刚、毅、直、平等。

以上所列德目，剔除特定时代赋予其的一些局限性含义，从其一般性的义理解释，是中华民族千百年来处理人伦社会关系的最基本的规范要求和道德准则，是构筑中华民族道德大厦的基石和梁柱，具有常讲常新、绵延永恒的价值。这些传统德目的基本思想与精神内涵大致包括以下几个方面：

一是注重人格修养的思想。对主体人格修养的高度重视是中华传统道德的重要内容，特别是儒家，更是将之视为为人处世第一要则。在对理想人格的追求上，中国的古代哲人一向以仁、义、忠、信等品行操守为重，而视功名富贵为浮云。孔子曾言："君子食无求饱，居无求安"（《论语·学而》），"饭疏食、饮水，曲肱而枕之，乐亦在其中矣。不义而富且贵，于我如浮云"（《论语·述而》）。甚至认为人格比生命更重要，因此"无求生以害仁，有杀身以成仁"（《论语·卫灵公》）。在义利关系上，孔子主张"见利思义"（《论语·宪问》），从而奠定了儒家道德学说的基调。孟子提倡"富贵不能淫，贫贱不能移，威武不能屈"（《孟子·滕文公下》）的气节，甚至应"舍生而取义"（《孟子·告子上》）；董仲舒主张"正其谊不谋其利，明其道不计其功"（《汉书·董仲舒传》）等，均是中华传统道德特别重视人格修养的写照。

二是重视人际和谐的内容。传统德目中诸多内容都涉及日常社会生活中人际关系的处理，其目的就是以爱心、温情、宽容、尊重等促成人际关系的和谐，并在和谐的人际关系中实现自我价值。从一定意义上讲，中华传统儒家道德实际上就是一种以人为本位的"爱心"哲学。孔子提倡"和为贵"（《论语·学而》）。"切切偲偲，怡怡如也"（《论语·子路》），和谐的前提是建立在个体自觉基础上的"仁"，仁者"爱人""为仁由己"，并"修己以敬""修己以安人""修己以安百姓"。孟子也强调"天时不如地利，地利不如人和"（《孟子·公孙丑下》），视人际和谐为社会治乱的首要因素。尽管孔孟的"和"与"爱人"有一种泛爱主义的色彩，但其重视个人感情的积极投入与有爱的人际关系的建立，将自我价值的实现与社会关系联系起来，具有积极合理的意义。

三是强调社会责任的承担。在诸多传统德目中，对道德修养的要求，往往不能局限于狭隘的个人修养范围，"修身""齐家"，最终指向要为实现"治国""平天下"服务，是儒家道德哲学的逻辑归宿，个人的道德修养也在这种对社会、民族、国家的责任担当中获得永恒的价值。从孔子的"克己复礼"、孟子的"如欲平治天下，当今之世，舍我其谁也"，到顾炎武的"天下兴亡，匹夫有责"，一脉相承，体现出一种自觉而强烈的社会责任感。

四是推崇自强进取精神。中国传统道德中蕴含的道德思想和道德实践的一个突出特点是其体现的自强进取精神，《易经》云："天行健，君子以自强不息。"提倡人应该效法日月星辰刚健运行，强调好学不辍学、修身不已，不苟且偷安，不墨守成规，要奋斗不息、积极进取。自强不息是中华优秀传统文化思想的主旋律，也是中华民族虽历经磨难而不倒、中华文明虽历经浩劫而传承的重要因素，突显着中华民族积极向上、开拓进取、百折不挠、愈挫愈奋、不懈奋斗的民族精神品格。

漫长的历史岁月，中华民族虽然历经沧桑，但其始终能巍然屹立于世，最根本的原因就在于她的人民拥有优秀的文化传承，在其血脉中流淌着高尚仁义的精神，在其心灵深处树立着纯正的道德价值观。社会正义虽时有迟到，而浩然正气从未曾湮灭；人间正道虽非坦途，而终能清障前行。改革开放40多年来，我国经济社会已然发生了巨大而深刻的变化，对外开放日益扩大，伴随着互联网技术和新媒体的快速发展，各种思想文化和价值观交流更加频繁，迫切需要深化对中华优秀传统文化包括道德文化重要性的认识，以进一步增强民族文化自觉和文化自信；迫切需要深入挖掘中华优秀传统道德文化的价值内涵，进一步激发中华优秀传统道德文化的生机与活力；迫切需要加强各种政策支持，着力构建中华优秀传统道德文化传承发展体系。今天，国家的富强、民族的复兴、人民的幸福，都需要中华道德文明接续辉映前程。因此，传承发展中

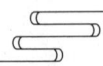

华传统美德，并使其不断发扬光大，既是中国特色社会主义文化强国建设的重大战略任务，又是推进新时代社会主义道德建设的现实要求，对传承弘扬中华优秀传统道德文化，全面提升人民群众文化、道德素养，提升国家软实力，无疑具有特别重要的现实意义。

在如何对待传统道德文化的问题上，我们曾经走过弯路，至今仍存在一些思想认识上的不统一，优秀传统道德文化保护的各项基础性工作仍然存在诸多薄弱之处，在生产生活中转化运用仍然存在不足，还存在贬低、漠视，甚至轻易否定传统道德文化或简单复古的现象。如何推动中华优秀传统道德文化传承发展走上积极健康的道路，有待进一步积极研究探索。

党的十八大以来，以习近平同志为核心的党中央高度重视弘扬中华优秀传统文化。习近平总书记发表了一系列重要讲话，其中包含了许多传承发展中华优秀传统文化的新思想、新观点、新论断，明确了指导思想、方针原则、目标任务。2017年1月25日，中共中央办公厅、国务院办公厅发布《关于实施中华优秀传统文化传承发展工程的意见》，对如何实施中华优秀传统文化传承发展工程做出了具体的部署安排。

中华优秀传统道德文化是中华优秀传统文化的重要组成部分，是中国特色社会主义道德文化植根的文化沃土，也是当代中国社会道德建设的突出优势。习近平总书记提出的"创造性转化、创新性发展"是指导传承发展中华优秀传统道德文化的重要方针。在传承发展中华优秀传统道德文化上坚持"两创"方针，关键是要正确理解和把握处理好"继承"和"创新"的关系，处理好传统道德文化与当今时代的关系，主要看能不能解决今天中国的道德建设问题，能不能回应时代的需求和挑战，能不能使之转化为有助于促进民族复兴、国家富强、人民幸福的有益精神财富。因此，我们在坚持落实"两创"方针的实践中，必须要始终坚持辩证唯物主义和历史唯物主义的世界观、方法论，秉持客观、科学、礼敬的态度，对传统道德文化进行具体的分析，取其精华、去其糟粕，扬弃继承、转化创新，既不复古泥古，又不简单地予以总体性的抽象肯定或否定，要在具体分析的同时，不断赋予其新的时代内涵和现代表达形式，不断补充、拓展、完善，使之与当代道德文化相适应、与现代社会相协调，使之成为有利于解决现实道德问题的文化，有利于助推现实社会道德发展的文化，有利于弘扬民族精神和时代精神的文化。

我们需要也应该对自己民族的优秀传统文化包括道德文化怀有充分的信心，中华传统道德文化曾经造就和护佑了一个绵延几千年薪火不断的文明之邦并泽惠四方,曾经为营造文明、有序、和谐的社会生活,化解人类社会的各种纷争矛盾提供了许多成功的相处之道和卓越的处世智慧,其中包含着许多具有永恒价值的普世性的真理,当代的中国和世界,无疑不可缺少这种智慧和真理。实际上,传统道德文化在我们的现代社会依然"日用而不知"地广泛存在,中华传统道德文化虽不乏博大精深之哲理与人生智慧,但更多地包含了最为世俗的"不离人伦日用"的文化元素,这些道德文化资源在当前的现实社会生活中依然为人们习以为常地使用,这也是中华传统道德文化经久不衰的重要缘由。与此同时,20世纪下半叶以来,随着工业化、全球化发展所带来的一系列问题、"现代困境"的加剧,一些思想家在寻找解决问题答案的过程中,都不约而同地将人类所遭遇的这些问题的答案、"现代困境"的出路指向中国传统文化,认为中国传统社会的一些价值理念、道德法则乃是应对当今诸多"世界性难题"的最佳良方。留给大家深刻印象的一件事是,早在1988年初,75位诺贝尔奖得主曾经在巴黎聚会,会议发表的宣言中有过这样的表述:"人类要在21世纪生存下去,就要从2 500年前的孔子那里去汲取智慧。"联系今天,我们身处21世纪矛盾纷乱的现实世界,一方面是达到空前高度的物质技术文明,另一方面是未能同步匹配的精神道德文明;一方面是人类对和平、发展的共同需求,另一方面是国际交往中一些国家越来越赤裸裸的由狭隘、自私的利益盘算所带来的文明外表下的虚伪的甚至穷凶极恶的霸凌外交,从而使2 500多年前孔子提出的"己所不欲,勿施于人"这一被视为处理人类社会关系乃至国际关系的道德黄金律,或者说金规则(the golden rule),彰显出其宝贵的意义,以及使其真正成为人类的基本行为准则,落实到国际社会交往的全部实践中,具有重要的现实价值。因此,今天,有必要对30多年前的这一宣言予以郑重重申,作为中国人,更需要对自己民族的传统道德智慧心存敬畏自豪,予以坚定不移的信守坚持,并积极地不断弘扬传播,坚信真理终将战胜谬误,坚信文明民主终将战胜野蛮专横,人类终将沿着向上向前的道路迈进,中华道德文明温暖之光终将融化傲慢的坚冰。虽然这可能是一个漫长的曲折过程,但这应是人类文明发展的必然。著名历史学家汤因比曾经公开而大胆地预言:"未来最有资格和最有可能为人类社会开创新文明的是中国,中国文明将一统世界,世界的未来在中国,人类的出路在中国文化。"汤因比不是中国人,他对中华文化、中华文明的这种预期,相信绝不是因为其对中国有什么特殊的感情,作为一个通晓世界历史的严谨学者,这应是他深入研究人类社会文明发展历史进程并做出慎重比较后得出的一个客观结论。这也是我们对自己民族的优秀传统文化包

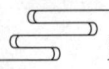

括道德文化怀有充分的信心的有力注释。

  当前中华民族正处于实现伟大复兴的关键历史时期，文化复兴无疑是一个民族实现复兴的应有之义，传承、弘扬中华民族优秀传统文化是实现文化复兴的关键所在。历代先贤曾经创造了让我们的民族引以为傲的灿烂辉煌的文化，传承和发扬这份宝贵的文化遗产，使之历久弥新，促进传统文化在当代的"创造性转化、创新性发展"，实现复兴繁荣，是当代中国人的时代使命。本书在对中华传统道德文化中的一些重要德目，诸如"礼""义""廉""耻""智"等分别进行深入浅出的义理挖掘阐析的基础上，结合当代我国社会主义道德建设实践的研究，分析在现代社会背景下如何对中华传统道德进行去粗取精，大力传承弘扬中华传统美德，对促进我国社会主义道德建设健康发展进行系统阐析。每一德目用一篇专题加以研析，主要内容包括传统德目的起源与历史流变、历史作用、现代弘扬的价值、实践现状及原因分析、现代弘扬的原则和实现路径。笔者意图在推动中华优秀传统道德文化坚持落实"创造性转化、创新性发展"的方针上做一点尝试努力。内容的选择和篇目的排列，主要基于历史和现实的综合考量，并不完全拘泥于习惯性的表述和价值标准。

# 目 录

第一篇 "义"德篇 / 1

第二篇 "礼"德篇 / 47

第三篇 "智"德篇 / 89

第四篇 "廉"德篇 / 151

第五篇 "耻"德篇 / 211

参考文献 / 263

后 记 / 274

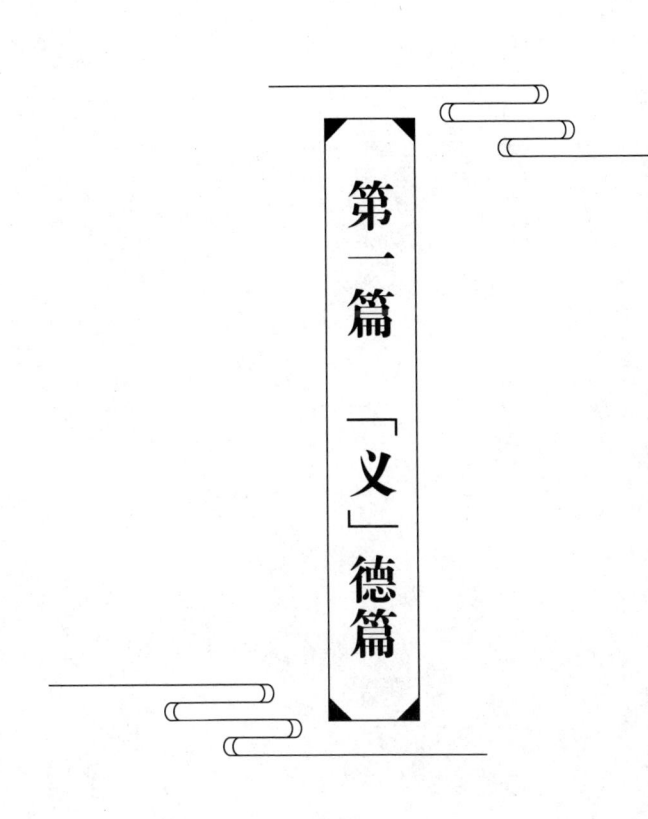

# 第一篇 「义」德篇

作为中华传统道德体系的一个重要组成部分，自春秋以来，圣贤先哲不断阐述和挖掘"义"的真谛，把它作为社会主流价值观注入整个民族的道德体系中，"义"成为中华传统道德的重要德目之一。伴随着历史长河的激荡，漫长岁月的洗礼，"义"依旧笃实而光辉，在当代社会价值体系中继续发挥作用。然而，随着经济的快速发展，物质文明的日益发达，现实社会生活中，"义"德"义"风也不可否认地遭受了各种各样的损害。因此，对"义"这一传统道德，我们必须要在坚定不移地弘扬其中经过社会历史的淬炼、已显示出永恒价值的那部分精粹内涵的基础上，根据时代的变化和现实道德建设的要求，返本开新，给予"义"新的现代阐释，赋予其新的内涵，方能赓续其永恒价值。

## 一、"义"德的起源与历史流变

数千年来，"义"一直是中华民族重要的伦理范畴、道德规范与行为准则之一。作为中华传统道德的重要德目之一，绝大多数的人对"义"这个字应该是再熟悉不过了，然而熟知并不意味着真知。在现实生活中，人们对于"义"德的真谛未必有着完整真切的感受，有些人甚至把"义"德直接等同于"江湖义气"，这是一种对"义"德精神的简单庸俗化理解。因此，要想真正认识理解"义"德，就必须正本清源，即从其起源与历史流变中，对"义"德的底蕴与内涵进行全面而准确的认知与把握。

### （一）"义"德的起源

"义"字早在甲骨文中就已出现，张奇臻在《新说文解字》中写道：义之繁体为義。義，从羊，从我。"我"是锯，即以锯解羊之义。不管是解羊还是解牛解猪，都是为祭天、祭祖，从出发点来说，是舍生取义。[①] 关于义的起源，人们认为义起源于古代的祭祀活动，因为"义"即"我、羊"。羊作为祭祀神灵的牺牲品，早在母系氏族公社时期就已经出现，后古代先民逐渐进入新石器时代，随着生产力的迅速发展，人口也急剧增加，但人们赖以生存的生产资料、生活资料却难以满足所有部族人群的需要。这种矛盾冲突导致人与人

---
① 张奇臻.新说文解字[M].武汉：崇文书局,2016: 310.

之间、部落与部落之间冲突不断，最终演变为激烈、频繁的战争。战争是残酷的，尸横遍野的惨况刺痛着人们的心灵，于是人们开始反思和探索不同种群之间的共存相处之道。在种群之间不断调解的过程中，德性的思想也在不断萌芽，人们开始确立一些规则、法度去约束大家的行为。正如荀子所言："人生而有欲，欲而不得，则不能无求；求而无度量分界，则不能不争；争则乱，乱则穷。先王恶其乱也，故制礼义以分之，以养人之欲，给人之求。使欲必不穷于物，物必不屈于欲，两者相持而长，是礼之所起也。"① 那些原始的规则、法度就是礼义最初的形态，体现着人与人之间、部落与部落之间义的精神与诉求。因此，可以看出义的观念当是源于人们息争止讼、和睦相处的共同要求。

义的观念、德行都应该源于上古时代先民息争止讼的追求，正是历史的抉择，时势所趋，义才逐渐成为调节社会关系的内在准则。纵观尧、舜、禹这些古圣先王，都是倡导、践行义的典范。据《尚书·虞书·皋陶谟》记载，贤臣皋陶曾向大禹进言，为政者一定要做到九德：宽而栗，柔而立，愿而恭，乱而敬，扰而毅，直而温，简而廉，刚而塞，强而义。② 其中一项"强而义"就是要求为政者要勇敢刚强，且行为举止和政策措施要合乎道义。这一时期最能够体现古圣先王"义"德的就是禅让制，即"传贤不传子"，尧帝晚年时，精力不济，希望将皇位传给有德有才的人，以利天下苍生，有人推荐了他的儿子丹朱，尧帝认为自己的儿子才德不足，否决了他。后来，大家一致推荐了出身寒微、多才多艺的虞舜，尧帝才予以首肯，经过一系列考核，尧帝传位于他。尧帝的传子、传贤之争，包含着深刻的公私之辩、义利之辩。司马迁明确地指出了这一点："尧知子丹朱之不肖，不足授天下，于是乃权授舜。授舜，则天下得其利而丹朱病；授丹朱，则天下病而丹朱得其利。"③ "终不以天下之病而利一人"，这就是尧舜的大公无私之处。尧舜禹之后，随着社会文明的不断推进，社会关系越来越复杂，各种矛盾冲突不断增加，义的观念越来越受到人们的普遍重视，圣王多是义的倡导者和实践者，百姓也尝试用义妥善地处理彼此的关系。

## （二）"义"德的历史流变

正如之前所述，义字早在甲骨文中就已出现，而义的观念在上古时期得以

---

① 楼宇烈.荀子新注[M].北京：中华书局,2018:375.

② 尚书[M].钱宗武,解读.北京：国家图书馆出版社,2017:33.

③ 司马迁.史记[M].北京：团结出版社,2017:11.

萌芽。夏商周时期和春秋战国时期，诸多思想家都对义给予各自的解读，使其含义得以不断发展，"义"德得以产生与形成。在汉代和两宋时期，"义"德含义经历了两次重大转变，后至明清时期，"义"德"义"行深入人心，在社会中不断普及与赓续，成为中华传统道德体系中的重要德目。

### 1. "义"德的产生与形成——夏商周、春秋

"义"德产生于夏商周时期，在此期间义的基本内涵已经形成，主要包括两层含义：其一，"当"或"正"意为正当；其二，"宜"意为适宜、恰当。《尚书·周书·大诰》中记载："义尔邦君越尔多士、尹氏、御事绥予曰：'无毖于恤，不可不成乃宁考图功。'"[①] 这个"义"就是当、应当的意思，而《尚书·无逸》中记载："其在祖甲，不义惟王，旧为小人。"[②] 这个"不义"就是不宜的意思。在《尚书·周书·康诰》中记载："时乃引恶，惟朕憝。已！汝乃其速由兹义率杀。"[③] 这个"义"也是适宜的意思。在夏商周时期，人们认为人间王道与天道是相结合的，天道即上天的意志，被认为是最大的义，王道合于天道，因而王道就是大义。《尚书·商书·高宗肜日》中记载："惟天监下民，典厥义。降年有永有不永，非天夭民，民中绝命。"[④] 从这里可以看出，义来自上天神的制定，世俗的统治者和臣民如果不遵守义，上天就会惩罚他们，如商纣王即位后好酒淫乐，为聚财而加重贡赋，导致民有怨言、诸侯离叛，最终导致殷亡。因此，在王道政治中，义是决定整个社会政治秩序的关键，王朝的生死存亡与统治者是否施行义或者是否具有义德有着密切的关系。《尚书·周书·立政》中记载："亦越武王，率惟敉功，不敢替厥义德，率惟谋从容德，以并受此丕丕基。"[⑤] 武王正是因为做到了选贤任能的"义德"，所以得到了上天的认可，获得了天命。《尚书·洪范》中记载："无偏无陂，遵王之义；无有作好，遵王之道；无有作恶，遵王之路。"[⑥] 纵观殷亡周兴的内在原因，可以看出君王的仁义对国家治理的重要意义。

春秋战国时期是我国古代社会生产力大发展、社会关系大变革的时期，

---

① 尚书[M]. 钱宗武, 解读. 北京：国家图书馆出版社, 2017:295.
② 尚书[M]. 钱宗武, 解读. 北京：国家图书馆出版社, 2017:387.
③ 尚书[M]. 钱宗武, 解读. 北京：国家图书馆出版社, 2017:316.
④ 尚书[M]. 钱宗武, 解读. 北京：国家图书馆出版社, 2017:214.
⑤ 尚书[M]. 钱宗武, 解读. 北京：国家图书馆出版社, 2017:432.
⑥ 尚书[M]. 钱宗武, 解读. 北京：国家图书馆出版社, 2017:267.

"礼崩乐坏"是当时历史的真实写照。面对这样的社会现实,思想家纷纷提出自己的治世之道,他们认为必须建立规范的社会行为道德体系,才能使这一现状得以改变。孔子、孟子、荀子以及管子、墨子等圣贤,对义进行了深入周密的阐发,使其内涵更为深刻,最终上升为社会公认的道德规范,"义"德得以形成。孔子是"义"德的大力倡导者,《论语·述而》曰:"德之不修,学之不讲,闻义不能徙,不善不能改,是吾忧也。"[1]孔子把人们听到义却不向其靠拢、不按照义去行事看作是他忧虑的事情之一,可见孔子对义的重视。孔子认为,义是判断人的行为是否适宜社会规范的准则,人应该依义而行,因此他写道:"君子之于天下也,无适也,无莫也,义之与比。"[2]"务民之义,敬鬼神而远之,可谓知矣。"前一句强调君子应该做什么和不应该做什么都必须以义为准则,义是区别君子与小人的重要依据。后一句则用义来规范民众的行为,要求民众要遵从道德。孔子论义经常与利对照,具有重义轻利的思想,他说:"君子喻于义,小人喻于利。"[3]"不义而富且贵,于我如浮云。"[4]在孔子的《论语》一书中,义字被提到24次,义被视为各阶层都必须遵循的重要道德规范。

孟子师承孔子,继承了孔子"贵仁"的思想,但不强调"礼",而是突出"义"。在《孟子》一书中,义共出现108次,义作为孟子思想中的核心范畴之一,具有以下几个方面的含义。首先,孟子认为义是人应该走的正路,他说:"仁,人之安宅也;义,人之正路也。旷安宅而弗居,舍正路而不由,哀哉!"[5]"仁,人心也;义,人路也。舍其路而弗由,放其心而不知求,哀哉!"[6]孟子把义看作是人类的光明正道,是人的行为应该遵守的准绳,是通达人心之所的正确途径,所以人要用义来约束自己的行为,舍弃正确道路的人是可悲的。其次,孟子从性善论角度把义看作是人内在的固有的本质,他说:"仁义礼智,非由外铄我也,我固有之也。"[7]在孟子看来,人之所以为人,就因为具有仁、义、礼、智这四种固有的德性,义虽然是人固有的内在本质,但并不是每一个人都能够保持这一本质,那么判断一个人是否有义,就看一个人

---

[1] 杨伯峻.论语译注[M].北京:中华书局,2015:99.

[2] 杨伯峻.论语译注[M].北京:中华书局,2015:53.

[3] 杨伯峻.论语译注[M].北京:中华书局,2015:56.

[4] 杨伯峻.论语译注[M].北京:中华书局,2015:104.

[5] 方勇.孟子[M].北京:商务印刷馆,2017:146.

[6] 方勇.孟子[M].北京:商务印刷馆,2017:240.

[7] 方勇.孟子[M].北京:商务印刷馆,2017:233.

是否知耻，即"羞恶之心，义之端也"。再者，孟子把义看作理，他说："至于心，独无所同然乎？心之所同然者，何也？谓理也，义也。圣人先得我心之所同然耳。故理义之悦我心，犹刍豢之悦我口。"[1]在这里孟子认为，心是相同的，是理，是义，而这样一种理义是人们的道德意识和行动的基础。为此，他强调"或劳心，或劳力；劳心者治人，劳力者治于人；治于人者食人，治人者食于人，天下之通义也"[2]。在孟子看来，君主要负责治理好国家，百姓要辛勤劳作，奉养君主，这才是天下得以通行的道理。这里可以看出，孟子的义是建立在合理维护等级秩序的基础之上的。最后，孟子认为义是从兄、敬长，他在伦理思想中强调："亲亲，仁也；敬长，义也；无他，达之天下也。"[3]"仁之实，事亲是也；义之实，从兄是也。"[4]义主要体现在对于兄长的尊敬，尊敬长者是处理长幼关系的道德原则。

荀子对于义的理解传承于孔孟，但他阐述的义与孔孟阐述的义有所不同，孔孟强调"仁义"，荀子却比较注重"礼义"。在《荀子》一书中一共出现316处义，由此可见，义在荀子思想体系中有着重要的地位。在《荀子》中，谈论义时多是礼义连用、互为依据，但两者也有侧重。《荀子·大略》曰："仁，爱也，故亲。义，理也，故行。礼，节也，故成。仁有里，义有门……义非其门而由之，非义也……行义以礼，然后义也。"显然，他认为义之"门"就是礼，而礼就是要对自己的行为有所节制，礼成才能够达义。《荀子·荣辱》中记载："君子非得势以临之，则无由得开内焉。今是人之口腹，安知礼义？安知辞让？安知廉耻隅积？亦呥呥而噍、乡乡而饱已矣。人无师无法，则其心正其口腹也。"[5]荀子在这里强调君子需要对小人进行管教，教授他们礼节道义，让他们知道什么是荣辱，懂得判断是非，因此侧重于礼义中的义。荀子对义的阐述还包括正义，在《荀子》中一共有四处，分别是"正义直指，举人之过，非毁疵也"[6]"不学问，无正义，以富利为隆，是俗人者也"[7]"故正义之臣设，则朝

---

[1] 方勇.孟子[M].北京：商务印刷馆,2017:235.
[2] 方勇.孟子[M].北京：商务印刷馆,2017:101.
[3] 方勇.孟子[M].北京：商务印刷馆,2017:279.
[4] 方勇.孟子[M].北京：商务印刷馆,2017:155.
[5] 楼宇烈.荀子新注[M].北京：中华书局,2018:56.
[6] 楼宇烈.荀子新注[M].北京：中华书局,2018:36.
[7] 楼宇烈.荀子新注[M].北京：中华书局,2018:131.

廷不颇"①"正利而为谓之事，正义而为谓之行"。②从这几处可以看出，在荀子讲的"正义"中，存在着道德正义和社会正义的意识。在《荀子》中，义还表现为道义，这里的道义表现为对人的规范系统，一是告诉人们应当做什么，二是告诉人们不应当做什么。荀子曰："夫义者，内节于人而外节于万物者也；上安于主而下调于民者也。内外上下节者，义之情也。然则凡为天下之要，义为本，而信次之。"③《荀子·儒效》中记载："先王之道，仁之隆也，比中而行之。曷谓中？曰：礼义是也。道者，非天之道，非地之道，人之所以道也，君子之所道也。"④前者强调道义能够调节人和万物，是治理天下的根本，后者强调道义是人和君子所行之道，是思想与行动的纲领，应该努力按照道义去实践。

墨子对于义的理解，与儒家有别，甚至比儒家更崇尚义。墨子曰："然则天亦何欲何恶？天欲义而恶不义。然则率天下之百姓以从事于义，则我乃为天之所欲也。我为天之所欲，天亦为我所欲。"⑤墨子认为，义自天出，上天好义，憎恶不义，顺应天意就是要率领天下的百姓按义行事，这样会得到上天的奖赏，反之则会受到惩罚。那么，如何做到顺应天意？即"上利乎天，中利乎鬼，下利乎人，三利无所不利，是谓天德。聚敛天下之美名而加之焉，曰：此仁也，义也，爱人利人，顺天之意，得天之赏者也"⑥。能够利天、利鬼、利人是义，即为天德。同时，墨子认为义有匡正之意。《天志下》曰："义者，正也。何以知义之为正也？天下有义则治，无义则乱，我以此知义之为正也。"⑦墨子认为，天下有义就能够长治久安，天下无义就会陷入混乱，为此他视义为"天下之良宝"，认为"万事莫贵于义"。墨子之所以如此贵义，并执着去实践义，是因为在他看来，义可以利人、富国、众民、治行政、安社稷。墨子在贵义的同时，也重视利，在墨子看来，义与利同，"义"德的实质内容就是利，两者不可分开，但这种利是公利，非一己之私利。利国、利民、利天下的利，才合乎义，义利虽然合一，但义始终要对利起导向作用。

道家主张无为而治，宣扬道德退化论，并且反对义，老子就明确提出"绝

---

① 楼宇烈.荀子新注[M].北京：中华书局,2018:261.

② 楼宇烈.荀子新注[M].北京：中华书局,2018:446.

③ 楼宇烈.荀子新注[M].北京：中华书局,2018:314.

④ 楼宇烈.荀子新注[M].北京：中华书局,2018:114.

⑤ 方勇.墨子[M].北京：商务印书馆,2018:228.

⑥ 方勇.墨子[M].北京：商务印书馆,2018:245.

⑦ 方勇.墨子[M].北京：商务印书馆,2018:237.

仁弃义"的主张。在老子看来，儒家提倡的仁、义、礼等道德规范是所谓的"下德"，是导致社会关系混乱的根源。老子曰："故失道而后德，失德而后仁，失仁而后义，失义而后礼。夫礼者，忠信之薄，而乱之首。"①儒墨道三家对于"义"德的理解都是从人类社会发展的角度进行讨论的，而法家论义完全是站在统治者的角度。法家最初起源于春秋时的管仲、子产，管仲在辅佐齐桓公治齐时，一方面主张礼义廉耻作为维系国家的支柱，在《管子·牧民》中记载："国有四维，一维绝则倾，二维绝则危，三维绝则覆，四维绝则灭。倾可正也，危可安也，覆可起也，灭不可复错也。何谓四维？一曰礼，二曰义，三曰廉，四曰耻。"②另一方面也强调以法治国。后来法家代表人物主张以法代德，反对用仁义，如商鞅认为，"仁者能仁于人，而不能使人仁。义者能爱于人，而不能使人爱"，所以"圣王者不贵义而贵法"。③韩非子认为，"夫慕仁义而弱乱者，三晋也；不慕而治强者，秦也"。④所以，从根本上看法家也是弃义的，因而对义的阐述不及儒家和墨家的影响之深远。

2. "义"德的两次重大转变——汉代、宋代

秦王朝采取法家思想，在统一中国、夺取政权中获得了成功，但是在统治的过程中失败了，最终秦二世而亡。这对汉朝统治者从中吸取教训，重新认识德与法的关系，肯定道德教化对巩固政权的重要作用，产生了极为深刻的影响。从汉初的陆贾到贾谊再到董仲舒，儒家思想最终被确定为正统的统治思想，"义"德因此成为汉代治国的基本原则，完成了第一次重大转变。

汉初，陆贾深刻总结"秦二世而亡"的深刻教训，认为夺取政权和巩固政权应该采取不同的策略，前者要以"逆取"，后者以"顺守"，为此陆贾提出了"文武并用，长久之术"的"顺守"策略，即治国不能单靠武力去统治，还应该靠仁义，即德治进行教化。因此，他认为仁义是最高的指导思想，正如他在《新语·道基》中所说："仁者以治亲，义者以利尊。万世不乱，仁义之所治也。"不仅如此，他还认为所有的社会关系都需要靠仁义来维持，如"夫妇以义合，朋友以义信，君臣以义序，百官以义承"。对于秦朝灭亡的教训总结，在文帝时的思想家贾谊那里，也有与陆贾基本一致的认识。贾谊在其著名的《过秦论》

---

① 王弼.老子道德经注[M].楼宇烈，校释.北京：中华书局，2011:98.
② 李山，轩新丽.管子[M].北京：中华书局，2019:4—5.
③ 周晓露.商君书[M].上海：三联书店，2014:169.
④ 王伏玲，高华平.韩非子[M].北京：商务印刷馆，2016:426.

中指出，秦亡的主要原因是"仁义不施，而攻守之势异也"。他认为，陈胜不用汤武之贤，不惜公侯之尊，之所以"奋臂于大泽而天下响应者，其民危也"；而"牧民之道，务在安之而已"。这就是说，守国的关键在于民危还是民安，而要使民安之就应该以教为本，也就是对民施以"仁义恩厚"。为此，他建议统治者施行"仁义"，曰："故夫士民者，率之以道，然后士民道也；率之以义，然后士民义也；率之以忠，然后士民忠也；率之以信，然后士民信也。"① 在这里，他认为统治者只有先行义，上行下效，士民才能够行义，国家才能够长治久安。

元光元年（公元前134年），汉武帝诏举贤良对策，于是董仲舒等人应诏对策，向武帝提出了"罢黜百家，独尊儒术"的建议，董仲舒等人的建议得到了汉武帝的支持，儒家也就被尊奉为封建统治的正统思想。董仲舒把儒家的伦理思想概括为"三纲五常"，所谓三纲，即"君为臣纲，父为子纲，夫为妻纲"，所谓"五常"，即"仁、义、礼、智、信"。"三纲"规定了上下等级之间的伦理关系，《春秋繁露·正贯》第十一曰："《春秋》，大义之所本……立义定尊卑之序，而后君臣之职明矣。载天下之贤方，表谦义之所在。"这里就规定了要用礼义严上下等级之分，即用礼义对君臣之义、臣民之义进行严格的规定。"五常"则是作为个人处理人际关系的道德要求和道德意识，在"五常"中，董仲舒认为义与仁是两个不同的道德范畴，仁用以对人，义用以对我，两者的对象不同，因而他们的道德要求也有区别。《仁义法》曰："《春秋》之说治，人与我也。所以治人与我者，仁与义也。以仁安人，以义正我。故仁之为言人也，义之为言我也，言名以别矣。"他把社会人际关系归结为"人我之间"，并把处理这一关系分析为对人和对己两个方面，认为只要做到"正我""爱人"，就能够维护良好的社会关系。

魏晋南北朝时期，天下分裂，门阀盛行，人心消沉，溺玄思而忽视国家、社会，人们重私家而怠慢公义，义德在社会动荡下变得迷离。隋唐时期，社会政治统一，但由于注疏式解经以及其他社会因素导致经学地位的衰弱，加之佛教、道教的蓬勃发展，使儒家哲学遭受严重挑战。面对佛教、道教的挑战，尽管韩愈、李翱、刘禹锡等一批知识分子主动担起儒家复兴的重任，但"义"德在这一时期并没有获得实质性的发展。自唐中叶以后，一种以儒学为主体，儒、佛、道三者合流的新儒学已初见端倪，正是在此基础上产生了宋明"理学"，它的产生使传统的儒家伦理思想获得了完备的理论形态，达到了最高的

---

① 贾谊.新书校注·大政上[M].阎振益,钟夏,校注.北京：中华书局,2017: 340.

发展阶段，在理学的背景下，义被视为天理的代名词，"义"德的地位得到了进一步提升。

周敦颐作为理学的开端者，他以"中正仁义"作为"人极"的道德标准，在《太极图说》中指出"圣人定之以中正仁义，而主静，立人极焉"，其中所谓"中"，周敦颐据《中庸》解释说："惟中也者，和也，中节也，天下之达道也，圣人之事也。"这个中就是正，中正的具体内容，就是仁义。关于仁义，周敦颐曰："天以阳生万物，以阴成万物。生，仁也；成，义也。""故圣人在上，以仁育万物，以义正万民。"周敦颐既以仁、义为人极，因而仁、义也就成了封建统治者用以育物正民的根本方法。

在"北宋理学五子"中，理学和理学伦理思想的真正奠基人和初步形成者是程颢、程颐。二程曾受学于周敦颐，但他们学说的最高范畴"天理"是由他们自己体验出来的。二程把天理当作宇宙万物的本体，并根据"天人本无二"，即天人"一理"的观点，建立了他们的伦理思想体系。在二程看来，"一理"包含了君臣、父子、长幼、夫妇、朋友各种伦常和仁、义、敬、孝等所有德目，所以义的概念也就包含于义理之中，义理是天理的重要组成部分，因此义也就具有本体论意义。二程认为，为了防止人受欲望的诱惑而做出不善的事情，就必须加强道德修养。为此，二程提出"敬义夹持"的修养方法。所谓敬义夹持，就是说既要做到主敬，又需要集义，主敬就是心要专一于天理，坚守天理的内在功夫，不为外物所诱惑，集义就是要把对天理的信念付诸实践行为，两者做到内外合一，才能达到"天德"。

朱熹是理学的集大成者，他对于义范畴的理解和发展颇具独到之处。他同其他思想家一样，将义与理结合起来，得出了"义者，天理之所宜"的结论，朱熹认为君子有所为有所不为，但只要是合乎天理、义之所在，就应该全力以赴，否则就可能沦为小人。同时，他将"义"规定为"心之制"：心之制，却是说义之体……事之宜虽若在外，然所以制其义，则在心也。程子曰：处物为义，非此一句，则后人恐未免有义外之见。如义者事之宜，事得其宜之谓义，皆说得未分晓。盖物之宜虽在外，而所以处之，使得其宜者，则在内也。（《朱子语类》卷五十一）也就是说，人能够使做的事情合宜，不在于外而在于内，在于人内心的约束。

宋代，人们对儒学和社会改良的认识更为清晰，也更加注重自身修养、注重个人、家庭与国家和谐稳定的关系。北宋真宗时期，人们已经将孝、悌、忠、信、礼、义、廉、耻连用，杨亿的《杨文公家训》中记载："童稚之学，不止记诵。养其良知良能，当以先入之言为主。日记故事，不拘今古，必先以孝、第、忠、信、礼、义、廉、耻等事，如黄香扇枕、陆绩怀橘、叔敖阴德、子路负米之类，只如俗说，便晓此道理，久久成熟，德性若自然矣。"有的将孝、悌、忠、信、礼、义、廉、耻称为"八德"，有的称其为"八端"。

3. "义"德义行深入人心与社会普及——明代、清代

明清时期，基于特定的社会政治条件，不断完善科举制度，运用八股取士选拔人才，积极倡导理学家提出的义理观。当时，士大夫讲学之风盛行，他们以读书做官为荣，积极入世，重视气节、公义。黄宗羲首先提出了以利天下人之利为"公利"的价值观，在他看来人各有自己的利益欲求，由此肯定了人之"自利"的合理性，但他也反对以一己之私利损害天下人之公利，为此他主张天下为主，君为客，君主要满足天下万民的自利欲求，这是为君者的责任与义务。王夫之"循天下之公"的思想，强调"公者重，私者轻"，个人的私利应该服从国家、民族、人民的公利。他说："有一人之正义，有一时之大义，有古今之通义；轻重之衡，公私之辨，三者不可不察。以一人之义，视一时之大义，而一人之义私矣；以一时之义，视古今之通义，而一时之义私矣；公者重，私者轻矣。权衡之所自定也。"[①] 王夫之所说的"古今之通义"，是以国家、民族的利益为重，"循天下之公"是要求人民在反对民族压迫、维护民族独立的正义斗争中，发扬爱国主义的大义。与此同时，士大夫、乡绅等热心社会公义，义田、义学、义塾、义社、义庄等兴盛，义之德行普遍流传于社会，深入人心。

## （三）"义"德的伦理要求

中国传统伦理道德内容丰富，包含着诸多方面，如礼、义、廉、耻、孝、忠、悌、信、仁、智、勇等，各伦理纲维之间又相互联系，共同构成一个统一整体。在中国伦理道德史的发展过程中，"义"德常常被认为是全德，与其他的德目之间既有联系又有区别。因此，要善于从人伦关系实践中正确把握"义"德的伦理要求，以此来加深对"义"德历史底蕴的认识。

1. 义与利的关系

"义利之辩"是中国道德思想史上的一个重要问题。义利问题包含着道德

---

① 王夫之. 读通鉴论 [M]. 北京：中华书局，2013:385.

与利益，个人利益与国家、民族整体利益等多个方面的内容，覆盖了社会生活的众多领域，不同学派的先哲对义与利的关系都进行了详细的阐述。

在中国伦理学史上，义主要是指道德义务；利一般指公利或利益，但在孔子那里主要指个人的私利。孔子尚义，主张见利思义，所谓见利思义是倡导人们在见到有利可图的事情时，首先应该考虑自己要尽的道德义务，凡是符合道德义务的利益可以考虑，不符合的就必须舍弃。在义与利关系的处理上，他认为君子应该把义放在首位，把个人利益放在第二位，如果两者发生冲突，君子要舍利取义，义以为上。孟子在义利关系上更胜于孔子，他把义与利对立起来，主张"去利怀义"。对孟子而言，"怀利"与"怀义"是两种根本对立的价值取向，如果人人都以怀利作为自己的处世原则，那么必然会放弃仁义而相互之间进行争夺，长此以往带来的结果就是亡国。他认为，"为人臣者怀利以事其君，为人子者怀利以事其父，为人弟者怀利以事其兄，是君臣、父子、兄弟终去仁义，怀利以相接，然而不亡者，未之有也"。[①] "去利怀义"集中地反映了孟子对于利与义的道德评价，他把重义还是重利作为区分善人与恶人的标准，义就是善，利就是恶。孟子曰："鸡鸣而起，孳孳为善者，舜之徒也；鸡鸣而起，孳孳为利者，跖之徒也。欲知舜与跖之分，无他，利与善之间也。"[②] 孟子认为，义是善的价值标准，因此义也就成了宝贵的东西。同时，孟子强调："鱼，我所欲也；熊掌，亦我所欲也。二者不可得兼，舍鱼而取熊掌者也。生，亦我所欲也；义，亦我所欲也。二者不可得兼，舍生而取义者也。"[③] "舍生取义"就是孟子对理想人格的集中表达，也是孟子对义利关系的很好诠释。

墨子贵义，他认为，"天下有义则生，无义则死；有义则富，无义则贫；有义则治，无义则乱"。[④] 墨子之所以如此贵义，并且执着于实践义，就是因为在他看来，义是利人、利天下的良宝。"所谓贵良宝者，为其可以利也。而和氏之璧、隋侯之珠、三棘六异，不可以利人，是非天下之良宝也。今用义为政于国家，人民必众，刑政必治，社稷必安。所为贵良宝者，可以利民也。而义可以利人，故曰：义，天下之良宝也。"[⑤] 墨子在贵义的同时，也重利，但这种利是指公利，即"人民之利""天下之利""国家百姓之利"，而非一己私利。

① 方勇．孟子 [M]．北京：商务印刷馆，2017:253.
② 方勇．孟子 [M]．北京：商务印刷馆，2017:284.
③ 方勇．孟子 [M]．北京：商务印刷馆，2017:238.
④ 方勇．墨子 [M]．北京：商务印书馆，2018:237.
⑤ 方勇．墨子 [M]．北京：商务印书馆，2018:434.

后期墨家继承和发展了墨子思想中的优秀部分，在义与利的关系上，更为明确地主张义与利合一。《经上》曰："义，利也。"在后期墨家看来，义与利是相同的，利是义的本质，两者不可分割。但这种利是指社会公利，《墨子·经说上》曰："义，志以天下为芬，而能能利之，不必用。"就是说，义即是利，但要以天下为分，能使天下得利的行为才是义，而一人得利的行为是不能称之为义的，由此可见，利国、利民、利天下的利，才是合乎义的。

在义利之辨这一基本问题上，李觏提出了"利欲可言""循公不私"的功利主义价值观。他认为，"利可言乎？曰：人非利不生，曷为不可言！欲可言乎？曰：欲者人之情，曷为不可言！言而不以礼，是贪与淫，罪矣。不贪不淫而曰不可言，无乃贼人之生，反人之情，世俗之不喜儒以此"。在这里，他明确指出人的利欲是自然合理的，利应该与仁义相统一，世俗之所以不喜欢儒者，就在于他们排斥利欲。但是，李觏又强调对利欲要"节以制度"，遵循"循公而不私"的要求。在义与利的关系上，王安石提出了"理财乃所谓义"的观点，他指出："孟子所言利者，为利吾国。如曲防遏籴，利吾身耳。至狗彘食人则检之，野有饿莩则发之，是所谓政事。政事所以理财，理财乃所谓义也。一部《周礼》，理财居其半，周公岂为利哉？"就是说，在政事的范围内，义与利是相统一的，以利规定义，理财是公利，所以是义，是不能反对的，具有明显的功利主义特点。颜元的功利主义的义利观，在中国古代义利关系上享有重要的地位，他指出："其实义中之利，君子所贵也。后儒乃云'正其谊不谋其利'，过也。宋人喜道之，以文其空疏无用之学。予尝矫其偏，改云：'正其谊以谋其利，明其道而计其功。'"这就是说谋利、计功是正义，但颜元的功利主义具有社会功利主义的特点，他认为最大的公利是"富天下""强天下""安天下"。

应当说，上述三种义利论在中国伦理思想史上都有各自的影响，但纵观历史，"重义轻利"占据主导地位，当义利关系发生矛盾时，倾向于舍利求义，当义利关系一致时，也要遵循以义为准则，义统帅着利。

2. 义与仁的关系

仁与义是先秦时期的重要范畴，孔子非常重视仁，将仁视为其思想的核心，认为仁是最高的道德原则，义是一般的道德原则，两者并不是并立的关系。在孔子之后，先秦思想界围绕着仁与义到底是内在的还是外在的引发一系列的争论，基本表现为两种形式：仁内义外和仁义内在。

《孟子》记载了孟子与告子关于仁义内外关系的辩论。告子曰:"……仁,内也,非外也;义,外也,非内也。"孟子曰:"何以谓仁内义外也?"(告子)曰:"彼长而我长之,非有长于我也;犹彼白而我白之,从其白于外也,故谓之外也。"(孟子)曰:"异于白马之白也,无以异于白人之白也;不识长马之长也,无以异于长人之长欤?且谓长者义乎?长之者义乎?"(告子)曰:"吾弟则爱之,秦人之弟则不爱也,是以我为悦者也,故谓之内。长楚人之长,亦长吾之长,是以长为悦者也,故谓之外。"(孟子)曰:"耆秦人之炙,无以异于耆吾炙,夫物则亦有然者也,然则耆炙亦有外欤?"① 在辩论中,告子认为仁是内在的,义是外在的,孟子就质问告子为什么。告子解释说,对方年长,我尊重他,并非因为他是我的长辈,就好比白色的东西,我说它是白的,是基于它的外表,所以义是外在的。孟子又接着问:白马和白人都是白色的,不懂得善待老马和不尊重长者有没有差别?对年长者的尊重与对长辈的尊重有何不同?告子则说:是我弟弟,我就喜欢,如果是秦人的弟弟,我就不喜欢,这是以我自身的情感为依据,所以仁是内在的。同样,尊重楚国的长者和我的长辈,这是以对方年长为标准,所以义是对外的。因此,在告子看来,仁与义是不同质的,是两种内外不同的伦理精神,但孟子认为仁与义是同质的关系,都是发端于人的内心,是人的内在规范和道德情感。孟子曰:"恻隐之心,人皆有之;羞恶之心,人皆有之;恭敬之心,人皆有之;是非之心,人皆有之。恻隐之心,仁也;羞恶之心,义也;恭敬之心,礼也;是非之心,智也。仁义礼智,非由外铄我也,我固有之也。"② 因此,仁、义、礼、智性质是相同的,都是内在于心,是心固有的,不存在内外之间的差异,仁义都是内在的。

仁义内外之辩在中国哲学史上产生过重要的影响,稷下学派主张仁内义外的观点:"仁从中出,义从外作。仁故不以天下为利,义故不以天下为名。仁故不代王,义故七十而致政。"③ 该学派认为,仁是从内心产生出来的,义则是外在的标准,因此内心如果怀有仁德就不会把外在所有的事物都看作利益,也因为外在有着义的缘故就不会去追求其他的虚荣之名。但墨家的看法与孟子相一致,他们认为,"仁,爱也;义,利也。爱利,此也;所爱、所利,彼也。爱利不相为内外,所爱利亦不相为外内。其为仁内也,义外也,举爱与所利也,是

---

① 方勇. 孟子[M]. 北京:商务印刷馆,2017:230.

② 方勇. 孟子[M]. 北京:商务印刷馆,2017:233.

③ 李山,轩新丽. 管子[M]. 北京:中华书局,2019:464.

狂举也"。① 墨家认为，仁是爱的情感，义是利的情感，爱和利都是外在的，所以仁和义不应该有外在的区别，两者都应该是内在的。尽管存在着仁内义外的争辩，但大多数的哲学家经常把仁和义放在一起连用，形成仁义之道。《周易·系辞》概述："立天之道曰阴与阳，立地之道曰柔与刚，立人之道曰仁与义。"不仅如此，对于仁义学说的传播，汉代的董仲舒发挥了重大的影响力，随着历史的不断演进，仁义之道由圣王治国的主张逐渐融入了人们的日常生活中，成为传统社会的价值观。

### 3. 义与忠的关系

忠与中古字相同，忠即中，表示公正、客观、正直、无私、正义等含义。《左传·文公二年》中记载："忠，德之正也。"这里的忠表示公正。《孝经·事君章》：进思尽忠，退思补过。注疏引《字诂》说："忠，直也。"在这里，忠表示的是正直。《广韵·东韵》："忠，无私也。"《忠经·天地神明章》说："忠也者，中也，至公无私。"这里忠表示无私的意思。之后，随着忠不断发展，逐渐成为重要的道德规范与行为准则。忠一般是处理上下等级之间的道德规范，中国传统伦理道德观认为，忠这一道德规范必须符合义的伦理要求。"义者，君臣上下之事，父子贵贱之差也，知交朋友之接也，亲疏内外之分也。臣事君宜，下怀上宜，子事父宜，贱敬贵宜，知交朋友之相助也宜，亲者内而疏者外宜。义者，谓其宜也。"② 可见，义在不同的人际关系中拥有不同的解释。对于君臣来说，臣对于自己君主的忠心就是一种义。从这里我们可以窥见，所谓忠必须符合义德的伦理要求，做到上下适宜，如果说臣子只是一味地谄媚君主，对君主愚忠、伪忠，而失掉天下公义，那么这样的忠，我们认为是不合时宜的，是一种不义的行为。例如，齐桓公晚年非常宠幸庖厨易牙，有次桓公开玩笑说自己尝遍了天下美食却还没有尝过人肉，为此感到十分的遗憾，易牙听了竟然将自己的幼子烹了献给他。在管仲看来，这样的忠心特别可怕，他向齐桓公提出驱逐易牙，齐桓公未听，最终被易牙等人所害。《晋书》也明确指出："臣闻父子天性，爱由自然，君臣之交，出自义合。"也就是说，义是统治者与臣子之间的纽带，臣对君的忠必须符合道义的要求，才能真正做到君臣关系融洽，不义之忠，必然是一种愚忠或者伪忠。因此，真正意义上的忠需要以义为准则，当两者之间存在着矛盾冲突时，应该用义去统帅忠。

---

① 方勇. 墨子 [M]. 北京：商务印书馆，2018:359.

② 王伏玲，高华平. 韩非子 [M]. 北京：商务印刷馆，2016:200.

4. 义与孝的关系

孝属于家庭伦理的范畴，中国人民大学肖群忠教授认为，孝具有两种伦理内涵：一是宗教伦理，如尊祖敬亲；二是家庭伦理，如善事父母、生儿育女、传宗接代等。而孝的核心内容是家庭伦理，即善事父母。[①] 儒家重孝，认为人伦秩序首先是从家庭开始，《孝经》开篇曰："身体发肤，受之父母，不敢毁伤，孝之始也。立身行道，扬名于后世，以显父母，孝之终也。夫孝，始于事亲，中于事君，终于立身。"曾子认为，"孝有三：大孝尊亲，其次弗辱，其下能养"。[②] 主张子女对父母的孝有小、中、大三个层次，从小的层面说，孝是不忘父母的养育之恩，积极赡养父母；从中间层面来说，孝是坚持仁义之道，不辱没父母的名声；从大的层面说，孝是广施孝道，使天下人都受到恩惠，让自己的父母受到天下人的尊敬。在中国古代孝道观中，孝多数情况与义是统一的，人们平常讲孝义就是两者统一的表现，在传统的孝德当中，并非鼓励盲目的愚孝，行孝道必须符合正义、道义的要求。在面对父母正确的做法时，子女应该遵从并支持，但面对父母错误的做法时，身为子女不应该盲目地遵从父母，盲目地遵从只会陷父母于不义之中。正确的做法应该是对父母进行委婉的开导、劝解，使父母的言行合乎义德的要求，做到"从义不从父"。此外，在传统的孝观念中，还有一些不合理的东西，如出妻顺亲、以身殉亲、遗骨返葬等，这种狭隘、片面的孝是一种愚孝，在一定程度上是违背义理的，是毫无价值的。只有符合"义"德的要求，才是真正的孝德，才能达到美与善的境界。

概而言之，中国传统伦理道德是一个有机联系的统一整体，各德目之间相互联系又相互制约，尽管不同思想家对于义与其他伦理之间关系的观点、主张不尽相同。但总体来说，义在其中发挥的制衡作用尤为明显，以义为准则，道德才能达到理性的程度，情感的发挥才能够不偏不倚。

## 二、传统"义"德的历史作用

中华传统道德支撑起了几千年中国超稳定的社会结构，创造了灿烂的东方文明，"义"德作为重要的德目之一，在中华优秀传统文化中占据着重要的地位，也以其独特的魅力与感召力，影响着社会历史发展的进程，在历史上闪烁着"义"德光辉。

---

① 肖群忠. 孝与中国文化 [M]. 北京：人民出版社, 2001:25.
② 胡平生，张萌. 礼记 [M]. 北京：中华书局, 2017:913.

### （一）君主有效治理国家的纲维

治国理政最重要的是什么？孔子提出："政者，正也。子帅以正，孰敢不正？"他曾反复强调："上好义，则民莫敢不服。"孟子更是高扬义的大旗，主张以仁义治理天下，于是在那个群雄争霸的乱世中，孟子给梁惠王指出了一条仁义治国的道路。《墨子·天志上》中记载："天下有义则生，无义则死；有义则富，无义则贫；有义则治，无义则乱。"① 统治者要想有效地治理国家，使天下达到理想的状态，必须以"义"作为治理国家的纲维。

纵观历史，殷商的最后一位统治者纣王，颇具才能并且勇武过人，堪称罕有人及的人物。但他却荒淫无道、离弃忠良，最终落得亡国身死、遗臭万年的下场。无独有偶，秦朝作为历史上一个强大的帝国，却因为推行严刑峻法，不施仁义，导致秦二世而亡。正如汉初思想家贾谊所说："仁义不施而攻守之势异也"。汉高祖刘邦在楚汉相争中，尽管力量相对弱小，出身阶级也不如项羽，最终却赢得了天下，这在于刘邦懂得顺应民心，广施仁义。由此可以看出，即便是高高在上的君主，掌握国家的生死大权，一旦在道义的道路上背道而驰，也必然会受到人民的背离，历史的惩罚。因此，君主在治理国家时要注重仁义，如果能够以仁义治天下，那么百姓就会越来越拥护统治者，所谓天下不是一个人的天下，而是天下人的天下，君主与百姓，就像是舟与水，水能载舟亦能覆舟。为此，统治者必须坚持"义以为上"的治国理政之道，施行仁政，重视天下公义，做到"无偏无陂，遵王之义；无有作好，遵王之道；无有作恶，遵王之路"。② 对于百姓而言，要做到轻徭薄赋，给百姓以休养生息的时机，面对社会中出现的各种灾难，统治者要给予重视，及时对百姓施以援手，而不是只顾自己行乐。对于天下管理，应按照合适的规则、法度，积极听取官员的意见，将君臣上下关系纳入道德、道义的范畴，使决策更加具有合理性，而不是一人决断天下事。对于子女亲信，要做到不徇私情，义重于情，义高于情，法不容情。概而言之，"义"德是检验一个国家能否实现长治久安的重要依据，正如孟子所言，"得道者多助，失道者寡助"，天下有义，民心就会归顺，统治者才能有效地治理国家，反之就会失掉民心，给政权带来统治危机。

---

① 方勇.墨子[M].北京：商务印书馆,2018:237.
② 尚书[M].钱宗武,解读.北京：国家图书馆出版社,2017:267.

## （二）君子提升自身修养的依据

何为君子？司马光在《资治通鉴》开篇中指出："夫才与德异……聪察强毅之谓才，正直中和之谓德。才者，德之资也；德者，才之帅也……才德全尽谓之圣人，才德兼亡谓之愚人，德胜才谓之君子，才胜德谓之小人。"[1] 作为君子需要自身的品德胜过自身的才能，那么君子要想提升自身的修养，具备高尚的人格，就必须做到循义而行，以"义"作为自己的操守。

君子该如何以"义"德为依据，提升自身的修养？首先，君子面临的问题就是义与利的选择问题。人生在世，往往面临着义与利的纠葛，在义与利的取舍中，君子要能够见利思义，这是作为君子重要的操守。孔子曾曰："富与贵，是人之所欲也，不以其道得之，不处也。贫与贱，是人之所恶也；不以其道得之，不去也。"又曰："君子喻于义，小人喻于利。"在孔子看来，追求富贵是人的正常需求，但必须遵循道义的原则，主动承担自己应负的责任和义务，枉顾道义，一味谋求自身的私欲，就会沦为小人。其次，君子应该善养浩然正气。什么是浩然正气？孟子曰："其为气也，至大至刚，以直养而无害，则塞于天地之间。其为气也，配义与道。无是，馁也。是集义所生者，非义袭而取之也。"浩然正气是君子提升自身修养的重要内容，是一种顶天立地的人格和崇高的人生境界。浩然正气的养成，绝不是一时的行义就可以实现，君子必须长期遵义而行。接着君子要讷于言而敏于行，这是儒家所倡导的提升人生修养的重要原则。孔子曰："君子食无求饱，居无求安，敏于事而慎于言。"也就是说，君子说话要谨慎，行动做事要机敏，因此君子要坚持信义，不轻易承诺别人，做到言行一致；同时，义是君子采取行动的准则，君子见义不应该迟疑，要勇于为之，维护正义。最后，君子要立志于道，君子之道，在孔子看来"有四焉"，即"其行己也恭，其事上也敬，其养民也惠，其使民也义。"[2] 恭、敬、惠、义就是君子之道，所以君子在自身修养的过程中，要主动认识道，掌握道，才能运用道来为自身服务。总而言之，只有坚持"义以为上""义以为质"，君子才能够更快地达到理想境界。

## （三）君子广结善人的交友原则

在中国古代历史上，善于修身养性的君子，往往非常注重与他人的相处，

---

[1] 司马光.资治通鉴[M].夏华，等编译.沈阳：万卷出版公司,2016:9.
[2] 杨伯峻.论语译注[M].北京：中华书局,2015:69.

强调一定的交友原则，在人际交往过程中磨炼自己的品性。孔子曰："与善人居，如入芝兰之室，久而不闻其香，即与之化矣；与不善人居，如入鲍鱼之肆，久而不闻其臭，亦与之化矣。丹之所藏者赤，漆之所藏者黑。是以君子必慎其所处者焉。"[1] 孔子把义看作是区分君子和小人的价值标准，认为君子遵义而行，小人弃义而为，因此君子交友处世之道，无所必从，也无所必依，一切唯以义为其准则，广泛结交善人，从而不受小人的荼毒，时刻保持君子的本色与操守。纵观历史上出现的一系列朋党之乱，都在于交友不慎，他们往往因利而勾结在一起，唯利是图，当利义相一致时，便狼狈为奸，而当利义相冲突时，则反目成仇。为此君子要以道为朋，以义交友，以仁义畅行天下为共同的责任，不夹杂任何个人的私利，才能真正做到既可为正义而并肩战斗，又敢于互相直言，彼此纠错。只有这样关系才能够长久发展。正如三国时期的刘备，作为汉朝的宗族，他举起了义的旗帜，让众多忠心的人聚集在一起，也让许多人放弃了曹操，选择了自己，究其原因在于他把义看作第一，把义当作交友的原则，才能不断汇聚形成一支忠诚的队伍。此外，在交友过程中需要警惕和宽厚待人，要发扬人道精神，扶危济困，乐于助人，切忌盲目按义气行事。义气可以助人，义气也可以害人，有些人因为义气流芳百世，有些人因为义气遗臭万年。为此，君子在交友的过程中，讲义气的同时要坚持"义以为上"，摆正义气的位置，以义率气，使义气能够高于朋友之间的个人情感，上升到理性的层面，才能真正做到广结善缘，达到朋友之间共同进步的境地。

所以，从总体上说，君子在与人交友时，要襟怀坦白，反躬自省，坚持道义相砥，做到矜而不争，群而不党，君子之交淡如水。

### （四）促进社会公平正义的保障

纵观历朝历代，一个良好的社会必定是将公平正义看作准则的社会，而社会公平正义背后靠的是"义"德的保障。古代中国是一个封建制的社会，主张君权神授，君主具有至高无上的地位，百姓对于统治者怀有无比畏惧之心。但是，在这样的一种状态下，仍然会有一代又一代的王朝更替，一批又一批的百姓揭竿而起，究其原因在于天下无道，社会公平正义不能得以维持，可见公平正义在治国安民中的重要作用。

那么如何促进社会公平正义呢？孟子主张以仁义治天下，强调要制民之产，使百姓能够有起码的生活保障。他在说到历史上的"汤武革命"时指出，

---

[1] 东篱子. 孔子家语全鉴[M]. 北京：中国纺织出版社, 2020:127.

像夏桀、商纣那样的暴君，令百姓生活于水深火热之中，其不义程度令人发指。一个王朝走向失败，总是与统治者的施政主张有关，上行下效，君主不施仁义，那么整个社会就会失掉公平正义，人与人之间的关系也变得越来越自私自利。西方有一则寓言，有人请教上帝天堂与地狱的区别，上帝就让那个人自己去看天堂与地狱的不同，他们来到明亮的大厅，里面有一群面黄肌瘦的人，围着一口盛满肉汤的大锅，但是他们手持的汤匙长于他们的手臂，导致无法将食物送到自己的嘴里，上帝说这就是地狱。而当他们走进另一间大厅，同样的场景，不同的是每一个手持汤匙的人都把汤喂给了对面的人，大家欢喜地喝着肉汤，上帝说这就是天堂。天堂与地狱只在一念之间，但却真实地反映了人与人的存在方式，处在天堂中的人能够从利他的层面考虑，最终达到利己的状态，而处在地狱的人最终面临的是死亡的威胁。社会无法消除人的自私自利，但我们需要去弘扬正义正气，只有从上到下都注重义德，才能凝聚起强大的力量，促使整个社会公平正义。正如荀子所言："人何以能群？曰：分。分何以能行？曰：义。故义以分则和，和则一，一则多力，多力则强，强则胜物……故序四时，裁万物，兼利天下，无它故焉，得之分义也。"① 所以，统治者都应该"见善如不及，见不善如探汤"，自觉遵义而行，才能吸引更多的贤士、君子、百姓逐义、行义，义德畅行，社会才能公平正义，得以继续发展。

### （五）推行家风家规的重要标准

中国是礼仪之邦，十分注重家风家规，俗话说无规矩不成方圆，从孟母三迁到岳母刺字，好的家风家规对后代的鞭策作用甚大。义德作为中华传统道德的重要组成部分，为良好家风家规的推行提供了必要的价值标准，使家风家规铿锵有力、掷地有声。

三国时期政治家诸葛亮在晚年的《诫子书》中倡导："夫君子之行，静以修身，俭以养德。非淡泊无以明志，非宁静无以致远。"强调修身养德，为后来的家风家规树立了典范。司马光在《家范》中强调："以义方训其子，以礼法齐其家。"从这些家训中可以看出，"义"德作为重要的道德规范，包含在众多的家风家规中，成为其重要的价值标准。例如，在家规中强调要手持正义、肩挑道义、薄财重义、乐善好义等，为此不少家族都在自己力所能及的范围内，设立义田、义庄、义学等，为困难的族人提供帮助。也正因为树立了这一系列崇德重义的家规家风，历史上才会涌现出无数的正人君子和义烈忠魂。文天

---

① 楼宇烈. 荀子新注 [M]. 北京：中华书局, 2018: 156.

祥的"人生自古谁无死，留取丹心照汗青"是他杀身成仁、舍生取义的真实写照，他曾在《指南录后序》中说："生死以救国难，死犹为厉鬼以击贼，义也；赖天之灵，宗庙之福，修我戈矛，从王于师，以为前驱，雪九庙之耻，复高祖之业，所谓誓不与贼俱生，所谓鞠躬尽瘁，死而后已，亦义也。"大义凛然薄云天，文天祥以生命践行了"义"德的真谛，他的这份国家大义，来源于从小受家风家规的熏陶。他出生于一个文脉深厚的家族，家族推行以正直、忠义为核心的家风家规，使他具备了崇尚大义的精神气质。正因为中国众多的家族重视义德义行，才会有无数的仁人志士在民族大义面前义无反顾地选择以天下大义为重，杀身成仁，为挽救民族危亡进行殊死的抗争，留下来许多可歌可泣的故事。

## 三、传统"义"德现代弘扬的价值分析

"义"德作为中华传统道德的重要组成部分，在中国的社会历史上长期占有重要的地位，其精神体现在人们社会实践活动中的方方面面，为社会历史的发展留下了浓墨重彩的一笔。现阶段，时代的巨轮滚滚向前，整个社会的形态、面貌发生了巨大的变化，站在新的历史起点上，重新审视传统"义"德精神，我们不难发现，其精神内涵不单单局限于某个特定的阶级、某个特定的时代，而是具有源远流长的永恒魅力。为此，探究"义"德在现代的现实价值、实现"义"德的现代弘扬显得尤为重要。

### （一）对个人价值选择的重要引领作用

传统"义"德把义看作人生的最高价值准则，《荀子·王制》中记载："水火有气而无生，草木有生而无知，禽兽有知而无义，人有气、有生、有知，亦且有义，故最为天下贵也。"[1] 众多思想家对义利关系提出了重要命题，如见利思义，君子义以为上，君子喻于义，小人喻于利，等等。概而言之，"义"德是一种伦理道德，是人之为人应该无条件弘扬的最高价值，体现了人之为人的崇高的精神价值，具有历久弥新的魅力，对现阶段个人价值的选择有着重要的指导作用。

人生是一个无穷无尽的价值选择的过程，个人只有基于正确的导向，才能够做出准确的判断，得以不断发展。"义"德正是人生价值的向导，可以指导个人的人生选择。在道义论的指导下，个人会铁肩担道义，自觉地担当起重大的责任；在正义论的倡导下，个人会勇于匡扶正义；在义利论的支配下，个人

---

[1] 楼宇烈. 荀子新注[M]. 北京：中华书局, 2018:156.

会更好地衡量个人利益与社会整体利益，做出最优选择。同时，"义"德具有很强的整体定向作用，在"义"德的指导下，个人的行为活动往往会被引导到一个正确的方向上来，遵义而行，能促进自身更好地发展。现阶段，随着社会主义市场经济的快速发展和西方多元文化思潮的不断涌入，逐利被很多人当成人生的重大目标，这无可厚非，因为人生而有欲。但一部分人却因此陷入价值两难的窘境中，为了自身的利益不顾他人、社会的利益，甚至干出违法犯罪的事情来，这样的行为是不可取的。例如，近些年来被查出来的冒名顶替取得学历事件层出不穷，仅山东省教育厅就发现200多起，还有人为了获取考试资格，修改往届毕业生身份。面对来势汹汹的新冠肺炎疫情，有人打着兜售口罩的旗号骗取钱财。这些事件的背后牵扯出来的人都是为了自身的个人利益，枉顾社会的公平正义，干出违背社会伦理道德的事情。究其原因在于他们不能够明辨善与恶、公与私、应该与不应该，他们的价值观脱离了"义"德的价值原则，导致自身行为的越轨。个人是社会的一部分，社会道德正义的弘扬离不开个人的添砖加瓦，因此个人应以义为指引，以义为导向，树立正确的价值观，实现人生的价值。

## （二）现代社会道德建设的宝贵资源

改革开放以来，我国的社会道德建设迈向新阶段，取得了一系列新的成就，有力地推动了整个社会的文明进步。但需要清醒地认识到，现阶段我国社会道德领域中仍然存在着不少令人担忧的道德现象，这些道德现象的实质就是社会道德失范，主要有以下几个方面的表现。

首先，拜金主义的泛起，一些人追求"金本位""一切向钱看"，为了获取钱财，损人利己、枉顾人格、良心、党性等，有钱好办事、无钱没门路，严重腐蚀着我国社会的人际关系。其次，价值理想缺失，改革开放40多年来，我国经济建设取得了长足发展，人们的物质生活水平不断提高，由此带来了享乐主义的蔓延，一些人只顾自身的"及时行乐"，忽视了理想价值的追求，部分人把对共产主义理想的追求，简简单单看作是党和国家的事情，完全淡忘了自身的主人翁精神。最后，见利忘义现象层出不穷，一些单位、个人为了追求自身利益的最大化，生产销售伪劣产品，以次充好，例如现在在市场上不断被查处的假酒、假烟等。这些问题都源于他们把自己当作"经济人"，逐利是他们唯一的追求。社会道德建设是一个充满矛盾斗争的过程，在这个过程中需要依托中国道德体系为其提供基础性支柱。"义"德作为中国道德体系的重要组成部分，能够为现代道德建设提供宝贵资源。"义"德强调见利思义、义在利先、公义胜私欲的价值导向，能够很好地规范社会中存在的拜金主义和见利忘义的行为，为社会道德失范现象提供价值引领。同时，"义"德主张社会公义，历史上无数士大夫以坚守社会公义为追求，范仲淹的"先天下之忧而忧，后天下之乐而乐"，张载的"为天地立心，为生民立命，为往圣继绝学，为万世开太平"，顾炎武的"天下兴亡，匹夫有责"等，他们都有着自己崇高的价值理想。现阶段的中国正朝着实现两个一百年的奋斗目标的方向努力，更加需要社会中的每一个人树立正确的价值理想，从身边的小事做起，积极维护社会公平正义，坚持对恶的批评、对善的弘扬，相信在社会中的每一个人的努力下，社会道德建设一定会达到新的高度。

### （三）学校思想道德教育的重要内容

学生是具有时代性的社会群体，是中国特色社会主义事业的接班人，其思想道德修养直接影响到整个社会的思想道德状况。现阶段学生的思想认知基本正确，大多数学生具有强烈的国家认同感和民族自信心，他们有着强烈的主体意识，在一定程度上能够自觉地维护社会公德。但随着全球化、信息化的不断发展，我国思想道德建设不可避免受其影响，学生的思想道德呈现出不稳定和矛盾的特点。部分学生对社会上出现的一系列见义勇为事迹表示积极认同，对损人利己、见利忘义的事情积极进行批判。但是当事情发生在自己身上时，他们往往以自我为中心，并不能把自己认为正确的道德评价转化为实际行动，这是典型的知行脱节行为。还有部分学生诚信道德缺失以及自身的承受能力差，近些年来经常能够看到学生跳楼的消息，有些是因为作弊被抓跳楼，有些是因为学习压力大而选择轻生，还有些是因为家长的批评而走上不归路。这些都反映了学生思想道德层面的脆弱性，反映出的是学生义行选择、义利观、信义勇气等方面的不足。

学校是学生思想道德塑造的关键一环，是学生思想道德建设的重要阵地，因此学校应该立足于学生的思想道德层面，及时对学生进行思想道德教育与引导。通过宣传栏、公开课、板报、辩论赛等形式，积极把民族优秀传统道德，包括"义"的精神作为学校思想道德教育的重要内容，耐心讲解与深刻挖掘"义"德资源，让学生领悟"义"德精神，自觉地遵义而行。对待需要帮助的人及时行动，而不是驻足观看；对待义利矛盾冲突，坚持义以为质；对待诚信问题，坚持信义为上；面对不同的压力时，坚定勇气与担当，承担起自身的义务与责任。义是人应走的正路，学校进行思想道德教育的实践中，要充分发挥"义"德的价值，使学生做到知义、遵义、达义，不断提高自身的道德评价能力，增强自身的思想道德素质，成为能够接受得住社会考验的真正的社会主义合格接班人。

### （四）处理国际关系的重要价值理念渊源

中国一贯坚持以和为贵、以德服人、兼爱非攻、道义外交，如今面对世界多极化、经济全球化、社会信息化，国际国内复杂的大环境，中国一直以来所秉承的处理国际外交关系的价值理念依旧没有发生决定性改变。现阶段在中国梦的引领下，中国坚持走和平发展之路，坚持人类命运共同体理念，践行正确的义利观，开启中国外交新征程。中国在处理国际关系的过程中秉持着中国传统义德精神，做到义利兼顾、讲信义、重情义、扬正义、树道义，从不干以邻为壑的事情。

回顾中国近些年的特色外交，无不展现着中国负责任大国的道义担当。无论是习近平总书记，还是中国其他各个领域的发言人，都在不同的场合、不同的时间里明确提出要在国际事务中主持公道，弘扬正义。中国始终坚持和平发展道路和合作共赢理念，主张在力所能及的范围内承担更多的国际责任和义务，中国是这么说的，也是这样行动的。仅2010年至2012年三年的时间里，中国通过援建成套项目、提供一般物资、开展技术合作和人力资源开发合作、派遣援外医疗队和志愿者、提供紧急人道主义援助以及减免受援国债务等多种方式，为121个国家提供了总计893.4亿元人民币的援助资金，有效帮助受援国改善民生，增强自主发展能力。[①] 中国提出并全面推进"一带一路"倡议，促进了沿线各国政策沟通、道路联通、贸易畅通、货币流通和民心相通，走出一条互利共赢的康庄大道。中国强调永远做可靠的朋友和真诚的伙伴，积极帮助非洲开展互联互通和资源普查前期工作，对非提供200亿美元贷款额度，还通过投融资、援助、合作等方式，鼓励中国企业参与到非洲基础设施建设中去。此外，中国积极倡导并引领建设新型国际关系，坚决捍卫国际公平正义，做世界和平的建设者、全球发展的贡献者、国际秩序的维护者，共同打造世界包容发展、共同繁荣的美好未来。当然中国是这样主张的，也是这样行动的，在习总书记宣布的一系列具体措施中，包括了中国出资设立为期10年、总

---

① 国务院新闻办公室．中国的对外援助（2014）白皮书[EB/OL].(2014-07-10)[2016-02-05]. http://www.gov.cn/zhengce/2014-07/10/content_2715467.htm.

额 10 亿美元的中国—联合国和平与发展基金等，这是中国对世界和平做出的实实在在的贡献。中国作为一个崛起大国，站在新的历史起点上，以道义为先的外交步伐从未停止，在处理国际关系中变得更加的明确、坚定、有力，展现出道义理念的创新与发展。总而言之，中国的种种外交主张与行动，无不体现出中国作为负责任大国的天下情怀和人本义举。

### （五）民族奋发进取的强大动力支撑

一个民族的强盛离不开精神的支撑，传统"义"德作为中华传统道德的重要组成部分，能够为民族奋进提供强大的动力支撑。传统义德精神强调信义、忠义、勇义、正义等，有如信念之根，根植于中国人的内心深处，在中国的历史中绵延流传，催人奋进，汇聚起民族强大的凝聚力。正因为如此，在面对国际国内的各种风险考验的时候，人民群众能够坚持义者为大、为国为民的主张，积极地团结在党的领导下，为化解各种风险贡献自己的力量。

中国在上下几千年、纵横上万里的时空中，战胜了无数的天灾人祸、内忧外患，从近代中国无数仁人志士、海外华侨在面临亡国灭种的危机面前展现的急国家之所急的大义精神，到现代的一方有难，八方支援，举国行动的抗震救灾、抗洪抢险等行动，中华民族的"义"德担当发挥得淋漓尽致，使中国经久弥坚，取得令世人惊叹不已的成绩，昂然屹立在世界的东方。与此同时，义德精神的继承与弘扬能够哺育众多的民族精英，"我们从古以来，就有埋头苦干的人，有拼命硬干的人，有为民请命的人，有舍身求法的人……这就是中国的脊梁"。[①] 中华民族脊梁之所以能够傲然挺立，得益于多方面的原因，其中之一源于传统"义"德精神所主张的担道义、济苍生。中国人深受"义"德精神洗礼，具有博大的精神胸怀和献身热忱，"苟利国家生死以，岂因祸福避趋之"是他们的座右铭。正因为如此，在面对来势汹汹的新冠肺炎疫情时，才会有无数的医疗工作者、解放军战士、志愿者、党员干部等，主动请缨上战疫一线，为战胜疫情贡献自己的力量。也正因为有众多的民族精英的出现，国家发展才有了更加坚实可靠的力量，民族才能不断地向前奋进。精神的力量是无穷的，相信在传统"义"德的继承与弘扬下，"义"德能够在社会上畅行，汇聚起强大的精神力量，为新时代的发展、中国梦的实现、民族的奋进提供强大的精神动力和道德支撑。

---

① 鲁迅.鲁迅全集（第六卷）[M] 北京：人民文学出版社,1981:118.

## 四、"义"德的实践现状及原因分析

现阶段,中国已经步入了社会主义现代化建设的新时代,经济迅速发展,人民的生活水平得以稳健提升。现代化拓宽了人们的公共生活空间,使人们的交往变得更加密切,整个社会的道德建设呈现出积极向上的蓬勃发展之势。然而,在看到道德主流良好的同时,绝不可以忽视现实道德生活中不尽人意的方面。"义"德作为我国传统道德的重要结晶,无论是在历史上还是在现实中都具有重要价值,因此认真分析"义"德实践的现状,厘清"义"德在当今社会实践中的积极表现与存在的各种问题,同时认真剖析各种问题产生的原因,并及时加以纠正,防止负面现象的蔓延,这对于更好地推进"义"德精神在现代的弘扬具有现实的必要性。

### (一)"义"德的实践现状

恩格斯指出:"一切以往的道德论,归根结底都是当时的社会经济状况的产物。"[1] 李大钊也指出:"人类社会一切精神的构造都是表层构造,只有物质的经济构造是这些表层构造的基础构造。……所以思想、主义、哲学、宗教、道德、法制等等,不能限制经济变化和物质变化,而物质和经济可以决定思想、主义、哲学、宗教、道德、法制等等。"[2] 因此,任何一种道德观念都是社会本质的反映,它不是永恒不变的,是伴随着经济社会发展而变化的,有其发展的阶段性,"义"德的发展状况亦如此。中华人民共和国成立以来,"义"德在困境中前行,无论是其优秀的部分,还是糟粕的部分,都起着作用,但难免流于狭隘庸俗,"义"德在实践中现象迭出。

1. "义"德认知有广泛的社会基础,但呈现渐受功利意识侵蚀倾向

中华人民共和国成立以来,学习雷锋运动掀起了助人为乐做好事、行仁义之道的热潮,将仁义的美德推而广之,使"义"德感召着中国的广大民众,成为公认的具有普世性的道德价值。改革开放后,学术界掀起了国学热,学者纷纷对社会主义新道德进行探讨,其中最具代表性的学者是罗国杰先生,他充分肯定了传统道德的价值作用,强调"国而忘家、公而忘私"的集体主义精神

---

[1] 中共中央马克思恩格斯列宁斯大林著作编译局.马克思恩格斯选集(第三卷)[M].北京:人民出版社,1995:134.

[2] 李大钊.李大钊选集[M].北京:人民出版社,1959:261.

以及"舍生取义、止于至善"的理想人格,在一定程度上促进了"义"德实践的发展。与此同时,我国在注重社会道德建设过程中,着重强调在道德建设中要以人为本,积极引导人民对善恶、是非、美丑做出自主选择,对义与非义行为做出自主判断,充分展现了公民的道德主体地位,使个人品德建设成为公民道德建设的重要着力点。在这样大的环境下,"义"德的公共化程度不断扩展,由原来的义行义举只存在于熟人圈中,表现为对父母、兄弟、夫妇、朋友之义,慢慢向外扩展推及至整个社会中去,"义"德的社会认知程度不断得以提高。

随着社会主义市场经济的不断发展,人们对效益的追求和竞争的欲望激发了人们的奋斗激情,也导致了人们道德取向的多元化,一些人的道德观受金钱、权力的诱惑,不能妥善处理好义利问题,导致自身道德的功利化,对个人利益的追求表现出过度化。目前,社会中的部分人非常注重个人私利,沉溺于物欲中不能自拔,小到小摊小贩缺斤少两、以次充好,大到企业生产经营偷工减料、偷税漏税、假冒伪劣。下到普通市民自私自利、斤斤计较,上到政府官员以权谋私、贪污腐败……凡此种种,令人触目惊心。马克思在《资本论》中引证:"一旦有适当的利润,资本就胆大起来。如果有10%的利润,它就保证到处被使用;有20%的利润,它就活跃起来;有50%的利润,它就铤而走险;为了100%的利润,它就敢践踏一切人间法律;有300%的利润,它就敢犯任何罪行,甚至冒绞首架的危险。"[1] 资本的疯狂都与利润有着密切的关系,为了追求利益,一些企业和个人甚至枉顾法律法规。2019年1月至5月,全国共侦破食品安全犯罪案件4 500余起,抓获犯罪嫌疑人8 500余名,捣毁黑工厂、黑作坊、黑窝点3 800余个。2019年7月,公安部食品药品犯罪侦查局会同有关部门开展集中打击食药环犯罪的"昆仑"行动,取得明显成效。截至2019年10月10日,全国公安机关侦破食品案件4 501起,捣毁"黑工厂""黑作坊""黑窝点"2 765个,打掉犯罪团伙1 001个,抓获犯罪嫌疑人7 895名,涉案总价值66亿元,配合打掉黑恶团伙19个。这个数据是非常醒目的,越来越多的人把对利益的追求当作自己的最终奋斗目标,通过各种方式甚至是违法的手段,来达到自身利益的最大化。对于社会公义而言,很多人往往持一种推卸责任的态度,认为就算自己不去维护也会有其他人去做,为此在面对个人利益与社会整体利益发生矛盾冲突时,他们首先考虑的是个人私利,弃社会公义于不顾。

---

[1] 中共中央马克思恩格斯列宁斯大林著作编译局.马克思恩格斯全集(第二十三卷)[M].北京:人民出版社,1972:829.

这些反映出来的问题是部分人对功利的过度追求,导致道德的庸俗化甚至是虚无化,他们的行为缺乏明确的道德规范进行约束,出现种种道德失范现象。道德庸俗化、虚无化是一种毒瘤,会直接导致欲望主义、经济主义的泛滥,不仅毒害人们的精神,还会殃及社会。纵观目前社会上出现的一系列违法行为,如篡改学籍、冒名顶替上大学、官员权色交易、商人赚"黑心钱"、学术造假等事件,其背后反映出的是部分人对个人利益的过度追求,置社会整体利益于不顾,触犯道德的底线,是一种极端功利主义行为。以下几个案例就反映了这个问题。

案例一:永得利食品有限公司销售病、死畜肉的骇人新闻

2015年12月4日,备受关注的眉山市建市以来最大的一起生产销售病死畜肉案,在眉山市中级人民法院公开开庭审判。据法院审理查明,从2012年起,眉山市永得利食品有限公司向牛肉制品中添加大量病死猪肉,以"阿川"牌牛肉干销往成都、重庆等地,涉案金额达900余万元。

案例二:山东毒疫苗事件

2015年4月,山东济南警方破获了一起震惊全国的非法疫苗案件。经查实,曾经在山东省某医院药剂科当科长的庞某下海后,自2010年起至2015年的五年时间里,伙同其女儿等人非法经营人用疫苗,先后从陕西、重庆、吉林等10余个省市70余名医药公司业务员或疫苗贩子手中低价购入流感、乙肝、狂犬病等25种人用疫苗。为降低成本,在储存和运输过程中,没有按照国家相关法律规定对其进行严格的冷链存储运输,使疫苗脱离2~8℃的存储温度,从而使疫苗失活、无效。另外,还发现有部分疫苗是临期疫苗,存在过期变质的风险,他们依旧加价售往湖北、安徽、广东、河南、四川等18个省、自治区、直辖市248名人员手中。累积交易金额高达5.7亿元,其中打款2.6亿元、收款3.1亿元。

案例三:"保健"市场乱象迭出

2019年1月30日,市场监管总局召开联合整治"保健"市场乱象百日行动媒体通气会。据不完全统计,自1月8日"百日行动"开展以来,全国已出动监督检查人员5.4万余人次,检查"保健"类店铺1.6万余个,受理消费者申诉举报1 100余次,为消费者挽回经济损失840余万元,清理虚假网络信息300余条,整改、关闭网站、App、公众号等130余个,立案300余起,案值4 500余万元。

这些案例反映出在利益面前一些人的道德良心消隐,"义利统一"的道德

观念和遵纪守法的精神严重缺失，在不同程度上反映和折射出现实生活中的众多不义之举，功利意识侵蚀道德良心的倾向已颇为严重。

2."义"德精神仍是社会道德风气主流，但道德冷漠现象有日增趋势

中华人民共和国成立以来，中国的发展进入了一个崭新的历史时期，建设社会主义的热情鼓舞着人民振奋前行，社会主义新风尚迅速发展，中华传统"义"德得以继承与发展。改革开放后，在"解放思想，实事求是"思想的指导下，党和国家对中华传统道德的认识更加理性与客观。邓小平同志运用唯物辩证法研究中国国情，从理论与实际的结合上阐明了物质利益原则和道德原则的统一性，在加强物质文明建设的同时，高度重视精神文明建设，把道德建设摆在了更加突出的位置。进入21世纪以来，公民的道德建设不断深化，2001年，江泽民在中央宣传会议上第一次明确提出"以德治国"，2001年9月，中共中央印发了《公民道德建设实施纲要》(以下简称《纲要》)，我国的思想道德建设进入公民道德建设阶段。2002年，在中国共产党的十六大报告中，"以德治国"被正式确立为治国方略，全国上下掀起了学习宣传《纲要》的高潮，从中共中央宣传部到各地方新闻媒体都采取各种方式进行公民道德建设主题宣传。2006年10月召开的中共十六届六中全会作出了建设社会主义核心价值体系的重大战略部署，用社会主义核心价值体系引领公民道德建设。公民道德建设不断发展，整个社会对"义"德的重视程度不断提高，崇正义、促公平、担道义成为重要的价值取向。党的十八大以来，以习近平同志为核心的党中央高度重视公民道德建设，2019年10月，中共中央、国务院印发《新时代公民道德建设实施纲要》，深入阐发了中华优秀传统文化中蕴含的崇正义、讲仁爱、守诚信等理念，深入挖掘了扶正扬善、扶危济困、见义勇为等传统美德，并结合新的时代要求继承与创新，充分彰显了"义"德的时代价值，对于推动全民道德素质和社会文明建设起到了重要作用。

尽管义德精神仍是社会道德风气的主流，但社会当中的道德冷漠现象日益增多。见义不为、见死不救的道德冷漠现象时见报端，让人不禁感慨世风日下。有的人缺乏应有的同情心，有的人可能产生了同情心，但却没有实际的行动。近些年来发生的形形色色的跳楼事件，可反映出社会风气的一个侧面。面对紧张而又险象环生的救援行动，一部分看热闹的人把这类事当成了大戏来看，不仅不帮着施救，还在边上起哄嘲笑，常常成为压死跳楼者的最后一根稻草。再如，社会上出现了越来越多的抑郁症患者，他们中的一部分是由于生活

压力大无法排解，内心受到严重抑制而引发了心理疾病，但社会对于这一群体缺少应有的关心理解。我们深知，冷漠的传播速度远远超过善良的数倍，在这个社会中，需要有更多的人追求正义，追寻良知的光。一味地冷漠，只会让社会义行义举的后继者望而却步，如果不加以及时的化解和消除，就会如同瘟疫一样感染身边的其他人，使越来越多的人丧失道德勇气和正义感，蔑视道德义务，整个社会的信任度也将越来越低。

3. 社会倡行"义"德义行，但不公不义现象仍显严重

改革开放以来，随着我国的社会主义道德核心、道德原则和道德规范的确立，道德建设无论在理论还是实践上都获得了前所未有的发展。社会积极倡导义德义行，追求公平正义。党的十八大报告指出："必须维护社会公平正义，公平正义是中国特色社会主义的内在要求。"党的十九大报告也指出："必须多谋民生之利、多解民生之忧，在发展中补齐民生短板、促进社会公平正义。"党和政府为促进社会公平正义所做出的努力和取得的成绩是有目共睹的，但是随着我国生产力的不断发展，社会结构的深刻变革以及社会分化的不断加速，社会不公不义现象仍显严重，成为不容忽视的一道难题。

当前我国社会在不断发展的同时，反映出来有损社会公平正义的问题越来越多，社会不公现象形态各异。在经济领域中，收入分配不公平问题突出，不同地区人均可支配收入差距较大，东部地区人均可支配收入远远大于中部和西部地区（见表1-1）。同时，在全国居民收入五等分分组中，20%高收入组家庭人均可支配收入远远高于其他四个组（见表1-2）。在民生领域中，我国教育资源分配存在着明显的不公平，教育的投入不足，教育资源配置失衡。在一些小城镇，连基本的九年义务教育的资源都不够，教师往往身兼数职，教学工具、设备比较落后，学生的学习环境与其他城市相比相差太多。正因为如此不平衡的教育资源，才引发了近年来不断有家长花重金、托关系让孩子进一些"重点小学""重点中学"，寒门越来越难出状元，孩子从进入学校的那一刻就与部分同龄人之间存在着明显的资源差距。在就业问题上，不公平不正义的问题也不断地涌现出来，一些用人单位在招聘时，就业歧视尤为突出，其中包括户籍歧视、性别歧视、年龄歧视、学历歧视等。不仅如此，在最近不断揭露出来的学位顶替、工作岗位顶替事件中，我们不难发现家庭背景越来越成为就业中的决定性因素。部分人依靠自己的家庭特权、金钱诱惑等手段，非法剥夺他人的就业机会，靠"拼爹"获得"火箭式提拔"。医疗制度方面影响社会公平正义的

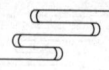

现象也依旧存在,医疗卫生资源与群众需求之间的矛盾越来越突出,农村地区普遍医疗资源配置不足,医疗设施不健全,医疗人员的技术水平有限,导致农村人不得不前往大城市看病,在这个过程中,因病致贫的家庭比比皆是,看病难、看不起病也成为他们有病一拖再拖的缘由。在政治领域,政务公开流于形式化、表面化,公开信息不全面,内容缺乏实质性。部分党员干部漠视政治纪律、无视组织原则,在维护"公平正义"上有失公信。严格执法是促进社会公平正义的重要价值要求,但司法领域存在的权大于法、执行困难等问题,在一定程度上破坏了司法的公信力,损害了人民对法律的信仰,使人民对法律的公正性产生了疑虑。凡此种种都是社会不公平不正义问题的具体体现。

近年来不断出现的"仇富心理",许多源于对社会中的不公平现象的不满。尽管党和政府通过一项又一项的制度创新,一个又一个的方案改革,一条又一条的方案举措,积极回应人民对公平正义的诉求,但对理想目标的实现不可能一蹴而就,需要一个循序渐进的过程。因此,建设一个公平正义的社会是我们国家不懈追求的奋斗目标。

表1-1 全国居民按东、中、西部及东北地区分组的人均可支配收入

单位:元

| 组 别 | 2016 | 2017 | 2018 | 2019 |
| --- | --- | --- | --- | --- |
| 东部地区 | 30 654.7 | 33 414.0 | 36 298.2 | 39 438.9 |
| 中部地区 | 20 006.2 | 21 833.6 | 23 798.3 | 26 025.3 |
| 西部地区 | 18 406.8 | 20 130.3 | 21 935.8 | 23 986.1 |
| 东北地区 | 22 351.5 | 23 900.5 | 25 543.2 | 27 370.6 |

表1-2 全国居民按收入五等分分组的人均可支配收入

单位:元

| 组 别 | 2016 | 2017 | 2018 | 2019 |
| --- | --- | --- | --- | --- |
| 20% 低收入组家庭人均可支配收入 | 5 528.7 | 5 958.4 | 6 440.5 | 7 380.4 |
| 20% 中间偏下收入组家庭人均可支配收入 | 12 988.9 | 13 842.8 | 14 360.5 | 15 777.0 |
| 20% 中间收入组家庭人均可支配收入 | 20 924.4 | 22 495.3 | 23 188.9 | 25 034.7 |
| 20% 中间偏上收入组家庭人均可支配收入 | 31 990.4 | 34 546.8 | 36 471.4 | 39 230.5 |
| 20% 高收入组家庭人均可支配收入 | 59 259.5 | 64 934.0 | 70 639.5 | 76 400.7 |

表1–1、表1–2资料来源：中华人民共和国统计局，《中国统计年鉴》，北京：中国统计出版社，2020年。

4.社会治理体系日益完善，但实践中仍存在义与法的冲突现象

人类社会发展的历史表明，德治和法治都是影响国家统治秩序和人民生活的重要方式。孔子曰："道之以政，齐之以刑，民免而无耻；道之以德，齐之以礼，有耻且格。"中国封建王朝注重礼刑结合、儒法贯通，成为中国古代社会长治久安的关键。在传统社会向现代社会转变的过程中，在历史考量与现实的选择中，我国坚持走中国特色社会主义法治道路，坚持依法治国和以德治国相结合，将社会主义核心价值观全面地融入法治建设中去。党的十八大以来，中央印发了《关于进一步把社会主义核心价值观融入法治建设的指导意见》《社会主义核心价值观融入法治建设立法修法规划》等，使德治与法治在国家治理体系中相互补充，建设中国特色社会主义法治体系，推进国家治理体系治理能力现代化。

尽管社会积极倡导正确认识德治与法治的关系，德法兼备的社会治理体系在我国日益完善，但现实中依旧存在着德治方略与法治方略相矛盾、相冲突的地方。道德作为德治的治理依据是基于善恶、是非、荣辱等做出的一系列价值评价，是依据人的内心信念和传统习惯来维系的规范体系。法治则不相同，它是国家依据一定的程序制定和认可的，用于调节人的行为和社会关系的规范体系。因此，道德的产生具有自发性是一种主观标准，法律的产生具有人为性是一种客观标准，主客观之间的碰撞与冲突就不可避免。在社会现实中，义与法的矛盾冲突时有发生，令人茫然失措。

山东聊城发生的辱母案就是一堂生动的法治课，欠债还钱本是天经地义的事情，但债主采取极端的方式逼迫还钱，最终导致自身被杀害。辱母案因"辱母"情节以及是否属于防卫过当等因素，引发了国内的舆论，受到了整个社会的广泛关注，该案件的审判过程也持续了4个多月。2017年2月17日，聊城中院作出一审判决，以故意伤害罪判处于欢无期徒刑，剥夺政治权利终身，并承担相应民事赔偿责任。2017年6月23日，山东省高级人民法院对上诉人于欢故意伤害一案二审公开宣判，以故意伤害罪改判于欢有期徒刑五年，维持原判附带民事部分。通过两次审判我们看到了法律条文与公序良俗之间的冲突，社会中大部分人认为于欢的行为是对母亲的道义，纵使违背了法律也应该从轻审判。类似这样的义与法冲突的案例屡见不鲜，在民事法律中，遗嘱继承效

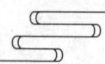

力高于法定继承，遗赠抚养继承效力又高于法定继承，但在现实的情况中，法律与公序良俗的原则有时又是相违背的。我们经常在生活中看见男人在婚内出轨，把自己的财产用遗嘱的方式给了他的情人，后来男人不幸去世后，妻子和情人就遗产问题打起了官司。依照法律，遗嘱是具有法律效力的，但把遗产判给情人，有违道义原则，难以被世俗接受。

实践中义与法的冲突，从本质上看是非对抗性的，这种冲突是相对的，可以调节的。如何实现德治与法治在理想状态下的统一是一个值得思考的现实问题，需要在实践中不断地探索与进步。

### （二）"义"德在当代实践中缺失的原因分析

义德在当代实践中缺失的原因是多方面的，为此需要对这些原因进行综合分析和全面把握，唯有如此，才能保证"义"德在当代实践弘扬路径中的有效性，为有的放矢地解决"义"德在实践中的缺失奠定良好的基础。

#### 1. 道德建设的社会机制尚不健全

经过长期的努力，我国的经济、政治、文化等各方面的社会制度不断完善，民主法治建设取得了重大成就，但由于我国正处在社会转型期，各种矛盾也随之而来，层出不穷的问题需要制度进行相应的调整，适应时代发展的需求。然而，由于对新出现的问题的预见性和前瞻性不够，导致在一定时期出现制度的供给不足以及滞后性，表现为与我国经济社会发展水平相适应的法律配套设施不完善以及道德规范的制度化水平不够。我国法治建设的时间较短，制度建设上存在着许多问题，成为社会公平正义问题突出的重要因素。其主要表现在：第一，制度供给存在缺位，我国目前的制度供给主要是由国家提供的，在现实的发展中，由于政府信息的不对称等因素，我国制度供给在很多领域都存在着空缺，制度在公共服务领域的涵盖面尤为不足，如医疗、教育、就业层面等。第二，制度的安排不完善，存在着许多漏洞，为不道德行为的出现预留了空间。同时，对积极践行社会公德、维护社会公平正义的行为也缺乏强有力的激励保障机制。第三，制度的监管力度、实施力度不足，部分制度形同虚设，无法得到真正的贯彻与落实，制度执行者在执行的过程中容易受金钱、权力等诱惑，阳奉阴违，背地里做出有违公平正义的事情。社会的公平正义需要靠社会制度去维护，社会制度建构程度决定了我国社会公平正义的水平。然而，已有的制度无法帮助个人对自己将要发生的行为进行结果判断，同时相关的制度也无法给予每一个践行义德的人奖励,哪怕是精神上的褒奖。社会正义得不到弘扬,公民践行德性后受到不公平对待,"好人没好报",缺德的人却得到不该得的利益,没有受到制度的批判与惩罚,久而久之,社会的道德践行将更加疲软。一些人可能会产生这样的想法:"你的榜样一方面推动我照样行事,一方面又给了我一个破坏公道的新的理由,因为你的榜样向我表明,如果我独自一人把严厉的约束加于自己,而其他人却在那里纵所欲为,那么我就会由于正直而成为呆子了。"① 因此,必须解决社会道德建设需要的相关法律法规和制度保障等一系列问题,积极化解社会不公平不正义难题,为义德义行的社会畅行保驾护航。

2. 市场法则诱发"义"德思想的消解

社会主义市场经济的发展,带来了人们伦理道德观念的更新,使人们原有的"义"德思想受到冲击,在一定程度上导致"义"德实践缺失。社会主义市场经济具有二重性,既有市场经济的特征,又有社会主义的性质。但由于我国还处在市场经济发展的初始阶段,市场秩序、规则以及与之相适应的道德规范体系等还处在进一步完善阶段,因此市场经济的负面效应不断地暴露出来。市场经济强调利益导向、效率优先的原则,在这个过程中,受利益最大化原则的驱使,很多人把个人的利益放在了重要的位置,诱发了各种不遵守道德规范的事件,甚至有一部分人对道德抱有无所谓的态度,忽视社会公义,扭曲义利关系。在不少人的心中,利益成为衡量自身行为的标准,只要有钱就可以证明一切。"一切向钱看"成为某些人的价值导向,"恭喜发财"成为许多人脱口而出的祝福语。在这种以利为上的追求下,极端个人主义、利己主义、拜金主义不断抬头,冲击了原有的义德思想。与此同时,在负面效应的不断发酵中,市场经济也在不断地发生异化。一方面,商品交易不断量化,由原来的具体产品交换到现在的品牌、信息、情感甚至是人格的买卖。一些本不该属于市场交换领域中的东西也随着利益的不断驱动,转化成了商品,就连作为社会主体的人的尊严也不能幸免,人成了金钱的奴隶,被金钱所束缚。另一方面,市场经济异化诱发了权钱交易、权力寻租现象。中国的社会主义市场经济是在政府主导下进行的,但长期以来,政府与市场的关系并没有得到妥善处理,一些贪污腐败现象严重的地方就处在权力与市场的结合处。政府本应该是市场的维护者,但现阶段越来越多的公职人员置道德与法律于不顾,长此以往下去,政府的公信

---

① 休谟. 人性论 [M]. 北京:商务印书馆,1980:576.

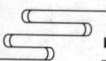

力将会逐渐减退。在市场经济负面效应的影响下，人们的价值理念出现偏差，重物轻人、重利轻义，长此以往将会严重阻碍道德的发展。

3. 多元文化的碰撞与中国传统文化的影响式微

经济全球化与网络信息化的强悍来袭，带来了多元文化之间的不断碰撞，在一定程度上改变了人们的思维方式、生活方式。同时，加剧了不同文化价值观之间的矛盾冲突，使人们的价值观念呈现多元化、层次性。在现阶段，社会上同时存在着多种道德观念，"传统道德很难适应现代社会的要求，符合现代社会要求的公民道德体系迟迟无法形成，统一的道德评价标准难以建立起来"[①]，导致人们的价值取向的混乱，对荣辱、善恶、是非、美丑等认识的不一。为此，在西方多元文化的冲击下，以金钱和利益为上的拜金主义、享乐主义、极端个人主义不断荼毒着人们的思想和道德行为。市场经济的主体为了获取个人利益的最大化，涌现出一大批不道德的行为，人们的政治意识逐渐淡化，为了自己的一己之私，不顾国家、集体的利益，甚至干出违法犯罪的事情。道德的约束能力不断弱化，在部分人心目中金钱、利益取代了道德所具有的高尚地位，而对正义与否则显得漠不关心。

经济不断发展，新的观念不断出现，新的文化孕育而出，在发展的过程中，势必与传统文化存在着摩擦，这是文化前进发展过程中必然经历的环节。但部分人唱衰传统文化不适应社会发展需要，导致传统文化中调节人与人、人与自然、人与社会的纲常伦理逐渐走向式微。其中，包括那些对社会进步有推动作用的、能够帮助人们正确判断是非善恶标准的伦理道德，这些伦理道德本该得到继承与发扬，但却遭到人们的忽视，有些甚至被等同于传统文化糟粕，遭到人们极力的抵制。例如，义德作为中华传统道德中的一种道德价值，它是判断一个人行为是否合乎道德的重要标准，包含公平、正义、规则等重要内涵，对现阶段义利行为的选择、社会规则的制定、公平正义的维护等方面都发挥着重要作用。但由于传统文化的社会重视程度不高，人们对义德的理解与把握存在着许多的问题，导致义德不能够有效发挥其最大价值，引发了一系列道德失范行为的出现。

4. 学校教育失衡致使对"义"德认识的偏颇

我国的教育方针是培养德智体美全面发展的社会主义建设者和接班人，在

---

① 崔永学. 公民道德教育的若干问题研究 [J]. 教育评论, 2012(3):78—80.

教育方针的引领下，学校教育取得了巨大成就，但也表现出了一些发展中的问题。学校在培养人才的过程中，重视学科专业理论知识的教学，而没有同样重视与落实德育知识的教学。在基础教育中，众多学校把基础教育办成了升学教育，学校以升学率作为奋斗的方向，班主任必须保证自己班级的升学率。为此，学校在培养学生的过程中存在着"智育一手硬、德育一手软"[①]的现象，特别重视对学科理论知识的教学，各学科课时安排非常多，而德育课时的比重却在逐渐缩小甚至被占用。目前，中学的德育课程设置主要是以思想政治课为依托，但很多学校把对这门课程的目标定位放在知识的掌握上，导致德育过程生硬与干瘪。学生把成绩和排名看得格外重要，大部分学生特别是高三学生为了提高成绩，通过减少睡眠、告别一切娱乐和拼命做习题的方式投入自己的学习中，这在一定程度上影响了青少年基础素质的全面养成。在高等教育中，学校的德育工作者囿于既往的德育经验，德育方法单一陈旧，缺乏创新，往往强调对学生进行单方面的理论灌输，忽视了学生主体性功能的发挥，重理论轻具体实践，这样容易使青少年产生逆反心理，难以产生实际效果。学校在道德教育的过程中，把道德教育简单地当成政治教育，对其他具体的道德伦理缺乏系统的教学，学生对于道德只有一个整体上的认知，而对具体的德目的认知就更少。因此，在这样一种大的环境下，部分人由于缺乏对道德的认知，往往在道德选择上会存在失误，如在对义德的认知中，很多人不了解义德的具体内涵是什么，片面地认为义就是为朋友两肋插刀，是一种侠义精神，为了维护与朋友、伙伴之间的江湖义气，甚至愿意触犯法律，这样的一种认知是对义德实践的极大误解。近年来犯罪越来越低龄化，青少年道德认知与发展还处于不成熟状态，对是非曲直、善恶标准存在着误区，严重影响了我国整体道德水平的提高。

### 5. 社会选树"义"德行为榜样的示范功能不突出

好的榜样能够传递出无限的正能量，为社会的发展注入暖流，而现阶段社会存在的道德冷漠问题，一部分原因在于社会缺乏良好"义"德行为的榜样示范作用，使榜样作用的发挥难以达到应有的效果。首先，表现为对榜样的重视程度不够，目前社会对道德模范的肯定大部分停留在精神层面，对家庭困难的道德模范提供的实际帮助很少。正因为如此，很多见义勇为的模范在实行义行的过程中，自己的生命和财产都受到了损失，导致"英雄流血又流泪"的局面。

---

① 罗国杰，夏伟东. 以德治国论 [M]. 北京：中国人民大学出版社，2004:353.

一位见义勇为者曾经感慨："回想当初的奋不顾身，对照现在的处境，有时感到真是光荣一时，后悔一世。"[1] 这在一定程度上挫伤了部分人的积极性，使见义勇为者感受不到应有的重视。其次，社会对义德义行的宣传推广存在着不平衡，在义德义行的推广宣传上存在着上热中温下冷的情况。具体而言，国家层面推出的榜样人物往往能够受到媒体的集中关注和大肆报道，但越往省、市、区、县一级，推广宣传就越少，人们对社会上存在的"义"德义行的榜样人物了解少之又少，严重削弱了榜样社会功能作用的发挥。最后，榜样示范缺乏对网络等重点领域和青年学生等重点人群的针对性。随着科学技术的不断发展，网络逐渐成为人们表达观点、传播情绪和引导舆论的重要平台，所以榜样示范功能的充分发挥必须利用好网络阵地。但从现实的情况看，在榜样人物的评选与宣传中，网络并没有起到主战场的作用。网络上存在着各种对于道德模范的负面评价，对榜样人物动机的肆意揣摩、污蔑，一些人还利用所谓的"道德网站"以道德绑架行径骗取他人钱财，使人们对于网络上出现的一些正面人物充满了怀疑。与此同时，青年学生具有很强的社会感染力，但是当前的榜样示范活动的相关举措对青年学生群体的关注度不够，在各类的榜样模范人物的评选中，青年的参与度非常低，同时青年学生的模范事迹的宣传面少，学生缺少同龄榜样人物的示范作用，在一定程度上影响了青年正确道德观的树立。

## 五、"义"德现代弘扬的原则和实现路径

道德是一定社会经济结构的产物，社会经济基础对道德的决定性作用，表明社会经济基础的变革必然会影响到道德的变迁。"义"德作为中华传统道德的重要德目之一，在现代社会中仍旧展现出巨人的价值，但在实践的过程中暴露出了一系列问题。我们决不能任由这些问题肆意蔓延，必须积极探索各种有效原则和路径，使"义"德精神在当代社会继续弘扬，从而更好地发挥其现实价值，为经济社会发展营造良好的"义"德环境。

### （一）"义"德现代弘扬的基本原则

"义"德的现代弘扬，既不是从内容到形式的完全照抄，又不是全盘的否定，这种弘扬必须坚持科学的发展观，立足于当今时代的发展实际，遵循一定的原则。一旦我们真正掌握了这些原则，就能更好地利用这些原理与规律，实现"义"德的发展。为此必须遵循以下几个原则：

---

[1] 马超，贾东.让见义勇为者不再"流血又流泪"[N].法制日报,2016-09-20(10).

1. 集体主义原则

集体主义是社会道德的基本原则,在社会主义的道德原则中,集体主义原则居于首位,其他道德原则、规范都是由其派生出来的。集体主义原则是无产阶级和广大人民群众的根本利益在思想道德上的集中体现,"只有在集体中,个人才能获得全面发展其才能的手段,也就是说,只有在集体中才可能有个人才干的发挥和享有真正的自由"。[①] 正如罗国杰先生认为的:"集体主义原则合理调控集体与个人、集体与集体、全局与局部的各种矛盾和所有与此相连的关系,是社会主义道德体系中占主导地位的根本原则,涵盖社会的指导思想和价值取向,影响人们的思想观念和思维方式,引导社会思潮。它不仅作用于政治、经济、文化和社会生活的各个方面,而且对每个社会成员的世界观、人生观、价值观都产生深刻影响。"[②] 因此,"义"德作为一种道德,要想在当代社会得以不断弘扬与发展,必须遵从这一基本原则,以公正的态度正确地讨论义利问题,认真对待个人利益,准确把握义利统一,防止片面夸大义、利的对立面。在基于集体主义原则的规范下践行义,既能维护公共利益、集体利益,又能对个体的正当利益进行合理的追求,防止个人利益的过度化;才能更好地引导人们的价值选择,实现公共生活的良性运转。

2. 批判继承原则

任何一种道德都是时代的产物,必定具有所处时代的痕迹,受所处时代环境限制,具有阶级性和历史性。"义"德作为中华传统道德的重要德目,集各大思想家的主张于一体,因此具有双重性。既包含着积极的成分,又具有消极的部分。为此,在弘扬"义"德的过程中,要坚持批判继承原则。习近平总书记强调:"对历史文化特别是先人传承下来的价值理念和道德规范,要坚持古为今用、推陈出新。"[③] 这里的"古为今用,推陈出新"实质上是如何去批判继承传统"义"德,找到传统"义"德与现代文明发展的契合点,使"义"德更好地实现其价值。为此,对于"义"德思想中合理的部分,如"义"德思想中所强调的崇尚正义与规则、担当道义与责任、注重公平与公正等,我们应该积极

---

① 中共中央马克思恩格斯列宁斯大林著作编译局. 马克思恩格斯选集(第一卷)[M]. 北京:人民出版社,1972:82.

② 罗国杰. 关于集体主义原则的几个问题[J]. 思想理论教育导刊,2016(6):36.

③ 习近平. 习近平谈治国理政[M]. 北京:外文出版社,2014:164.

把它融入社会主义核心价值观和社会主义精神文明建设中去，为社会主义道德建设提供有益支撑。而对于"义"德思想中消极的成分，如追求江湖道义、倡导侠义精神，割裂义利辩证关系，片面强调义高于一切等，我们要敢于破与立，对这些与当前社会发展不相适应的落后的、消极的部分进行否定或者加以改造，实现创造性转化与创新性发展，使其成为能够代表社会发展要求、推动社会不断向前发展的新动力。

### 3. 坚持唯物辩证法

中国传统"义"德思想的一个重要内容是义利问题，历史上，既有重义轻利、轻义重利之说，又有主张义利之辩之说。义利问题所涉及的面十分广泛，包含精神与物质、道德与利益、社会与个人、义务与权利等多方面。因此，在处理义、利关系上必须坚持唯物辩证法。一方面，坚持唯物论，在义利关系上，提倡利决定义。利益在每个人的生存和发展中是一个基础性的因素，首先，人们要有物质利益的支撑，才能够成为一个真正的人。其次，在利益的支持下，才能够逐渐认识到自己在家庭、社会中所具有的权利与义务，开始有关于善恶、美丑、是非、公平、正义等的认识与体验，最终一步步形成对"义"德的追求。所以，只有在利的基础上，才能够有"义"德的形成与发展。另一方面，坚持义利观的辩证法，尽管义、利具有决定性的地位，但在义利关系上，义能够指导利，具有巨大的价值导向作用。利往往具有盲目性和利己性，从古至今很多人为了追求荣华富贵、功名利禄，置道德于不顾，最终导致身败名裂。义有助于帮助人们克服对利的过度追求，使人在追求利益的过程中，能够超越个人的视野，遵义而行。所以，辩证来看，先有利，然后才有义，而在价值形态中，义高于利，义才是最终的价值取向。为此，在社会主义制度下的今天，对于义利问题我们要坚持唯物辩证法，主张义与利的辩证统一，既反对过分强调国家集体利益、社会整体利益而忽视甚至牺牲个人利益的做法，又坚决反对不顾国家集体利益、社会整体利益盲目追求个人利益的个人至上主义。做到坚定不移地弘扬义，并在此前提下，倡导和鼓励每个人都坚定不移地追求利，在利不断增长的基础上，进一步完善和弘扬"义"德，这样才能真正实现义利的辩证统一。

### 4. 知行统一原则

"义"德建设具有鲜明的实践性特征。只有将传播正确的"义"德思想、精神理念与践行社会主义道德规范结合起来,将宣传、讲授"义"德精神体系与开展丰富多彩的"义"德实践活动结合起来,使"义"德真正转化为人们的内在素质和行为标准,"义"德建设才算真正富有价值。为此,在进行"义"德建设与弘扬的过程中,必须坚持知行统一原则,才能达到预期的效果。这就要求我们一定要做好以下两个方面的工作:一是要密切联系社会主义现代化建设的实际,密切关注人们的生活实际以及思想情感变化情况,切忌凭空猜测,妄自揣摩。二是要充分调动人民群众在"义"德实践中的积极性,鼓励、教育、约束人们积极地按照"义"德要求行事。众所周知,良好的道德精神,如果缺少实践的弘扬,只能是毫无价值的一纸空文。为此,在现代社会中,人们不仅要学会理性地认识"义"德的价值,充分了解其内涵,更重要的是把义德义行贯穿于每一次具体实践中,在社会上形成崇义的风尚,才算真正实现了传统"义"德的现代弘扬。

### (二)传统"义"德现代弘扬的实现路径

"义"德在我国道德建设中占据十分重要的地位,一个社会的"义"德状况如何,既反映了社会中个人的道德修养水平,又体现了一个社会风气的好坏。当今社会,我国正处在大变革、大发展的阶段,人们的生活状况发生了巨大的变化,"义"德精神在现实的实践中也表现出伤痛与感动的双重面貌。对于"义"德发展好的方面,我们需要继续实践,对存在的问题我们绝不能任由其蔓延,而应该积极地寻找路径,弘扬和传播好"义"德精神,更好地促进其现代价值的发挥。

#### 1.注重传统"义"德精神弘扬与当代社会发展实际的契合

任何一种道德精神的弘扬,必须与所属的时代发展相适应,才能焕发出强大的生命力。现阶段"义"德精神在总体上与社会发展是相适应的,"义"德被看作衡量社会道德发展的重要方向标,既是社会民众的价值追求,又是协调社会各个阶层、集团、群体以及个人之间关系的重要理念,为社会的前进与发展提供了价值支撑。但是,我们不难发现,历史上关于"义"德精神的一些偏颇主张,严重背离了当今社会发展的实际情况,为此要想更好地发挥传统"义"德精神的现代价值,需要对"义"德理念进行重构,使其更好地与当代社会发展实际相契合。中国传统"义"德精神强调"义以为上""义以为质",有些思想家片面推崇义,否定一切对利的追求,如程朱理学的"存天理,灭人欲"学

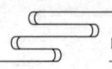

说和超功利主义的主张,也有思想家认为义是绝对的,忽视个人的合理诉求。这些主张在当时对维护封建统治阶级的利益起到了一定的作用,有其存在的历史环境。但现阶段社会不断发展,尤其是社会主义市场经济不断深入,国家肯定个人对利益的合理化追求,市场主体经营的目标也是逐利,一味强调义,忽视利的主张,与现阶段的社会主义市场经济相违背。同时,与唯物主义的主张相背离。唯物主义认为物质决定意识,人要先有物质的满足,才能够有精神上的追求,利益是最基础的,否定利益的存在也就否定了世界的物质性。为此,对"义"德精神的现代重构必须厘清一些不适应的主张,既要防止背离义,把利片面化、极端化的思想,又要防止把义绝对化的观念,要坚持辩证的义利统一,既肯定人们合理的利益诉求,又提倡义的价值导向,才能使"义"德更好地符合社会主义市场经济的发展。另外,我国现代化国家治理强调法治与德治相结合,但需要清楚地认识到法治才是根本,任何行为都必须以法律为准绳,违背法律的行为要受到法律的制裁。为此,一直以来被百姓奉行的侠义精神、江湖道义精神也需要结合新时期社会发展的实际情况,与时俱进地进行重构。当今社会需要有侠骨豪情、侠肝义胆,做到善恶分明、疾恶如仇;也需要有江湖道义,重情重义。但我们发现越来越多的人为了所谓的江湖道义、朋友义气,枉顾法律的规定,通过以暴制暴的方式为朋友打抱不平,伸张正义。这样的一种方式往往难以真正解决问题,还会进一步加深人与人之间的怨恨,造成矛盾的扩大化,终究与义理相违背。我们在肯定侠义、道义精神价值的同时,必须把它纳入法律之中,符合法律的要求,任何假借侠义、道义之名,干出违法犯罪事情的人,都将受到法律的制裁。

## 2. 为传统"义"德精神的弘扬创设良好的社会环境

传统"义"德精神的弘扬离不开社会环境的影响,良好的社会环境能够为"义"德的发展提供有力的保障,反之则会成为"义"德发展的障碍。因此,必须实现"义"德精神与社会环境之间的良性互动,大力改善和优化社会环境,为传统"义"德精神的弘扬营造良好的氛围。"媒介是一种具有高度目的性的社会组织,在客观上它具有提供'意见环境'的功能,在主观上它又有制造'意见环境'的主动性。"[①] 媒介是通过对事实的呈现,利用褒奖和批评的方式,达到对真、善、美的弘扬以及假、恶、丑的贬斥。为此,要充分利用电视、网站、新闻媒体等大众传媒在"义"德弘扬中的舆论导向作用,以义行义举的正

---

[①] 沈世玮. 舆论导向与道德建设 [J]. 新闻战线, 2004(6):41.

面宣传为主，牢牢把握正确的"义"德精神导向，积极批评背离"义"德义行的错误言行和丑恶现象。同时，通过开展线下线上的具有典型意义的人和事的探讨，形成好人褒奖、恶人受罚、爱憎分明的良好社会舆论，以此来端正人们的道德观念，改善不良的社会风气。近年来，社会上"最美教师""最美司机""最美妈妈"等一系列最美人物的评选和"道德模范""感动中国人物"的评选等，在社会上传递出爱亲助人、崇尚正义的善良人性，彰显出我国社会道德建设中美好的一面。社区是人们生活的重要场所，也是"义"德精神宣传的重要阵地。一方面，在社区文化建设中，我们要秉承贴近群众、贴近生活、贴近实际的"三贴近"原则，积极宣传"义"德理念，使广大居民在潜移默化中受到"义"德的教化，从而自觉约束自身的不道德行为。另一方面，可以开展社区榜样评选活动，寻找社区中见义勇为、维护社会公平正义、有道义、勇担当的典型，使社区居民在活动评选的过程中，加深对"义"德义行的认知，从而外化为人们的实际行动。荀子曰"蓬生麻中，不扶自直"，可以看出环境对个人品德所起的重要作用，为此要注重为"义"德的弘扬营造一个良好的社会公共环境。通过社会公共环境的熏陶、渲染、渗透，使人们在潜移默化中养成良好的义言义行。例如，注重对社会教育环境、场所的建设，制作刊播一系列遵义行善的公益广告，深入挖掘社会不同年代的"义"德故事，以图书馆、展览馆、纪念馆等为载体，进行"义"德故事的讲解与探讨。与此同时，城市中的一些街道、路标可以以一些为国为民、行大义、担道义的历史人物和历史事件来命名，让公共环境的人文意义更加突出，使重义尊德成为每一个公民的自觉遵循。只有整个社会传递出积极、健康的"义"德精神理念，才能真正传播正能量，促进"义"德的现代弘扬。

3. 特别注重加强对青少年的"义"德精神教育

马克思说："哲学把无产阶级当作自己的物质武器，同样，无产阶级也把哲学当作自己的精神武器；思想的闪电一旦彻底击中这块朴素的人民园地，德国人就会解放成为人。"[①] 在马克思看来，思想一旦被人们所掌握将会形成巨大的力量，对社会发展产生重要的影响。同样，"义"德精神要想在现代社会畅行，发挥巨大的潜力与价值，需要被人民群众广泛地理解与接受。青少年作为社会发展的新生力量，对"义"德精神的弘扬与发展显得尤为重要，为此学校要加

---

① 中共中央马克思恩格斯列宁斯大林著作编译局. 马克思恩格斯选集（第一卷）[M]. 北京：人民出版社, 2012:16.

强对青少年的"义"德精神教育。首先,强化学校立德树人的职能,学校教育要正确处理好德与才的关系,要正确把握学生的品德教育与学科专业知识之间的辩证关系。改革开放以来,我国对教育的重视程度不断提高,为社会的发展培养了大量的专业技能人才,但不可否认的是,当前我国道德教育远未达到期望的目标,青少年还处在各种价值困顿中,存在着不同程度的越轨行为。因此,学校要注重学生道德认知的培养,采取教师学生双向互动的方式,及时发现学生在学习生活中所面临的道德选择和道德困境的难题,并对其进行困境梳理与解答,帮助学生树立正确的道德认知。同时,充分发挥学生团员团组织的堡垒作用,对团员干部进行道德思维能力和道德理论水平的培养,提高他们辨别是非的能力,以便更好地深入同学之中,进行宣传服务工作。其次,建设良好的校园"义"德文化,在学校宣传栏积极进行"义"德精神的普及,营造一个人人讲道德的校园氛围。同时,主动开展社会道德评判活动,通过辩论赛、小组讨论的形式,对社会当中出现的一系列道德问题进行深入探讨。例如,老人摔倒扶不扶、把父母送进养老院是否符合孝义、朋友亲戚犯罪该不该揭露等问题。使青少年在对这些问题的探讨中,真真切切体会到何为义,从而更好地指导自身的行动。最后,提升"义"德教育的实效性,"义"德价值实现的最高境界在于它的知行合一,只有人人都去践行"义"德,而不仅仅停留在思想层面,社会才会汇聚起弘扬"义"德的正能量。为此,学校"义"德教育应该走出校园,深入社会道德生活,积极开展社会道德实践活动,形成学校、家庭、社会三者之间的教育合力,让学生在实践中感悟"义"德情感,强化"义"德思维、践行"义"德理念。

### 4. 为弘扬"义"德精神提供完善的法制保障

"义"德作为一种社会道德,主要是靠风俗习惯、社会舆论和人们的内心信念约束自身的行为,是一种"软"调节。但这样的一种"软"性调节在面对那些缺乏道德自觉和道德良心的人时,就显得无能为力了。纵观现阶段出现的一系列不义、不齿的道德失范现象,我们不难发现,一种道德要求要想在社会实践中得到良好的遵守,光靠道德层面的约束是远远不够的,还必须建立健全相关的法规和制度,使自律与他律、内在约束与外在约束有机地结合起来,为道德的弘扬与践行提供强效的保障机制。一方面,政府应该全面深化法制建设,不断发掘现存制度存在的缺陷以及法律空白,将一些非制度性的道德纳入制度管理范围内,构建制度化道德。法律具有强制性、惩戒性和权威性的特点,一旦道德上升到法律层面,道德原则和规范就获得了国家的强制力,这在一定程度上保障了道德规范的实现。为此,国家应该加大道德建设力度,积极借鉴发达国家的优秀经验,加快公民道德建设的法制化进程,完善实施道德建设的规章制度,保证社会道德建设的质量和水平。另一方面,在全社会建立重义崇德的正向回馈机制。目前,我国社会的整体道德水平还有待提高,社会上仍存在着许多道德失范现象。近年来发生的一系列"英雄流血又流泪"事件,让人们在面对正义的道德行为选择时,变得越来越犹豫。人们开始计算该行为会不会给自身带来麻烦与损失,付出与获得的不对等,加重了他们自身承担的风险,为此很多人在面对需要帮助的人时,选择了冷漠。社会的正义善德得不到重视,社会的道德发展也不可能得以提高。在人们的价值判断和价值选择各有不同的时代背景下,要想获得道德的发展,必须构建一个善有善报、恶有恶报的社会运行机制,颂扬每一个人的善行,批判每一个人的恶举,如对见义勇为、公平竞争、守信义的先进典型行为进行精神甚至是物质层面的长效激励,对假冒伪劣、权钱交易、背信弃义等不正当行为进行严厉打击,形成正反两个方面同时发挥作用的良好运行机制,这样社会才会形成善善相生的良性循环,重义崇德、遵义而行的社会风气。

5. 注重"义"德与当代多元文化价值观念的融合

世界上存在着不同种族、不同民族,孕育出了多元的文化价值理念,展现出各民族各地区文化的多姿多彩,构成了独具魅力的人文风景。一方面,随着信息化与全球化时代的不断演进与发展,各个国家逐渐成为普遍联系的有机整体,文化之间的交融与碰撞变得越来越激烈。邓小平曾明确指出:"我们要向资本主义发达国家学习先进的科学、技术、经营管理方法以及其他一切对我们有益的知识和文化,闭关自守、故步自封是愚蠢的。"[①] 因此,我们要清晰地认知到这种碰撞带来的两面性,科学看待西方多元文化价值观念,在"义"德与西方文化价值观念的交融中,取其精华,弃其糟粕,弥补自身发展过程中的不足,通过融合西方多元价值观念,为"义"德精神走向世界提供精神动力。另一方面,我国已经进入了社会主义转型的新时期,社会的道德选择变得日益多样化,而道德标准却处在一个模糊不清的状态。在这样的一种现状下,"义"德的弘扬与发展必定受到一定程度的阻碍,为此"义"德精神需要与社会主义核心价值观相交融,才能凝聚社会道德共识。社会主义核心价值观对国家、社

---

① 邓小平. 邓小平文选(第三卷)[M]. 北京:人民出版社,1993:44.

会、个人都提出了具体的要求，从国家层面来说，它的发展方向是实现国家富强、民主、文明、和谐；从社会层面来说，是实现社会自由、平等、公正、法治；从个人层面来说，是倡导爱国、敬业、诚信、友善的价值理念。从这三方面可以看出，社会主义核心价值观对个人、社会、国家都起着导向作用，为新时期社会的道德秩序提供了一套合理的价值标准。习近平总书记在党的十九大报告中指出，"发挥社会主义核心价值观对国民教育、精神文明创建、精神文化产品创作生产传播的引领作用，把社会主义核心价值观融入社会发展各方面，转化为人们的情感认同和行为习惯"。因此，只有在社会主义核心价值观的引领下，"义"德才能在发展过程中准确地掌握其自身的发展方向，社会道德中的每一个主体才能够准确规范自身的行为。所以，当前"义"德的弘扬与发展应该与社会主义核心价值体系相适应，对其中不相适应的精神内涵进行谨慎筛选与重新建构，完善"义"德理论体系，使其更好地适应时代发展的需要。

道德作为社会良序发展必不可少的重要保证，关乎社会风气的好坏，更关乎国家、民族的外在形象。中华传统"义"德作为传统道德的重要结晶，是被时代和实践证明能够发挥巨大价值的精神力量，其也存在着一定的社会历史性。因此，"义"德要想散发出新的时代魅力，必须与当代社会道德建设结合起来，取其精华、弃其糟粕，赋予其新的时代内涵，焕发其新的生命力，促进"义"德的继续发展。

# 第二篇 「礼」德篇

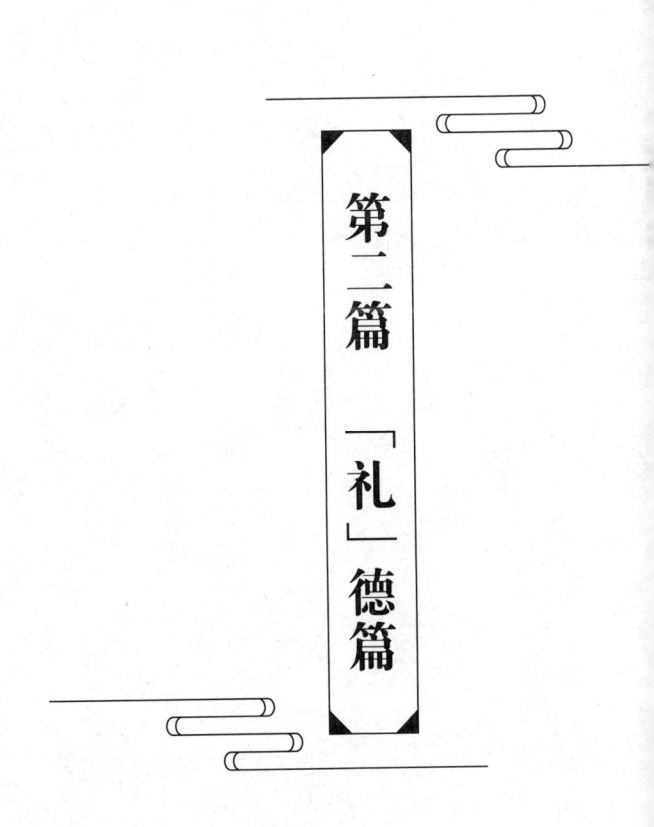

在中国传统社会中，"礼"作为生活秩序的规章准则与社会政治制度以及道德规范相互联系、相互渗透。它既是维护上层政治统治和等级社会的工具，又是道德原则和道德行为的基本表现形式。因此，在中国古代主流思想中，"礼"以及与此有关的文化便构成了中国传统社会的基本特征。中国传统"礼"德源远流长，早在夏、商、西周时期就已形成较为丰富的"礼"文化，其中宗教色彩尤为明显。后经儒家哲人"援仁入礼""援义入礼"以及"援法入礼"的不断丰富与发展，传统"礼"德从不同角度得到了合理性解释，"礼"的精神和要义得到进一步完善。至此，传统"礼"德的主要框架已搭建完成，形成了我国几千年"以礼治国"的理论基础。总而言之，"礼"在长期的历史发展中，经过不断改造与丰富，早已成为中华民族历史文化中最为持久、稳定且具有普遍意义和价值的规范原则，影响千年。其中，"礼"的精华更是对当今社会发挥着极大的正向作用，持续推动我国成为一个具有高度现代文明的礼仪之邦。但在其发展流变的过程中所衍生的消极内容，在历史上也曾产生过对人性的抑制扼杀作用，并因其日显的陈腐性而遭受批判，在近现代作为封建糟粕遭到抛弃，乃至历史悠久的"礼仪之邦"需要"礼失求诸野"。因此，认真反思审视"礼"作为道德文化遗产在中国社会曾经起过和未来可发挥的作用，鉴往启今，弃糟取精，深有必要。

## 一、"礼"德的起源、内涵与历史流变

中华民族历来以文明、礼貌著称于世，"礼"是社会交往中待人接物的习惯，是道德修养和文明程度的象征。中华传统"礼"德历史悠久，其不仅具有独特的内涵和特征，还具有独特的发展机遇和历史因素，这也是其传承至今的重要原因。因此，对"礼"德的起源与历史流变的探究，突出"礼"德的精神气质，就显得尤为重要了。

### （一）"礼"德的起源

钱穆曾说："在西方语言中没有'礼'的同义词。它是整个中国人世界里一切风俗行为的准则，标志着中国的特殊性。"其进一步指出，若想从更深层次

探究中华文化，必须要站在更高的位置看，中华民俗数千年的核心思想之一就是礼。柳诒徵也曾说："礼者，吾国数千年全史之核心也。"① 简而言之，在中国传统文化中，就社会而言，礼代表秩序；就个人而言，礼代表教养；就人际而言，礼代表尊重；就心灵而言，礼包含着信仰。礼的根本精神在于"敬"，表达了人们对于和谐秩序的渴望，对自身素养的追求，必须学礼、知礼、守礼。"中国者，礼义之国也"。作为传统"八德"之一，礼德深蕴于礼乐传统之中是中华文化的灵魂。

1. "礼"源于秩序自觉

马林诺夫斯基曾说："文化的萌芽，就包含着对本能的抑制。"② 也就是说，人的文明特征之一，便是对本能的抑制，这也是人与动物之间的本质区别的关键指标之一。早在人类诞生的原始社会，人们就已经产生了"羞耻"的基本意识，知道用兽皮、树叶做成衣服遮挡身体的重要部位，这也是与动物区分开来的重要表现，也就从此诞生了最初的"礼"。文明人就要掌握自身的欲望，不能仅从动物动能出发生产生活，如若这般，那人与动物也就没有本质区别了。"礼"的出现，标志着人类文明意识的诞生。人类文明意识的觉醒，本身属于人类自觉建立秩序的一种，主要有社会秩序、人文之需、心灵秩序等方面内容。从本质上看，随着人类社会的诞生与发展，人的秩序自觉意识也随之觉醒并不断发展，从而催生出了"礼"。早在先秦时期，中华民族就已诞生了礼，经过上下数千年的发展，中华民族已经形成了具有丰富内涵的"礼"文化。

2. "礼"源于宗教祭祀

人们从考古发掘的祭坛遗址中发现，原始人的岩画、用以陪葬的精美陶器和玉器等，均与礼文化有着千丝万缕的联系。在人类文明意识觉醒后，便开始区分人与天地、自然、鬼神的观念。但囿于远古时期人类生产力水平的低下，自然环境过于恶劣，人类对自然充满了敬畏，所以远古时期的人类脑海中主要存在的是宗教意识。通过多种方式，人类对人类与自然之间的关系加以处理，希望能够与神秘的"鬼神"之间保持良好的关系。此种与鬼神交流的仪式，便可算作最早的"礼"的形态。

---

① 柳诒徵.国史要义[M].北京：商务印书馆,2017:11.

② 马林诺夫斯基.两性社会学：母系社会与父系社会之比较[M].李安宅,译.上海：上海人民出版社,2003:180.

这一观点，可以从"礼（禮）"字的字形处得到验证。在《说文解字》中解释"礼"字："礼，履也。所以事神致福也。从示从豊，豊亦声。"① 在《说文·豊部》中："豊，行礼之器也。从豆，象形。寓意丰盛。"② 可见，豊指祭祀用的礼器，从"礼"的字形来看，礼与事神活动有关，表达了先民祈求福报的心理。

3. "礼"源于社会生活

一方面需要对人和天、地、鬼怪之间的关联性加以有效处理，另一方面还要处理好人和人之间的关系。前面所说的是天与人之间的秩序关系，后面所说的是社会秩序。人不仅要注重怎样和神仙鬼怪处理好关系，还要注重怎样和其他人处理好关系，对社会秩序的构成建立而言，也需要有"礼"的存在。

"礼"是人类生存发展的内在需要。随着劳动精细化的发展，人们意识到人单靠个人力量难以维护正常的生存需要，正因为人具有社会性，才能克服种种困难，这种社会性需要确定秩序，正如荀子所说："人生而有欲，欲而不得，则不能无求；求而无度量分界，则不能不争；争则乱，乱则穷。先王恶其乱也，故制礼义以分之，以养人之欲，给人之求。使欲必不穷于物，物必不屈于欲，两者相持而长，是礼之所起也。"③ 其意思就是通过制定礼义加以有效规范，由此对人所存在的欲望加以有效的调节控制，使物质的产出能够满足人们的欲求，即避免纷争、维护秩序，满足人的社会性需要，需要这种社会规则——礼，同时社会不断发展进步，文化逐渐繁荣发展，礼的发展体系更加健全、系统化程度更高、完整化水平提升。男性与女性、长辈与晚辈、内与外、上与下等之间所存在的规则开始逐步形成，衣食住等方面都存在规则，成人、喜事、丧事等方面都存在礼义制度，这样，礼便在人们社会生活的需要中产生，同时又贯穿于人类社会生活的方方面面。

（二）"礼"德的基本内涵

礼是人类文明的产物，是一套有关生活的规则体系。在中国古代传统思想中，"礼"既是理想社会的组织方式，又是涉及人们生活方方面面的准则和依据。它既可以是个人行为的规范，又可以是治理国家的纲要；既可以是内含道德属性和自觉性的约束，又可以是外含政治属性和强制性的限制。对于传统核

---

① 许慎.说文解字新订[M].臧克和，王平，校订.北京：中华书局,2002:4.
② 许慎.说文解字新订[M].臧克和，王平，校订.北京：中华书局,2002:317.
③ 楼宇烈.荀子新注[M].北京：中华书局,2018:375.

心价值观念的"礼"文化,先挖掘其丰富内涵能为我国对外交往与对内发展提供有益的历史借鉴与思想资源。

### 1. 天道之礼——自然法则的运用

任何社会制度的产生都与当时的生产方式与社会环境息息相关,由此最初派生的"礼"文化也必然是适应生存法则的事物。"礼的起源可以追溯到远古社会的原始宗教祭祀活动。"[①] 古代社会由于极为落后的生产技术和谋生手段,人们普遍对自然抱有强烈的敬畏感和恐惧感,并将自然看作是神、将鬼神看作是决定人生命运的主宰。正如古人所追求的"天人合一",就是试图从自然法则中找寻生存之路。为此,人们通过祭祀神灵的仪式表达对神的敬仰与崇拜,并借此向神祈祷得到庇护。郭沫若曾考证:"礼是后来的字,在金文里面,我们偶尔看见有用豊字的,从字的结构上来说,是在一个器皿里面盛两串玉具以侍奉于神,大概礼之起起于祀神,故其字后来从示,其后扩展而为对人,更其后扩展而为吉、凶、军、宾、嘉的各种仪制。"[②] 可见,"礼"起源于原始对鬼神的祭祀活动,逐渐演变成一套严密且虔诚的祭祀仪式。特别是殷商时期,作为一个盛行鬼神文化、占卜文化的时代,对鬼神、占卜的迷信远超一切,甚至成为当时意识形态的主流。"殷人尊神,率民以事神,先鬼而后礼。"[③] 这一套严密系统的宗教祭祀仪式成了人们进行战争、祭祀、农业生产等重大活动的必经活动,这套仪式已然主宰了生活的一切。《史记》中记载:"故礼,上事天,下事地,尊先祖而隆君师,是礼之三本也。"[④] 这就意味着,这种宗教之礼存在于殷商甚至更早的社会之中,是古人在自然中找寻生存法则的现实运用,也是天人与神人的沟通桥梁。不仅如此,古代先人在制定"礼"的过程中,也处处体现着自然理念。例如,自然界分天地、四季,因而在《周礼》中也包含了天宫、地宫,以及春夏秋冬四宫。这种"礼"的制定与设计正是以天道自然为依据,是自然法则在人类社会的运用。孔子也曾曰:"夫礼,先王以承天之道,以治人之情,故失之者死,得之者生。"[⑤] 意为"礼"是先王承载天道用以治理人情的手段和方法,只有遵循天道、自然才能谋以生存,反之必然灭亡。由此可见孔子从自

---

① 王琦珍.礼与传统文化[M].江西:江西高校出版社,1994:3.

② 郭沫若.十批判书·孔墨的批判[M].北京:科学出版社,1956:93—94.

③ 李学勤.十三经注疏·礼记正义[M].北京:北京大学出版社,1999:1485.

④ 司马迁.史记[M].北京:中华书局,1982:1167.

⑤ 胡平生,张萌.礼记[M].北京:中华书局,2017:422.

然天地中找寻"礼"的根源及合理性。因此,无论是从宗教祭祀仪式或是"礼"的制定与设计中都能够找到自然法则的踪影,即便这种较为原始的仪式和习俗在后世经历了大规模的修改和改造,但其中人与自然相处的基本原则仍绵延至今,遵循自然法则的价值理念仍熠熠生辉。

2. 礼仪教化——日常行为的规范

人们总是生活在一定的社会关系之中,这意味着人与人之间由于存在的差异,如身份、地位、年龄、性别等因素会产生相应的合乎礼仪的规范,并结合时代特征形成一套具有普遍性和强制性的制度体系。这一系列礼仪教化都与个人的具体实践相关,如男女之别、长幼之序,以及祭祀天地祖先、服饰器物等礼仪的程序、形式或要求,并呈现出特有的时代烙印。例如,对于男女关系:"男女非有行媒,不相知名;非受币,不交不亲。"[1] "男女不杂坐,不同椸、枷,不同巾、栉,不亲授。"[2] 对于长幼关系:"为人子者,居不主奥,坐不中席,行不中道,立不中门,食飨不为概,祭祀不为尸。听于无声,视于无形,不登高,不临深,不苟訾,不苟笑。"[3] "谋于长者,必操几杖以从之。长者问,不辞让而对,非礼也。"[4] 对于祭祀仪式:"天子祭天地,祭四方,祭五祀,岁遍。诸侯方祀,祭山川,祭五祀,岁遍。大夫祭五祀,岁遍。士祭其先。"[5] "天子以牺牛,诸侯以肥牛,大夫以索牛,士以羊豕。"[6] 对于服装器物:"古者深衣盖有制度,以应规、矩、绳、权、衡。"[7] 衣服的样式、花纹、图案、用料上的差异都代表着尊卑等级,使人"见其服而知贵贱,望其章而知其势"。[8] 除此之外,"礼"还规定了人们日常生活中的行为举止和神态容貌,《礼记·玉藻》中记载:"凡行,容惕惕,庙中齐齐,朝庭济济翔翔。君子之容舒迟,见所尊者齐遫。足容重,手容恭,目容端,口容止……"[9] 这些渗透在日常生活中的礼仪教

---

[1] 胡平生,张萌.礼记[M].北京:中华书局,2017:28.

[2] 胡平生,张萌.礼记[M].北京:中华书局,2017:27.

[3] 胡平生,张萌.礼记[M].北京:中华书局,2017:13.

[4] 胡平生,张萌.礼记[M].北京:中华书局,2017:10.

[5] 胡平生,张萌.礼记[M].北京:中华书局,2017:86.

[6] 胡平生,张萌.礼记[M].北京:中华书局,2017:87.

[7] 胡平生,张萌.礼记[M].北京:中华书局,2017:1134.

[8] 方向东.新书[M].北京:中华书局,2012:44.

[9] 胡平生,张萌.礼记[M].北京:中华书局,2017:597—599.

化是区分人与禽兽的标准之一，为人们提供了基本的行为约束，并在此后的发展历程中逐渐演变为成文或不成文的规定，形成了十分完善的制度体系。正所谓"今人而无礼，虽能言，不亦禽兽之心乎？夫唯禽兽无礼，故父子聚麀。是故圣人作，为礼以教人，使人以有礼，知自别于禽兽"。[1] 此外，做到"有礼"也是古人所追求的"修身"，以遵循日常行为规范、约束自身行为、实现良好和谐的社会秩序和社会氛围。总而言之，"礼"是人们在长期社会发展和群体交往中为达成和谐有序的社会生活而逐渐形成的一套具有普遍性、系统性的行为规范体系。当然，其中存在的一大部分礼仪教化已经淡出现代人的视线，甚至消失在漫长的历史洪流之中，但不可否认的是它为人们处理社会关系中的人际交往提供了规范原则，成为支撑整个中国社会的基本骨架。

### 3. 人伦之礼——等级社会的准则

"礼"是人们身份地位的标示，也是中国传统"礼"文化的核心。事实上，"礼"经过周公、孔孟的发展已然不仅是有关自然宗教、日常礼仪的思想观念，还是更加注重等级社会的道德人伦。西周社会建立了一套从天子、诸侯到士阶层的宗法等级制度，也正是在这一背景下，周公首先将"礼"从自然宗教的祭祀仪式中解放出来，并基于宗法血缘关系确定了以"亲亲、尊尊"为基本原则的人伦关系和政治关系，但这尚未完全内化为人们的自觉意识与行动。孔孟将这一倾向继续扩大，初步完成了"礼乐文化"的等级准则。传统主流学派儒家认为，人类社会存在等级差距是合理的，也是必须如此的，如天然存在的性别、年龄、辈分等，以及非天然的能力、学识、才华等方面的差异。孟子曾曰："夫物之不齐，物之情也，或相倍蓰，或相什百，或相千万。子比而同之，是乱天下也。"[2] 孟子认为，天下万物各不相同，这是客观事实，这一观点亦能用于表示人类社会中存在的等级差异。"礼"是维护这种等级关系最有效的工具，能够避免社会秩序的混乱。正如孔子试图用周礼纠正等级社会中的各种僭越行为，从而建立一个"君君、臣臣、父父、子子"的理想社会。同时，孔子将"礼"进一步完善，从最自然的血缘亲情中寻找牢固的道德基础，即"缘人情而制礼，依人性而作仪"。[3] 董仲舒亦强调"礼"在等级社会中的重要性，他

---

[1] 胡平生,张萌.礼记[M].北京:中华书局,2017:6.

[2] 方勇.孟子[M].北京:商务印刷馆,2017:102.

[3] 司马迁.史记[M].北京:中华书局,1982:1167.

提出礼者"序尊卑、贵贱、大小之位，而差外内、远近、新故之级者也"。① 相反，"非礼无以节事天地之神也，非礼无以辨君臣、上下、长幼之位也，非礼无以别男女、父子、兄弟之亲，婚姻、疏数之交也"。② 事实上，"礼"对各阶层的社会成员都有其严格、详细的规定，这些规定不仅在很大程度上印证了该成员在社会等级中所处的位置，还促使人们能够各司其职、各奉其事。因此，在这个由高到低、由上到下的等级序列中，"礼"明确了每个社会成员的定位和角色，使人们的等级关系在"礼"的维护下能够得到合理解释。然而，要想"礼"真正发挥等级社会的保障功能就必然不能仅停留在道德领域，还要有与之相配套的制度约束，强调"礼"的权威性和法治性。

4. 法治之礼——统治秩序的维护

"礼不是法律，但也不等同于道德。礼既有法的功能，也有道德的含义。"③ 战国末期，"礼崩乐坏"的社会局面已然不能满足新政权的需要。因此，如何恢复昔日"礼"的辉煌并结合政治需求形成一套新的实践体系，成为当时社会急需解决的现实问题。在这一背景下，荀子借鉴法家"以法为本"价值理念中的合理成分，外延了"礼"文化的思想，避免了仅从"仁义""道德"等内倾化层面讨论"礼"的走向，从而赋予"礼"以强制性、权威性与政治属性。荀子将"礼"看作"如权衡之于轻重也，如绳墨之于曲直也。故人无礼不生，事无礼不成，国家无礼不宁"。"礼"被视为治理国家、维护秩序的基本方略，若违背"礼"的做法，国家将无法实现安宁。在此，"礼"与"法"发挥了相同的功能。"礼之为法，乃是一般意义的法则之法；礼法之法，则就是刑。"④ 当然，礼与法根本上是不同的。荀子只是主张礼法并用，礼是外在的社会规范，是法的基础和根本；而法则是外在的强制制裁，是礼的补充和手段。正所谓"礼者，法之大分，类之纲纪也"。⑤ 至此，荀子从礼法角度进一步完善了对"礼"的整理与改造，使"礼治"得到了"法"的保障与支持，从而大大弥补了仅从"精神""仁义"层面讨论的不足。同时，荀子对"礼"文化的丰富和发展也对汉代开启"礼法结合"的综治模式产生了极为重要的影响。如果说荀子开创了"引

---

① 张世亮，钟肇鹏. 春秋繁露 [M]. 北京：中华书局，2018:354.

② 胡平生，张萌. 礼记 [M]. 北京：中华书局，2017:958.

③ 陈来. 儒家"礼"的观念与现代世界 [J]. 孔子研究，2001(1):4—12.

④ 陆玉林. 中国学术通史（先秦卷）[M]. 北京：人民出版社，2004:174—175.

⑤ 楼宇烈. 荀子新注 [M]. 北京：中华书局，2018:10.

法入礼"的先河,那么汉代则是"引礼入法"将礼法并用的思想发展到了顶峰。《礼记·乐记》曾记载:"礼以道其志,乐以和其声,政以一其行,刑以防其奸。礼、乐、政、刑,其极一也,所以同民心而出治道也。"[1] 意为礼仪、音乐、政令、刑法的目的是一致的,即统一民心、治理国家而已。此后,中国传统"礼"文化中又深刻蕴含了"礼法合一"的治国思想,"由此产生的政策也都是兼具王道的温和与霸道的强硬"。可以说,礼法并用、礼主刑辅的做法成了中国古代法制文明的主要特征。

## (三)"礼"德的历史流变

礼起源甚早,在五六千年前就已产生。中国靠德与礼维系伦理型社会,传统中国完全可以称之为尚礼的社会。从周代开始,礼乐文明开始逐步地产生并具有一定的系统性,经过3 000年的发展,无论是政治、社会,还是个人,都被礼文化影响和熏染。因此,中国一直被称作"礼义之邦",备受世界尊重。传统礼德在历史中历经上千年的变化发展,经历了初始时期、完善阶段、变化、发展转化等多个时期,在每段历史时期都得到了继承发扬,同时产生了变化调整。

### 1."礼"德的初制阶段——先秦时期

上文阐释了礼的起源,在周代以前,尤其发展到殷商时期,礼基本是宗教祭祀的原始功能,这一时期"礼"德虽获得了发展,但是囿于生产力和社会发展的制约,"殷人尚鬼""巫术"等的影响,这一阶段礼文化中的宗教色彩过于浓厚,在殷墟出土的甲骨文中也有所表现。族群的领导者在对人的情感进行了解后,利用祭祀的方式将神的权力掌握在手中,对社会进行等级的划分,并且给私有制披上合法的外衣,变成一种制度,由此使全社会的人都要严格遵循这一准则,即"因人之情而为之节文"[2] 的过程。

殷商之后的周代,礼除了体现在祭祀之中,在社会、人生的各个层面也都越发突出。礼在祭祀活动中,其宗教的色彩日渐淡化,人文精神更加凸显。这一时期,以传承发扬唐虞夏商文明为基础,根据所需而引导其客观趋势为我所用,制定了各种典章制度,建立了完备的礼乐制度,形成了礼乐文明的基本局面。礼突出了蕴含的道德含义,提出敬德思想,将礼作为表现德的外在规范,

---

[1] 胡平生,张萌.礼记[M].北京:中华书局,2017:713.

[2] 胡平生,张萌.礼记[M].北京:中华书局,2017:985.

德与礼含义相通。《诗经·大雅·民劳》中记载："敬慎威仪,以近有德。"[①]《大雅·抑》中表示："抑抑威仪,维德之隅……敬慎威仪,维民之则。"[②]大体之意是指德和威仪之间是互为连通的,威仪对礼来说就是其表面的形式,威仪代表着德的性质,亦是行为的规范。杨向奎提出,周朝对礼进行的改变,就是通过德对礼进行阐释,降低礼物在商业交换方面具有的意义作用,礼物在宗教层面具有的含义也有所降低。综上所述,西周时期形成的《周礼》在继承与改革上古文化的基础上,为巩固政权合法地位、迎合宗法血缘关系而转化成的政治等级关系,实现了中华传统"礼"文化的第一次重大转变。总而言之,周公对"礼"的变革使其从天命神权、宗教仪式中初步解放出来,并结合"德"的思想使"礼"文化更具人文特征。同时,其发挥的政治功用和规范效能在相当长的历史长河中始终保持着强大活力。

2."礼"德渐受推崇阶段——秦汉时期

西周时期,尽管周公扩展了"礼"的道德功能与政治功能,但其本质仍是与天命紧紧相连的外在行为,并未过多地涉及人的内在的自觉意识,也未能在诸侯纷争的动荡中得以善存。因而,以孔子和孟子为代表的先秦儒家学者致力于寻求新的合理解释,以恢复"礼"的秩序和存在。此后,"礼"文化又经秦汉发展,确立了"礼法"相结合的综合治理模式,"礼"德思想在此阶段展现出巨大的价值魅力。孔子认为,周礼是国家治理实现太平的典范,当面临"礼崩乐坏"的社会现实时,孔子从"仁"中找到遵礼的内在依据,进一步推动礼从天命到人性、从外在向内在的转变,成为传统"礼教"思想的重要内容。孟子身处于各家学说大放异彩的时代,礼乐制度在这一时期已名存实亡。在这一背景下,孟子继承了将"礼"内化的思想,进一步将其看作是人心的善良,突出礼的道德意味。然而,此后礼的治国思想遭到了法的思想的巨大挑战威胁,统治阶级更加倾向于利用法的思想治国理政。在秦国实现大一统之后,法家思想便发展成主流思想,但是秦朝在第二代君主时便灭亡,使汉朝统治者意识到单靠"刑与法"、忽视"礼""德"的统治是无法长久延续的。统治阶级认识到,以儒家思想治理国家对强化封建统治地位发挥着极其重要的作用,所以汉代的统治阶级便推行了废除百家思想、只推崇儒家思想的治国之策,这种情况下,儒家思想便成了统治阶级的思想,因而儒家所崇尚的礼德也就受到了极大推崇。

---

① 王秀梅.诗经[M].北京:中华书局,2015:658.

② 王秀梅.诗经[M].北京:中华书局,2015:674.

运用礼与法治理国家,成为统治阶级巩固统治地位、掌控人民大众思想的有力举措,礼在封建统治过程中发挥了精神基础的作用,逐渐延伸发展到社会的方方面面。董仲舒所提出的"三纲五常"思想,便是对礼德的思想进行了更加深层次的巩固,逐步朝着高度政治化与封建化发展,由此礼便成了封建君主统治的有力帮手。在这一时期,"德治礼序"渐趋成型,"礼法合治"的综合治理模式也成为中国传统治国的基本结构。

3. "礼"德进一步政治化阶段——魏晋隋唐时期

在魏晋南北朝时期,社会的更新换代十分频繁,和汉代思想推崇的仁礼治理天下的理念相比,这时期的治国思想出现了显著的变化。"忠"和"礼"这两种思想是广大民众最为推崇的社会道德理念,但是在魏晋南北朝时期,统治阶级更加重视礼德。统治阶级为了实现对老百姓进行全方位的专制统治,对礼德思想进行了大肆的传播,礼由此成了统治阶级进一步稳定统治地位所运用的思想手段。这其中深层次的原因在于统治阶级为能够对广大群众的思想加以深度的把控,遮掩其谋权篡位的行径,让社会大众能够臣服其统治。

隋唐时期,社会逐步发展稳定。政治局面稳定、经济水平较高、百姓生活条件改善,这时期统治阶级为进一步稳固其统治,收拢天下民心,便采取了推动礼德观念进一步政治化的发展措施,如隋炀帝就沿用了举孝廉的制度。礼德在唐代被提升至法律层面,统治阶级通过利用道德与法律的双举措对广大民众加以思想控制,以此达到稳固其统治地位的目的。

4. "礼"德的极端化阶段——宋元明清时期

之后,从宋朝一直到清朝,我国的封建文化逐渐发展至顶峰,理学吸收了儒家思想的精华,在此阶段得到了统治阶级的推崇。在这一阶段,理学思想更加突出封建的伦理纲常,崇尚忠孝仁义,但也使"礼"德思想走向极端。一方面,礼和理之间的联系得到了强化。程朱理学的程颐曰:"礼者,理也,文也。理者,实也,本也。文者,华也,末也。理文若二,而一道也。文过则奢,实过则俭。奢自文至,俭自实生,形影之类也。"[①]这意为,"理"是"礼"的根本所在,但是在形式礼节上两者是缺一不可、相互融合的。另一方面,理学还将"存天理,灭人欲"等一些不符合人性特征、对人格造成分裂损害的思想纳入礼德思想之中,致使这种思想开始逐步朝着极端方向发展。父与子、君与臣、

---

① 程颢,程颐.二程遗书[M].上海:上海古籍出版社,2000:171.

夫与妻等之间的关系从最开始的"父慈子孝，兄友弟恭"到"君为臣纲，父为子纲，夫为妻纲"，最后被演绎成为"君要臣死，臣不得不死，父要子亡，子不得不亡"这种愚昧的忠孝思想准则，大肆宣扬子女要对父母、臣子要对君主、妻子要对丈夫的思想和行为绝对尊重与服从。对于礼教、贞节的僵化观念，使儒家礼德思想中所倡导的节欲主义变成了禁欲主义，由原来的相对变成了绝对，礼德思想走向了绝对化。事实上，这一现象的本质带有浓厚的封建味道，它使礼德最初所包含的思想内涵被严重地异化，变成了封建统治阶级以及父权统治思想的工具。可以说，在封建专制制度逐渐强化发展的过程中，礼所具有的内在精神含义逐渐变得极端、愚昧以及带有浓厚的政治色彩，这也成了后世学者批判、诟病的弊端之一。

5. 传统"礼"德的批判继承——五四新文化运动后

五四运动时期，我国社会开始从旧的封建社会逐步向新民主主义社会过渡。在这一阶段，大量新奇的思想观念相继迸发，西方社会思想涌入我国。同时，由于受到外来思想文化的巨大冲击，我国传统孝道伦理思想中包含的精华内容和落后思想遭到大肆批判。其中，五四运动的爆发，是对封建礼教思想进行批判的典型反映。广大知识分子受到外来思想的影响，产生了一定的激进意识，强烈期望能够找到拯救中国的新的发展之路，因而难以做到以理性的思维进行思考研究，选择了以全面批判的态度对儒家思想予以否认，在这一观念下礼教思想被冲击批判得体无完肤、一无是处。任何一种思想都来源于实践，会受到各种实践条件的限制，也难免出现误解。但对此不可矫枉过正，对待礼文化思想亦是如此，不能因其内含的糟粕而完全否定其具有积极性的内容。新文化运动欲打破礼教的"枷锁"，虽具有革命性、进步性，但将传统礼文化视为"吃人的礼教"一概予以否定，终归是偏激不公的。

中华人民共和国成立之后，我国的经济、文化、社会等各个领域都发生了翻天覆地的变化。我国更加注重对孔子思想时代一直到孙中山大革命时期给中国留下的极其珍贵的思想成果加以传承发扬（虽然也曾发生过在"文革"期间"破四旧"，一些人粗暴对待传统文化的现象），并在对传统文化思想的认知方面开始逐步确立起合乎科学的正确理念。

改革开放以来，我国对"文化大革命"出现的错误思想做法进行了拨乱反正，对传统儒家文化给予了客观公正的评价。中共十八大之后，经济社会实现了长足的发展进步，我国更加重视精神文明建设，提出了一系列政策举措，广大群众开始更加客观理性地看待我国的传统文化,人们对传统文化所具有的丰富的内涵和深邃的底蕴有了更加充分深入的了解和理解。

当然,也应该肯定新文化运动对传统文化的冲击所带来的革新效果,其确实也为包括传统礼德在内的传统文化的现代发展提供了新的契机。"新文化运动的最大贡献在于破坏和扫除儒家的僵化部分的躯壳的形式末节,及束缚个性的传统腐化部分。它并没有打倒孔孟的真精神、真意思、真学术,反而因其洗刷扫除的工夫,使得孔孟程朱的真面目更是显露出来"[①]。对于传统礼德思想,未来我们必须进一步重视、反思和探索,以期在传承其精粹的基础上构建更为科学合理、符合社会发展和人性的社会主义礼德思想,推进新时代公民道德建设向纵深发展。

## 二、传统"礼"德的历史作用

中国自古号称礼仪之邦,礼在中国传统伦理道德中占据重要的地位。孔子曾说:"兴于《诗》,立于礼。"[②]"不学礼,无以立"[③],作为一种传统道德规范,礼具有普遍的认同性以及中和性,同时其作为人的行为规范以及待人处事的基本原则,在社会历史发展过程中对维护国家政权、保持社会稳定、提高个人道德修养等方面发挥着重要的作用。

### (一)治国安邦的基础柱石

"国之大事,在祀与戎"。传统社会的礼不仅是社会实践的礼仪,更是涉及国家典章制度、关乎社稷安危兴衰的基础柱石。儒家十分重视礼对巩固政权的作用,不仅将以礼治国放在首位,以礼为法、以礼代法,还将其看作是实现国家稳定、社会和谐的重要工具。孔子十分强调"礼"在规范社会方面的作用,他指出"君臣父子"都需要严格遵守长幼辈分。所谓"君君、臣臣、父父、子子"[④],应当"父慈、子孝、兄爱、弟敬"[⑤],"君使臣以礼,臣事君以忠"[⑥]。他还

---

① 贺麟.文化与人生[M].北京:商务印书馆,1988:5.

② 杨伯峻.论语译注[M].北京:中华书局,2015:119.

③ 杨伯峻.论语译注[M].北京:中华书局,2015:258.

④ 杨伯峻.论语译注[M].北京:中华书局,2015:184.

⑤ 管曙光.春秋左传[M].郑州:中州古籍出版社,2018:13.

⑥ 杨伯峻.论语译注[M].北京:中华书局,2015:43.

要求学生学礼，说道："不学礼，无以立也。"① 要求人们做到所有的视听言动都应该满足礼的规范。叶公语孔子曰："吾党有直躬者，其父攘羊，而子证之。"孔子曰："吾党之直者异于是。父为子隐，子为父隐，直在其中矣。"② 孔子认为法律和公正、正直不存在必然的联系，坚持以法律准则办事的人，不一定是正直的人；只有根据人之常理办事才能叫公正，是因为公正通过人情体现。这里的"人之常情"正是指儒家原始礼制理念提倡的亲亲、尊尊、长长、男女各守其位，人在社会中，要依据自己在社会中的角色，适当地为人父、为人子、为人臣、为人幼等。合乎人情才是真正的公正，所以礼治大于国法，法律也需要合乎人情。荀子也从社会层面论述了维护"礼"的重要性。"礼论"是荀子的中心思想，这一思想使原来儒家伦理思想中的等级观念得到了进一步发展。他强调礼高于法，重视建立在血缘等级基础上的伦理纲常。荀子认为，如果人人在追求礼的道路上通过修身不断提升自己，以天下为公，实现"己所不欲，勿施于人"的境界，那么当个人的道德水平达到一定高度，社会的一切行为都在伦理道德的礼德范围之中时，这种社会就会是一个和谐的社会、幸福的社会。

由此可见，儒家学者认为"礼"的存在能够使社会成员在严格的等级秩序中明确自己的地位、角色以及功效，不僭越、不逾矩，人们在不同的社会分工中完成自己的角色。因而，当人们都能实现各居其位、各谋其职时，社会必然会井然有序、安定和谐。正所谓"仁人在上，则农以力尽田，贾以察尽财，百工以巧尽械器，士大夫以上至于公侯，莫不以仁厚知能尽官职。夫是之谓至平"。③ "天子以德为车，以乐为御，诸侯以礼相与，大夫以法相序，士以信相考，百姓以睦相守，天下之肥也。是谓大顺。"④ 这种"至平""大顺"的社会理想正是儒家学者致力于在礼治下追求的美好社会图景。尽管这一政治理想难以实现，但事实上，纵观历史千年，那些相对强盛或能绵延数百年的王朝也大多是坚守儒家"礼"文化、重视礼治对治国安邦的作用的国家。总而言之，"礼"之所以能够成为治国安邦的利器，其本质就在于用"礼"引导社会各个阶层按照应当的规范和原则形成稳定的社会秩序以实现国家安定和谐。所谓"礼者，治辨之极也，强固之本也，威行之道也，功名之总也。王公由之，所以得天下也；不由，所以陨社稷也"。得礼、遵礼才能强国固本；反之，只会有碍国家社稷。

---

① 杨伯峻.论语译注[M].北京：中华书局,2015:305.
② 杨伯峻.论语译注[M].北京：中华书局,2015:200.
③ 楼宇烈.荀子新注[M].北京：中华书局,2018:61.
④ 胡平生,张萌.礼记[M].北京：中华书局,2017:439.

## （二）和睦亲邻的发展前提

中国自古以来就是以中道立国，以礼仪立邦，这是我国独特的历史发展形式。"中道"就是用"中和"的方法处事。"中和"集中体现了礼当中的理性原则，是礼文化非常重要的特点。有子曰："礼之用，和为贵。先王之道，斯为美；小大由之。有所不行，知和而和，不以礼节之，亦不可行也。"[①] 这句话的意思是，礼的作用在于维系人际关系的和谐。治理国家使用的就是这种方法，不管大事小事都可以使用这种方法。在行不通的时候，仅仅是为了和谐而和谐，不用礼疏通，是成功不了的。孔子指出要想发挥礼的作用，必须要以"和"为处事的基本原则，但是"和"也受到礼的限制，依照礼的规范行事，指明了"和"在礼文化中的重要作用。《荀子·礼论》中记载："礼起于何也？曰：人生而有欲，欲而不得，则不能无求；求而无度量分界，则不能不争；争则乱，乱则穷。"[②] 人生来就有欲望，甚至可以说是贯穿于人的一生，但是礼并不意味着人类要抛弃欲望，而是要求人们在追求欲望的过程中有所克制，过度的欲望会导致人们精神世界的错乱、干扰人与人之间建立的和谐关系。只有用礼规范人的行为处事，才能更好地处理人与内心、人与人、人与社会间的关系。荀子的观点是，在礼开始产生的时候就已经有"中和"的思想。可以看出，古人在制礼时就已经认识到"适中"的管理方式，倡导用理性控制人们不适当的欲望、规范人的行为活动，进而构建起和谐、稳定、合理的社会秩序。综上所述，"中和"是一种理性思维，是礼文化的理性原则的集中体现，它教导人们要以理性的态度看待发展中的事物，以"中和"的方式处理人际关系，对我们构建社会主义和谐社会以及人与人之构建和谐关系意义重大。

子游曰："礼：有微情者，有以故兴物者；有直情而径行者，戎狄之道也。"[③] 首先，礼的种类不同，规定的方面也不同，有的限制感情，有的用人的本性蕴含的情感引发具体事物，假如没有统一规定，任由感情行事，那就是一种野蛮的做法。可以看出，"礼"大到可以维持各个社会阶层、各个阶层内部的关系，小到能够规范个人内心的感情和认知，其适用主体非常广泛，包括了每个人。其次，礼德具有开放性、包容性。自秦朝统一之后，各个民族之间的封闭状态被打破，相互之间的交流日益紧密，如文成公主进藏和亲、郑和七下

---

① 杨伯峻. 论语译注 [M]. 北京：中华书局, 2015:10.

② 楼宇烈. 荀子新注 [M]. 北京：中华书局, 2018:375.

③ 胡平生, 张萌. 礼记 [M]. 北京：中华书局, 2017:198.

西洋等。各个民族之间的密切联系，会促进各种文化之间的碰撞和渗透。文化具有差异性，在对待外来文化方面，中国礼仪文化的原则是以我为主、为我所用，从而可以绵延几千年。特别是在基督教、佛教、自然科学等外来文化蜂拥而来时，中国同样打开大门迎接并接纳。只有这样具有文化包容性，而且被世人普遍接受的文化才可以历久弥新，久久流传，即使在今天，对东亚国家和欧美国家的影响仍深远持久。

### （三）社会稳定的关系纽带

传统"礼"德通过研究人的发展，继而研究整个社会的发展。"礼"德注重人类的生存与发展，探究人类的生存模式和内心活动，其主要是为了促进人们在为人处事方面树立一定的原则、在人生发展方面制定科学的规划、在日常生活方面有正确的态度、在社会经济发展方面有特定的贡献。"礼"德可以在今天继续传承，是因为"礼"德具有促进人类树立一定的为人处事的原则、制定科学合理的人生发展规划的积极作用，从而能更好地帮助人们树立积极、正确的生活态度，促进社会的发展。这种独特的性质，使其不断适应个人发展和社会发展的需要。这种性质主要通过三个方面体现出来，即社会各阶层普遍适用、关注个人道德修养的提升、"中和"。

传统"礼"强调的是秩序，这种礼德的社会秩序性，使社会稳定有序，这样形成的安居生活对社会中的每个人都有利，为社会的安定奠定了良好的基础。实际上，不管什么社会形态下，都要有一套社会普遍遵守的行为准则，以礼德规范人类的行为活动使社会更加有秩序、更有道德。从传统社会用礼制治国的方略可以看出，当时已经初步具备了制度意识，其主要是为了以伦理为基础建造一个和谐、稳定的社会，人们主动遵从社会秩序、安居乐业，社会秩序稳定的大同社会。在这里，符合礼的行为表现是社会公德，并不断进行社会公德的宣传教育。中华传统礼德通过压制私德进而达到推进公德的目的。其礼的思想在伦理道德层面，不具有强制的法律约束力，是柔性的。

礼非常强调"尊卑有别，长幼有序，贵贱有等，亲疏有差，内外有别"，这不仅是"国家伦理"，还是"家庭伦理"，可以说是"放之四海而皆准"。人类的感情、责任都是依靠"礼"获得满足的，人类的道德准则也是根据"礼"制定出来的，人和人之间的和谐关系基本上也是依靠"礼"进行维系的。从儒家的角度看，"礼"可以说是政治、宗教、道德的化身，和宗教、家庭、社会有着密切的联系。礼不仅对社会的稳定、和谐具有十分重要的影响，还对维系

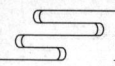

社会具有特殊作用。

### （四）内圣外王的行为准则

传统礼德在个人道德践行上所发挥的功效就是规范社会成员的思想观念、约束其行为举止，并为个人成圣成才、实现人生价值提供目标途径和方向指引。简言之，礼德是个人提升内在修养、塑造完美人格的行为准则。我们通过研究古代先哲思想可以发现，礼德的践行非常重视个人的自律和内在修养，认为这样才能够形成完美的人格。比如，孔子非常重视"学""思""行"。孟子倡导"存仁礼之心""反省内求""寡物欲""养浩然之气"。这些都是重视内在修养的方式。儒家认为，这种内在的修养方式，能够帮助人们形成高尚的道德品质，进而使个体和整体完美结合。同时，儒家先哲希望人们放弃非正常的欲望，却没有给正常与非正常一个明确的区分。后来，这一点也被专制统治者充分利用，成了阶级压迫的思想工具。相关书籍中记载个人内心修养重要性的语句也不在少数。比如，"质胜文则野，文胜质则史，文质彬彬，然后君子"。[①]意思是当质朴胜过文雅，就显得粗野，文雅胜过质朴，则显得做作，只有内外兼修，文与质交相辉映，才是君子应有的人格。

由此可见，古代哲人提倡的个人提高修养主要是通过内外兼修的方式得以实现。也就是指，以内修实现个人对道德准则的学习、理解与追求，礼德中的多数思想正是道德体系中的重要内容；以外修实现个人对实践行为的约束、监管与规范，礼德正是衡量个人道德水平的重要尺度。因此，对一个正在行使礼仪的人来说，不仅要有外在的表现，更要懂得"礼仪"的内在核心，即注重个人内心的修养。今天，我们学习礼文化，就是要通过学习其中仍然具有当代价值的部分，培养正确的是非观，知道什么事情能做，什么事情不能做，坚持"勿以恶小而为之，勿以善小而不为"的行事准则，同时需要注意正确价值观的培养。在面对日新月异的外部物质世界时，要坚守自己的底线，不被外界物质所迷惑，注重自己精神世界的构建。

## 三、传统"礼"德现代弘扬的价值分析

美国著名学者丹尼尔·贝尔（Daniel Bell）指出："传统在保障文化的生命力方面是不可缺少的，它使记忆连贯，告诉人们先人们是如何处理同样的生存

---

[①] 杨伯峻.论语译注[M].北京：中华书局,2015:89.

困境的。"① 这就强调我们要重视历史和现实之间的连续性，以正确合理的态度对待传统文化的现代弘扬。实际上，不管是过分夸大中国传统道德文化当中的消极部分，还是过分夸大其中的积极部分，都对我们批判继承传统道德文化毫无益处，而且也不利于在新的时代背景下正确发挥传统道德的作用。不管是全盘肯定，还是全盘否定，都不是对传统道德文化应该有的态度。传统道德文化不是什么灵丹妙药，需要我们以实践为基础判断应该传承什么道德文化，应该剔除什么道德文化。马克思主义理论中的"否定之否定"规律也指出，对待传统文化应该保持"扬弃"的态度，不仅要大力弘扬传统文化中的积极精神，还要大胆剔除其中的糟粕，即"取其精华，去其糟粕"。结合我们今天的社会生活需要，礼德内容的很多方面很好地体现了社会主义精神文明建设中培养有道德公民的要求，对此要继续发扬传统礼德的现代价值，推动传统礼德实现创造性转化和创新性发展。

## （一）社会秩序的基本保障

在中华民族发展的几千年的历史中，礼德在中国传统思想中占据着重要的地位，是维系社会和谐稳定的重要保障。无论是在古代，还是在现代，对于传统礼德，不应该抱着完全批判的态度，简单地视其为封建的、腐朽的道德思想，而要努力挖掘其中的积极因素，与现阶段发展的实际情况相结合，为构建社会主义和谐社会提供重要的历史借鉴。

基于马克思主义哲学体系中所提出的量变与质变的辩证关系原理可知，两者之间相互作用、相互影响。量变与质变处于相互依存的关系，没有具体的界限划分，量变是质变的前提基础，质变是量变的最终结果。在社会发展中诸多因素都在发生变化，主要体现为物质财富生产能力增强、个体具有独立性思维等。但是，个体独立性的发展并不会衍生出其完全独立生存的情况，基于此，人与人之间的伦理性、政治关系等都会延续下去。同时，基于否定之否定规律可知，辩证否定观可用"扬弃"解释，扬弃的内涵是"新事物对旧事物既批判又继承，既克服其消极因素又保留其积极因素"。② 传统社会与现代社会分别归属于旧事物与新事物的范畴中，在现代社会发展中要遵循客观科学的理念，对旧事物持有批判与继承的态度，取其精华，去其糟粕。例如，传统社会有很多

---

① 丹尼尔·贝尔.资本主义文化矛盾[M].北京：三联书店,1989:25.
② 马克思主义基本原理概论编写组.马克思主义基本原理概论[M].北京：高等教育出版社,2018:41.

优秀的观点可以传承，包括人之性善等，而君为臣纲、父为子纲等观念需要摒弃。这说明，现代社会是在传统社会的基础上发展而来的，很多传统道德文化都可延续到现代社会中，进而为公民道德建设提出具体的可行性标准与规范。

传承中华民族传统礼德，首先，有助于提高人们的自律意识，形成"慎独"意识，也就是说，经过潜移默化的熏陶和积极的价值引导，可以让人们根据社会发展的大趋势设定自己的道德准则，知道自己应该做什么，不应该做什么，而且不管有没有人监督都一直奉行这样的标准。一直保持道德初心，不会因为外在环境的各种诱惑就放弃自己的准则。其次，传承中华传统礼德有助于提升社会的他律意识，构成监督合力，在整个社会道德滑坡、价值混乱的时候，有助于创造一种积极的道德氛围，有利于人们朝着集体主义、爱国主义的方向发展，进而使人和人之间相互监督，促使人们形成正确的道德观念。最后，传统礼德以仁爱为本，仁爱也是我们传统礼德的核心思想。仁爱使人和人之间相互帮助、相互爱护，相互之间充满关爱，营造出一个和谐稳定、人人幸福有爱的美好环境。

### （二）礼仪文化的深厚根基

党的十八大报告提出，要培育社会主义核心价值观，主要可以从三个层面展开，即国家层面的富强、民主、文明、和谐，社会层面的自由、平等、公正、法治，个人层面的爱国、敬业、诚信、友善。要想社会上人人都认可社会主义核心价值观，最关键的途径就是找寻它的根脉，即中华优秀传统文化，并且还要和中华优秀传统文化结合起来，这样才能更好地传承和创新，才能让人们更愿意接受并认可社会主义核心价值观，并且通过自己的行为活动表现出来。中国传统的"礼德"观念已深深植入人们的精神世界中，应该最大限度发挥中华传统礼德所具有的丰富资源，增强人们对社会主义核心价值观的认可。正如习近平总书记强调的："中华传统美德是中华文化精髓，蕴含着丰富的思想道德资源，不忘本来才能开辟未来，善于继承才能更好创新。"[①] 要正确处理继承和发展之间的关系，让中华优秀传统文化、传统礼德实现创造性转化和创新性发展，其中一个重要的问题就是正确处理好社会主义核心价值观和传统道德观之间的关系。让人们从情感上真正认可社会主义核心价值观，就需要从传统和历史中汲取养料智慧，继承和发展中华传统礼德，提高人们价值判断的能力。社会主义核心价值观源自中华传统道德价值观，更是传统礼德和时代发展

---

① 习近平. 习近平谈治国理政 [M]. 北京：外文出版社, 2014:164.

结合的产物。摈弃传统道德单纯地谈社会主义核心价值观，就犹如无源之水、无本之木。

### （三）道德自觉的养成渠道

"文化自信"是综合国力强盛的重要体现，也是我们国家提高国际话语权和建设和谐世界战略思想的重要组成部分。在多元化竞争的当今社会，只有人们对自己国家和民族的文化有强烈的认同感，才能产生文化自信，才能使国家在国际竞争中屹立不倒。通过开展中华优秀传统文化的教育，能让社会民众多维度地感受中华优秀传统文化的精彩和魅力，从而产生情感上的共鸣，增强对国家和民族的文化认同，树立文化自信。

"一个民族的文化能否实现自觉与自信，很大程度上取决于对传统文化扬弃的客观与科学态度。"[1] 文化自觉指民族对文化的自我反省、自我觉醒、自我建设。文化自信是一个国家、一个民族、一个政党对其传统文化和内在价值的肯定，坚定自身文化具有顽强的生命力。新时代背景下的中国，要想实现中国梦，不仅需要经济的支撑，还需要从整体上提高整个中华民族的素质。"文明中国"需要礼德的滋养。习近平提出："注重发挥文以化人的教化功能，把对个人、社会的教化同对国家的治理结合起来，达到相辅相成、相互促进的目的。"[2] 换句话说，批判继承传统礼德正是"文化自觉"的内在要求，即能不能正确对待传统礼德文化与民族"文化自觉"息息相关。

能否对数千年来世代延续下的中国传统礼德思想进行客观的评价、认识和科学合理的扬弃，是"文化自觉"能否真正实现的关键。对于传统礼德文化轻率地全盘否定或者异化对待，这就是在割裂文化血脉，最终可能导致中华文化的断层或者文化失去根脉。所以，要以马克思主义为指导，坚持"取其精华，去其糟粕"的基本原则，对传统礼德文化的内在价值进行充分肯定，坚定文化自信，发掘传统礼德的现代价值，吸收并借鉴其他各种道德文化中的优秀成分，整合优化中国传统道德文化，推动中国传统礼德文化的创造性转化和创新性发展，树立文化自信和文化自觉。

### （四）个人道德的重要维度

知礼行礼，这是社会文明的表现，是为善，肯定会受到人们的尊重和称

---

[1] 孙燕青.文化自觉与文化自信视野下的传统文化定位[J].哲学动态,2012(8):19—23.
[2] 习近平.在哲学社会科学工作座谈会上的讲话[N].人民日报,2016-05-19(02).

赞；相反，就是野蛮行为的表现，是为恶，肯定会受到人们的唾弃和鄙视。"人而无礼，胡不遄死？""人而无仪，不死何为？"①意思是，作为人如果不知道什么是礼，为何不快死化为泥？作为人如果没有容仪，那么死了还有什么可惜的呢？《礼记·典礼上》中记载："鹦鹉能言，不离飞鸟；猩猩能言，不离禽兽。今人而无礼，虽能言，不亦禽兽之心乎！"②礼仪是将人和禽兽区分开的重要标志。在这样的社会舆论下，人类自然就会更愿意遵守礼仪，社会文明程度也会不断提高。

以礼为核心的道德规范和以仁为核心的道德情操是君子的道德准则。换言之，仁是人的内在美，礼是人的外在美，只有把仁通过礼表现出来，这样的人格才是完美的。孔子曾曰："质胜文则野，文胜质则史。文质彬彬，然后君子。"③就是说，一个人只有把个人质朴的品德和外在的礼仪表现结合起来，才能算得上是有教养的人。宋代张载曾提出"知礼成性"的命题，说："知则务崇，礼则惟欲乎卑，成性须是知礼。"④也非常重视"礼"在塑造个人完美人格中的巨大作用。

在当今社会，随着市场经济的发展和消费主义的膨胀，功利主义在社会风气中越来越盛行，人们的道德有逐渐沉沦之危。伴随着功利主义对人们道德和情感的冲击以及多元文化趋势的加强，以《仪礼》《礼记》为代表的礼文化经典正逐渐受到人们的重视。在这个市场经济下功利主义泛滥的现代社会，这些经典作为规正人们思想行为的典范将发挥巨大的作用，其地位重新得到凸显。

### （五）生态文明的理念源泉

中国传统礼文化处处蕴含着天人合一的和谐思想，并以极其敬畏的态度试图实现与自然的和平共处，这一思想延传至今日便是我国生态文明的理念源泉。古代社会追求顺天而动，不仅将祭天、祭神视作最高的礼仪，还对人们诸如开荒、耕种、捕捞等日常生产生活进行了严格的规定。《荀子》一书中记载道：草木荣华滋硕之时，则斧斤不入山林，不夭其生，不绝其长也。⑤此外，《礼记》中也规定了"草木零落，然后入山林。昆虫未蛰，不以火田。不麛，

---

① 王秀梅.诗经[M].北京：中华书局,2015:103—104.
② 胡平生，张萌.礼记[M].北京：中华书局,2017:6.
③ 杨伯峻.论语译注[M].北京：中华书局,2015:89.
④ 张载.张载集[M].北京：中华书局,1978:191.
⑤ 楼宇烈.荀子新注[M].北京：中华书局,2018:158.

不卵，不杀胎，不殀夭，不覆巢"。① 这些禁令和规定体现了古人遵循自然规律、寻求人与自然和谐的朴素自然观，"礼法自然"成了古人对待自然万物的基本态度。可见，现代生态文明理念延续发展了中国传统礼文化中的天人合一思想。

进入 21 世纪以来，中国科学技术的发展日新月异。人们对大自然进行开发和利用的手段也有了变化，越来越向更深层次的方向发展，随着人们对大自然的不断索取和无限开发，生态矛盾越来越突出，随之引发的生态环境问题越来越尖锐，不仅影响到人们的日常生活水平，更影响到人类的生存与发展。面对当今日益突显的生态问题，一些西方国家采取僵化的模式，甚至对生态保护问题置之不理，推卸责任，或先污染后治理，加剧了生态环境的恶化。为了解决这一问题，首先，必须意识到生态环境的重要性。我们只有一个地球，对人类赖以生存的家园要担负起我们的责任，采取积极的态度，保护生态环境，促进生态环境的可持续发展。其次，要采取绿色可持续的发展战略，对自然环境以"礼"相待，倍加珍惜，开发有度，利用有度。

自党的十八大以来，中央高度重视生态环境保护，发出了坚决打赢污染防治攻坚战的动员令，坚定保护环境的决心，出台了一系列行之有效的环境保护政策，加强执法力度，目的是让人民群众生活在天蓝、地绿、水清的生态环境中。党的十九届五中全会提出："坚持绿水青山就是金山银山理念，坚持尊重自然、顺应自然、保护自然，坚持节约优先、保护优先，自然恢复为主，守住自然生态安全边界。"这些生态保护战略，坚定保护生态环境的信念，坚决打赢防污攻坚战的决心，正是对礼德的深刻践行。绿水青山是自然界的无私馈赠，要积极转变生态观念，对绿水青山持以礼敬的态度，以"礼"相待，将自然财富转变为国家财富、社会财富和人民财富，践行科学发展观和可持续发展战略，积极保护绿色生态。

## 四、"礼"德的实践现状及原因分析

"礼"德是中华几千年文明的积累和沉淀，是华夏文明的融汇，在长期的发展过程中已形成一整套完善的"礼"德规范。在现阶段社会转型变化的过程中，尽管"礼"德建设卓有成效，但由于社会实际各方面的影响，"礼"德在实践与发展的过程中也面临着一系列的新情况、新问题。为此，探究"礼"德在现代社会中的实践现状，认真分析现状背后的根源，才能有针对性地促进社会

---

① 胡平生，张萌. 礼记 [M]. 北京：中华书局, 2017:254.

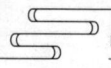

公民道德建设水平的不断提高。

## （一）"礼"德的实践现状

中国是传统礼仪之邦，懂礼、习礼、守礼、重礼的传统一直流淌在每一位中华儿女的血液中。时至今日，"遵德守礼"仍是指导个体为人处事、维护社会和谐稳定的重要道德规范。在中国古代，礼仪虽然是统治阶级维护封建社会等级秩序的工具，但也在指导、约束个体言行上发挥了重要作用，使社会普遍形成知礼、守礼的道德认知。近代以来，随着外敌入侵，社会的混乱与西方文化的传入，使中国传统礼仪规范遭受巨大冲击。一方面，束缚、压迫人性的封建礼教被逐渐抛弃，礼仪规范逐渐与时代发展相融合；另一方面，社会对西方礼仪的接触与学习也使中国传统礼仪规范陷入发展困境。中华人民共和国成立后，"礼"德建设被提上日程，有一段稳定发展的过程，但"文化大革命"又给了传统"礼"文化致命一击，众多礼仪规范被当作封建旧文化而遭到批判，人们礼仪观念的错位与畸化也使社会出现礼仪行为失序的现象，礼仪文明在之后相当长的一段时间内都处于失落状态。直到中共十一届三中全会以后，对"文革"时期错误思想的纠正以及改革开放的实行，使我国的礼仪建设进入了全面复兴时期。党的十八大以来，对社会主义核心价值观的培育与践行为人们的"礼"德实践提供了思想指引；2019年，《新时代公民道德建设实施纲要》的出台更是为人们遵德守礼提供了基本遵循。当前，社会整体"礼"德实践状况基本良好，大多数人都能较好地做到以礼待人、以敬处世，将"礼"德作为提升个体德性修养的重要道德内容。但社会依旧存在诸多不守礼节、不讲文明、不懂礼貌的失德行为，如果不对此加以重视并逐步予以解决，就会阻碍新时代"礼"德建设的推进与发展。

为了进一步明晰传统"礼"德在当代社会的实践现状，特以问卷调查的方式进行了解，在宁波市范围内做了相应的粗略调查。在全国文明城市建设中，宁波市具有典型代表性。其在公民道德建设、文明社会建设中均获得诸多成就，而其在建设中整合各界力量，为道德建设提出了许多建设性思路举措，通过切实可行的实践活动加强城市文明建设，从而对本地区社会与经济发展起到了积极影响。在全国范围内，宁波市的文明城市及爱心城市形象已有相当的知名度和美誉度，因此结合宁波市公民道德建设实践，调研传统礼德在宁波的实践现状，从中总结规律和经验教训，对探究传统"礼"德的现代弘扬具有实践启发意义。

问卷的发放范围包括宁波市区的6个公共场所：天一商圈、鄞州万达广场、鼓楼地铁站、南高教园区、招宝山公园、北高教园区。通过问卷调查方式展开。问卷发放共600份，回收可用的问卷数量共有569份。调查对象中，男女分别占比41.52%和58.48%，18岁以下、18～30岁、30～40岁、40岁以上比例分别为16.46%、27.52%、18.43%、37.59%。问卷主要调查四个方面，分别是公民对传统礼文化兴趣与学习情况，公民自身受传统礼文化影响情况，家庭、学校、社会关于传统礼文化教育情况，传统礼文化目前面临的社会环境。通过问卷分析，得出了如下四方面"礼"德实践现状的结论。总体来看，讲礼尚礼仍是现代社会基本的道德价值取向和道德生活形态，但也存在一些问题。

1. "礼"德认识不断提升，但公民学礼遵礼还有待加强

调研中，在回答"你认为中华传统礼德对当今社会公民道德建设是否有帮助"时（见表2-1），有95.58%的受访者选择"有帮助"，仅有4.42%的受访者认为"没有帮助"。

表2-1 关于"你认为中华传统礼德对当今社会公民道德建设是否有帮助"的调查表

| 选 项 | 有帮助 | 没有帮助 |
|---|---|---|
| 占总人数/% | 95.58 | 4.42 |

在回答"你读过《仪礼》《周礼》《礼记》等有关传统礼德内容的书吗"时（见表2-2），在受访者群体中，占比高达72.73%的未曾读过，20.88%选择"读过其中一本"，选择"读过其中两本"和"全部读过"的人数比例只有4.18%和2.21%。

表2-2 关于"你读过《仪礼》《周礼》《礼记》等有关传统礼德内容的书吗"的调查表

| 选 项 | 一本都没有读过 | 读过其中一本 | 读过其中两本 | 全部读过 |
|---|---|---|---|---|
| 占总人数/% | 72.73 | 20.88 | 4.18 | 2.21 |

在回答"你是否愿意利用闲暇时间去读一些有关礼文化的书籍或文章"时，仅有23.83%的受访者表示愿意，不会刻意阅读此类书籍的受访群体占比为66.58%，剩余受访者选择的选项是"不愿意"，如表2-3所示。

表2-3 关于"你是否愿意利用闲暇时间去读一些有关礼文化的书籍或文章"的调查表

| 选 项 | 愿意 | 不会刻意寻找相关书籍或文章去阅读，但是如果偶然间看到的话，也会愿意去读一些 | 不愿意 |
|---|---|---|---|
| 占总人数/% | 23.83 | 66.58 | 9.59 |

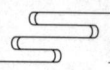

基于上述三个问题及其答案分布，可以发现，对当前的普通群众而言，虽然已经了解到礼德在社会公民道德建设中的重要性，但不具备较高的学习主动性，仅有少数受访者愿意主动学习传统礼文化的相关知识。

表 2-4 关于"你在日常生活中是否自觉遵守礼仪规则"的调查表

| 选 项 | 严格遵守 | 践行力度不够 | 不遵守 |
| --- | --- | --- | --- |
| 占总人数 /% | 29.32 | 61.86 | 8.82 |

当提到礼文化在日常生活中的践行时，在受访群体中，61.86%选择了"践行力度不够"这一选项，能够"严格遵守"的仅有29.32%，还有8.82%选择"不遵守"，如表2-4所示。

2."礼"德建设卓有成效，但与时代发展融合度有待提升

针对烦琐的礼仪规则，在了解受访者的态度时，4.91%的受访者选择"太过麻烦，没有必要"，68.06%的受访者选择了简化实施过程的选项，此外，有27.03%的受访者选择"可以完全效仿"，如表2-5所示。

表 2-5 关于"你对于婚丧嫁娶以及生日满月等烦琐的礼仪规则的看法"的调查表

| 选 项 | 太过麻烦，完全没必要 | 今天仍然可以完全效仿 | 要在具体实施过程中将其简化 |
| --- | --- | --- | --- |
| 占总人数 /% | 4.91 | 27.03 | 68.06 |

当问到"如何看待我国传统礼文化时"（见表2-6），占比97.06%的受访者认为应当以客观的视角对待礼仪文化，因为其中包含了谦恭礼让等礼仪精华，但同时存在一些糟粕，所以应当以审慎的态度、客观的认知，还要一分为二看待这个问题。此外，也有受访者选择了不同的观点：其一，应当全盘接收所有的礼文化；其二，礼仪文化中包含的糟粕太多，应当摒弃；其三，难以区分精华糟粕。这三种观点的占比完全相同，都为0.98%。

表 2-6 关于"你怎么看待我国传统礼文化"的调查表

| 选 项 | 礼文化中既有礼尚往来、谦恭礼让等精华，也有三从四德的糟粕内容，应一分为二看待统优秀文化 | 礼文化是中华优秀传统文化，应该全盘吸收 | 礼文化中糟粕的内容过多，我们应该摒弃之 | 分不清礼文化中的精华和糟粕 |
| --- | --- | --- | --- | --- |
| 占总人数 /% | 97.06 | 0.98 | 0.98 | 0.98 |

在回答"你觉得传统礼文化中提出的'君为臣纲、父为子纲、夫为妻纲'

仍然适用于今天吗"时（见表2-7），选择"仍然适用"的受访者占总数比为17.2%；占比最高的就是"摒弃"的态度，选择这一选项，是因为其会对个体的自由发展形成显著的限制，其占比为51.6%；在所有的选项中，选择"不清楚"这一项的占比为7.30%。剩余受众群体认为"在大部分情况下应当摒弃"，需要适时而定。

表2-7 关于"你觉得传统礼文化提出的'君为臣纲、父为子纲、夫为妻纲'仍然适用于今天吗"的调查表

| 选 项 | 仍然适用 | 限制个人的自由发展，应该摒弃 | 在大部分情况下应该摒弃 | 不清楚 |
| --- | --- | --- | --- | --- |
| 占总人数/% | 17.02 | 51.60 | 24.08 | 7.30 |

通过上述问题及回答可以发现，对于大部分受访者而言，很显然能够准确区分传统礼文化中的糟粕部分，而且不会受其影响，但是不可忽视的是，仍然有少部分群体对此缺乏深入认真的思考。

3. "礼"德教育有所加强，但社会各方教育合力尚未形成

在回答"你获得传统礼文化知识的主要途径"时（见表2-8），此次调查结果比较平均，占比最高的是"通过网络媒体的宣传来获得"，为33.17%；"从与长辈、同辈的交流中获得"和"通过阅读书籍来获得"占比分别为26.29%、28.50%。另外，还有12.04%的群体的了解方式源自"参加开展的相关活动"。

表2-8 关于"你获得传统礼文化知识的主要途径"的调查表

| 选 项 | 从与长辈、同辈交流中获得 | 通过阅读书籍来获得 | 参加开展的相关活动 | 通过网络媒体的宣传来获得 |
| --- | --- | --- | --- | --- |
| 占总人数/% | 26.29 | 28.50 | 12.04 | 33.17 |

在了解"你所在的社区、学校或相关组织组织传统礼仪文化学习或实践活动的频次"时（见表2-9），有8.02%的受访者选择"每年3次及以上"，16.46%的受访者选择"每年2次"，38.08%的受访者选择"每年1次"，37.44%的受访者选择"从未开展过"。

表2-9 关于"你所在的社区、学校或相关组织组织传统礼文化学习或实践活动的频次"的调查表

| 选 项 | 每年3次及以上 | 每年2次 | 每年1次 | 从未开展过 |
| --- | --- | --- | --- | --- |
| 占总人数/% | 8.02 | 16.46 | 38.08 | 37.44 |

针对在校学生设计提问，了解"你的任课教师是否在课堂教学过程中提及过传统礼文化的相关知识"时（见表2-10），仅有11.05%的受访者认为教师"经常提及"；占比高达44.47%的受访者选择"偶尔会提起"；还有14.55%以及29.93%的受访者选择"从未提过"以及"不清楚"。

表2-10　关于"你的任课老师是否在课堂教学过程中提及过传统礼文化的相关知识"的调查表

| 选　项 | 经常提及 | 偶尔会提起 | 从未提过 | 不清楚 |
| --- | --- | --- | --- | --- |
| 占总人数/% | 11.05 | 44.47 | 14.55 | 29.93 |

通过上述三组数据可以发现，在受访人群中，相关知识的获取源自"与长辈、同辈的交流"占比不足1/4；学校社区等相关组织机构虽然曾经组织过礼文化实践活动，但是其中存在显著的欠缺以及不足；就校园这一群体来看，学校教育对礼文化还未能给予足够的重视，在具体的教学实践中还需进一步加强。

4."礼"德传承积极推进，但社会尚"礼"氛围有待提升

针对"你是否听说或参加过社会上举办的关于传统礼文化的活动"这一问题（见表2-11），占比高达86%的受访者选择"没听说过，也没参加过"这一选项，8.84%的受访者选择"只听过，但从没参加过"，只有5.16%的受访者"参加过"。

表2-11　关于"你是否听说或参加过社会上举办的关于传统礼文化的活动"的调查表

| 选　项 | 只听过，但从没参加过 | 没听说过，也没参加过 | 参加过 |
| --- | --- | --- | --- |
| 占总人数/% | 8.84 | 86.00 | 5.16 |

综艺节目是当前人们最偏好的节目之一，针对"你看过以传统礼文化为主题的综艺节目吗"这一问题（见表2-12），70.52%的受访者表示没有看过此类节目，曾经看过的受访者占比只有6.63%，其余受访者选择的是偶尔看过。

表2-12　关于"你看过以传统礼文化为主题的综艺节目吗"的调查表

| 选　项 | 没看过 | 没看过，但在看综艺节目时会偶尔看到相关内容 | 看过 |
| --- | --- | --- | --- |
| 占总人数/% | 70.52 | 22.85 | 6.63 |

在当前的影视节目中，很多都对历史、原著以及经典进行了篡改，针对"你如何看待部分影视节目以篡改历史、原著、经典来娱乐大众这一现象"这一问题（见表2-13），57.76%的受访者认为无伤大雅，27.52%选择坚决抵制，

此外，还有 15.72% 是"没有看法"。

表 2-13　关于"你如何看待部分影视节目以篡改历史、原著、经典来娱乐大众这一现象"的调查表

| 选　项 | 无伤大雅，看得开心 | 要坚决抵制这一现象 | 没有看法 |
| --- | --- | --- | --- |
| 占总人数 /% | 56.76 | 27.52 | 15.72 |

通过上述三个问题可以发现，在当前的社会中，和传统礼文化相关的氛围还不够浓厚，有待于在今后的精神文明建设实践中予以加强。

## （二）"礼"德实践缺失的原因分析

通过调查问卷分析，结合其他途径的调查了解，我们可以看出当前"礼"德实践现状呈现出积极与消极并存。值得肯定的是，不论是 2001 年颁布的《公民道德建设实施纲要》，还是新颁布的《新时代公民道德建设实施纲要》，都为推进我国公民道德建设的持续深化指明了方向，并取得了一系列显著的成效。与此同时，公民道德建设领域中仍然存在大量需要解决的问题，有些是历史积累的老问题，有些是随着时代发展产生的新问题。因此，需要在认真梳理问题的基础上，对这些问题的根源进行深度挖掘探寻，包括是哪些原因导致传统礼德精神在现实生活中的缺失。

从之前的调查现状来看，现实生活中缺失传统礼德精神的原因涵盖了多个方面，主要有以下五点：

### 1. 社会大众对"礼"德文化的学习了解不足

从调研和日常的经验中可以了解到：在社会中，一般普通民众在面对传统礼文化时，既不能进行较深入的了解认知，又缺乏学习热情，甚至还抱有抵触心理。导致这一现象的根本原因当然多种多样。在古代，礼服务于统治阶级，是他们用于巩固自己统治地位的有力工具，这一格局一直延续到清朝末年，曾经占据统治地位的礼文化由于鸦片战争遭受了极大的冲击，也丧失了统治基础，由此也导致了人们精神世界的颠覆。文明古国深厚的文化底蕴曾是人民的骄傲，但是随着鸦片战争后西方文化的强烈冲击，使很多人对自己的民族文化丧失了往日的骄傲，没有了以往的那份文化自信，甚至自此走上了自我否定之路，表现为强烈的消极情绪。在这一背景下，西方物质文明流入中国，给这个残破的现实带来了更为显著的冲击。在当时的社会现实下，人们看到了西方文化的先进，想要学习西方的生活方式，追寻其文化发展，并从此开始了寻求新

文化的发展征程，这种现象迄今为止仍在一定程度上延续。在这一阶段内，传统礼文化连续数度遭受极其沉重的打击。然而，真正有价值的文化必然不会随着历史的发展而完全消磨掉，必将经历时间的冲刷考验实现蜕变。

除传统礼文化遭受否定和打击以外，当今民众对礼德文化的教育学习也存在严重缺失。现如今，社会上不乏一些高学历低素质、有知识无修养的成员，此类人或是不懂礼仪规矩，或是缺乏礼的基本涵养。事实上，无论是家庭教育还是学校教育，对礼德文化的教育和学习始终未形成一个系统完善的体系，也存在着对传统礼德当代价值理解不当的问题。诸如，存在一部分人将礼德视为过时的繁文缛节，也存在一部分人能够认识到礼的重要意义但缺乏学习途径。面对这些问题更应该思考如何让民众认识与理解传统礼德文化，要以新途径、新形式传播礼文化，实现历史与现实的对接与融合。

2. 教育的失衡导致对"礼"德认识的偏差

当前，国际形势日新月异，国家的经济实力成了判断其国际地位的基础依据。不同国家基于其综合国力、经济发展需求制定相应的发展策略以争取更多的国际话语权与更高的国际地位。在这一竞争过程中，国家中的社会成员也会根据自身发展需求在经济利益上投入更多的关注。因此，在这一背景下整个社会似乎形成了以利益作为驱动力的目标要求，人们将目光集聚在追求财富上，谋富裕求发展成了唯一追求。这种现象直接投射在教育领域，表现为教育体系缺乏对道德教育的足够重视，将能够迅速改变经济状况、满足自身利益的技能与知识置于首位。换句话说，人们在教育上也受到经济利益的影响而逐渐趋向实用、功利的态度。现阶段，教育功利化明显，道德教育名义上受重视，但实际地位不高。即便素质教育被一再强调，但其在教改实践中发挥的作用实属有限，道德教育仍然未被足够重视。除此之外，在道德教育方式上也存在诸多问题，空泛的灌输式的方法仍占主导地位。社会道德教育的作用在于对人们的思想及价值观进行合理引导，提高个人道德素质，塑造高尚的道德心灵，但是现阶段的道德教育并未发挥这些作用，仅以抽象道德原则作为教育内容，忽视人格方面的引导。这种以填鸭式灌输方式为主的道德教育，不仅会产生低能、无效的教育效果，导致道德教育的缺失，还会直接使人们的认知与行动发生分离。这些问题的存在使人们难以较好地认识并传承中华优秀传统文化，相反会使受教育者以敷衍、应付的方式进行学习，从而对传统礼德文化产生错误偏差。因此，要给予传统礼德文化充足的教育空间，大力破除中华优秀传统文化面临的现实困境。

3. 社会统筹协调与监管力度的缺位

现如今，人们处于信息爆炸的社会环境，与传统社会中垄断式的思想文化已截然不同。人们需要更多自由选择的空间与丰富多彩的形式接收现代信息，在这样的环境中，社会能否科学地处理好传统文化的"魂"与"体"的关系成了能否实现其现代价值的关键所在。但从现阶段传统礼文化缺失、没有营造形成与其相符的环境看，此现象的产生与社会缺乏统筹、协调及监管不无关系。

从一系列相关数据和参与本次调查的情况看，传统礼德文化的现代弘扬方式与其文化精髓未能实现良好的协调统一，即"体"与"魂"未能达到融合。从社会成员参加传统礼文化相关活动的次数看：多数人表示未参加过社会举办的传统礼文化相关活动，只有少数人参与过私人企业举办的礼文化活动。从社会举办的传统礼文化的各种形式看：直接宣传弘扬礼文化的相关活动并不多，传统的婚丧嫁娶、年俗节庆活动虽内含丰富的礼文化内容，但有的失之粗俗，有的失之烦琐，有的陷于迷信反科学。从礼文化活动举办主体看：此类活动举办主体多为政府，且举办时间多选择传统节日，存在举办次数少、宣传力度低的问题，难以达到较好的教育效果，对培养人们传统礼文化素养所起到的作用有限。综合分析本次调查情况不难发现，传统礼德文化的"体"与"魂"未能实现良性融合，由于社会缺乏相关单位的统筹规划、有效监管等，导致在弘扬传统礼德文化的过程中出现不少难题和困境。由此可知，礼德之"体"应随着时代发展不断开创具有丰富性、生动性且大众喜闻乐见的形式，相关社会单位要充分利用包括文化产业、文化产品、文化服务以及文化教育体系、公共文化服务体系等统筹设计礼德文化活动，并做到对封建迷信等相关活动的及时监管。尤其值得注意的是，在网络文化日益发达的今天，网络媒体及各种影视节目对人们的思想观念和生活习惯产生了越来越大的影响，但现实中一些网络文化、影视作品传播了许多与社会主义核心价值观不一致甚至相违背的内容。从礼德、礼仪角度审视，一些粗俗庸俗、无礼违德，或者宣扬过时落后、封建迷信文化的东西充斥其中，缺失必要的监管，对传统礼德精神的传承和现代文明礼俗的形成产生负面影响。因此，要将传统礼文化结合现代社会生活变化发展的现实，进行革新改造，使之在传承传统礼文化精粹的同时，体现简洁、文明、健康的要求，需要社会有意识地开展移风易俗活动、倡导社会新风尚，在此方面也需要加强革新示范、整体的活动协调，并将之纳入群众性的精神文明

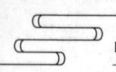

建设的长期规划努力中。

### 4. 文化的多元化冲击与传统"礼"德式微

中华民族经过数千年的发展沉淀积累的传统历史文化，既有积极的内容，又有消极的部分。在社会变革时期，在许多优秀传统文化得以传承与发展的同时，一些文化糟粕也易沉渣泛起，并由此阻碍现代文明的发展。

改革开放以来，伴随社会变革和体制转型，社会道德体系也处于新旧两方面内容的相互替代与矛盾中，常常导致人们的行为陷入新旧选择的困境或产生失范，进而引发各种道德问题，甚至道德滑坡。当前，由于社会四个多样化的发展，人们的利益多样化和多形式的存在，使道德观念在此影响下也日益多元。人们思想的独立性与选择的多样性明显增强，新旧伦理观相互碰撞，一些善恶界限被模糊。这些现象的出现阻碍了传统礼德价值的实现，同时许多人由于受利益和欲望的驱使，难以抵抗各种诱惑，进而做出违反道德规范的行为。特别是在不断深化改革和扩大开放的条件下，人们视野逐渐开阔，使中国与世界的联系日益紧密。在此背景下，西方的文化思潮大量侵入中国的文化体系，多元文化在碰撞中或相融，或发生矛盾，人们的思想意识及思维方式由此也受到极大影响，甚至发生转变。社会文化价值观趋于多元，传统文化在其中极易受到威胁，对自身民族性的保持和对传统的敬畏容易被忽视。与此同时，良莠并存的西方文化由于其"新鲜感"，极易给我们的社会生活、思维观念等带来影响，其中包含很多有积极意义的东西，也包含极端个人主义、享乐主义等腐朽的思想观念。也正因为在一些西方不良价值观的影响下，一个时期内出现了民族虚无主义和历史虚无主义等思潮，一些人忽视甚至抵触自身民族的传统文化，包括传统礼德，将其视为保守落后的东西，对传统礼德的精粹部分缺乏应有的重视，使之未能更好地发挥对新时代公民道德建设的有益作用。

### 5. "礼"德创造性转化、创新性发展的滞后性

任何文化都不是静止的大山，而是流动的长河，它必然伴随着人类对世界的认知而不断前进。因此，要实现文化进步必然要不断地吸收、融合、扬弃，并赋予其时代内涵。然而，结合现实具体情况并基于前述所提供的数据及其分析可以发现，对传统礼德进行创造性转化和创新性发展的进度未能跟上时代发展的步伐。对此问题，首先要理解礼德文化的创造性转化与创新性发展的要求与内涵，即要实现将传统礼德优秀文化转化为现代社会的相关制度和规范，实

现对传统礼德优秀文化的弘扬。但由于实现礼德文化价值存在历史与现实双重因素的影响，使礼德创造性转化与创新性发展的进程略显滞后。一方面，在以往封建主义统治下，传统礼文化始终是服务于统治阶级的，是其意识形态中的一个构成部分，也是用于教化广大人民群众的一种统治手段。因此，其本身带有浓厚的封建色彩，具有一定的局限性。例如，价值观念的局限性，包括男尊女卑、君臣有别等思想；思想方式的局限性，对于传统的礼文化而言，常常关注于事物的细枝末节，缺乏整体的把握，并以此轻易推导出结论，不能用整体、联系、发展的观点和眼光看待问题等。这些问题的存在导致一些人因此以消极的态度对待之，不能客观正确地分析其良莠。此外，人们不断打着"批判"的名义丢弃优秀的礼仪规范和礼教文化，这都不同程度地制约和限制了弘扬传统礼德的创新性发展。另一方面，现代礼德文化存在于一切社会交往之中，但由于未能及时建立起行之有效的、系统的礼德规范体系，只在部分领域或行业内制定了相关制度，因此未能将传统礼德的优良部分较好地以固定的形式保存下来，这也间接导致那些缺乏道德自觉的社会成员的不文明、不礼貌行为的频繁出现。可见，礼德的创造性转化也明显滞后于时代发展要求。因此，为了推动传统礼文化的发展，实现有效的转化，必须使其在内容上与时俱进地发展，同时推动其创造性转化和创新性发展，不仅要使之顺应时代的需求，还要使其进阶成为先进文化之一。

## 五、"礼"德现代弘扬的原则和实现路径

传统"礼"文化是中华民族的传统文化宝藏。《论语·学而》提出的"礼之用，和为贵"[1]，对"礼"的功能定位及其价值做了界定和阐释。我国一向被称作"礼仪之邦"，中国人日常生活、为人处事讲求有礼有节，谦虚不喜张扬，忍让、诚信等，也构成了中国人的一种传统美德。这种传统美德依旧适用于当代，值得加以继承和发扬光大，有利于不断改善人与人之间的关系，提高社会成员的文明礼貌素养，提升社会文明程度，促进社会和谐稳定。

### （一）"礼"德现代弘扬的基本原则

礼德所具有的强大力量从来不是只停留于历史，而是在于其强大的适应性能够使之随着时代发展而不断做出恰当的调整。因此，对于传统礼德的现代弘扬，不仅要看到其中的糟粕，更要意识到其中包含着超越时空的普遍意义，以

---

[1] 杨伯峻.论语译注[M].北京：中华书局,2015:10.

正确的态度和公正的原则推动"礼"的现代发展。为此，必须遵循以下几个原则：

### 1. 坚持马克思主义的指导地位

马克思主义是科学的世界观和方法论，是我们认识事物和分析问题的科学指导思想。马克思主义虽然诞生于19世纪，但没有停留于19世纪。作为一个开放的思想理论体系，100多年来始终与时代同行、与实践同步。一个半世纪以来，马克思主义总是不断吸收、借鉴、融合各种优秀的思想文化成果，在继承中前进，在创新中发展。社会主义文化建设，既要弘扬主旋律，又要提倡文化的多样性。没有内容和形式上的多样性，社会主义文化就会单调、凋零、枯竭，失去吸引力和感召力。但是，思想文化越是多样化，越需要"主心骨"。邓小平同志曾指出："属于文化领域的东西，一定要用马克思主义对他们的思想内容和表现方法进行分析、鉴别和批判。"① 不坚持马克思主义的指导地位，文化建设就会混乱、失误、受挫，就会失去正确的方向和生命力，社会就会失去共同的思想准则。历史和现实告诉我们，只有用马克思主义的立场、观点、方法正确认识中国传统文化中的精华与糟粕、社会思想意识中的主流和支流，才能在错综复杂的社会文化现象中看清本质、明确方向。马克思主义指导思想是社会主义文化的灵魂，决定了社会主义文化的性质和方向，建设中国特色社会主义新文化，最根本的是坚持马克思主义的指导地位。因此，在涉及中华传统礼德的现代弘扬上，同样要坚持马克思主义的指导。

### 2. 坚持以社会主义核心价值观为引领

习近平同志指出："社会主义核心价值观把涉及国家、社会、公民的价值要求融为一体，既体现了社会主义的本质要求，继承了中华优秀传统文化，也吸收了世界文明有益成果，体现了时代精神。"② 社会主义核心价值观构成当代中国在价值观念上的最大公约数，是当代中国精神的集中体现，是凝聚中国力量的思想道德基础，"体现了社会主义制度在思想和精神层面的质的规定性，凝结着社会主义先进文化的精髓"③。

---

① 邓小平.邓小平文选（第三卷）[M].北京：人民出版社,1993:44.
② 中共中央文献研究室.十八大以来重要文选选编（中）[M].北京：中央文献出版社,2016:3.
③ 人民出版社编写组.关于培育和践行社会主义核心价值观的建议[M].北京：人民出版社,2014:1.

与此同时，正如习近平总书记所说的，中华优秀传统文化是中华民族的精神命脉，是涵养社会主义核心价值观的重要源泉，也是我们在世界文化激荡中站稳脚跟的坚实根基。因此，我们必须坚持以社会主义核心价值观引领文化建设，作为建设中国特色社会主义新文化的最基本的遵循，以此作为对待各种文化要素，包括中国传统的道德文化和各种外来文化，继承弘扬和学习借鉴什么，批判和抛弃什么的根本价值尺度标准。

3. 坚持批判继承

如前所述，传统礼文化具有双重性的特质，是精华和糟粕的统一凝聚体。因此，要以批判继承的科学态度对待传统礼德，这是长期汲取历史经验所形成的共识与原则。

坚持批判性原则，强调的是应该根据实际情况评判传统文化是否可取。既不能不加分析地全盘肯定，又不能全盘否定，应该择优弘扬，弃其糟粕。这是弘扬和继承传统礼德文化的关键，对待所有文化都要如此。中国传统礼德思想文化既存在精华又存在糟粕，需要把优秀部分选出来传承和弘扬，把不好的文化去除，要不断赋予传统文化新的内涵，而对于糟粕文化要坚定明确地予以抛弃，如男女不平等、等级思想等，使其与社会主义核心价值观相适应。

坚持创新性原则，强调的是对待传统文化的与时俱进的态度。我国的传统文化具有兼容性和革命性特点，使其即使有诸多外来文化的作用，依然没有被完全同化或者取缔，而是依旧保持其生命力，许多文化内容至今为止仍有其历史价值和时代意义。以此，对于传统礼德的现代传承，我们必须始终秉承立足实际、不断创新的原则，根据时代的变化、社会的现实需要，不断赋予其时代的新内涵，使其更好地适应现代社会的需要。

## （二）中华传统"礼"德现代弘扬的实现路径

中华人民共和国成立以来，我国的社会主义道德文化建设虽然经历了曲折发展的道路，但总体上在破旧立新、移风易俗、推进中国社会的道德文化革新进步上取得了巨大的历史进步。特别是改革开放以来，社会主义物质文明和精神文明建设协同推进，社会主义道德建设也在不断实现着与时俱进。党中央也因此制定出台了一系列的政策制度，道德建设包括礼德建设取得显著成效，社会文明水准不断提升。但要强调的是，道德建设并非一朝一夕能够完成，需要持续推进，应该与新时代的主流思想意识以及核心价值观相契合，不断推动公

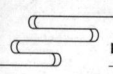

民道德建设，不断提升公民道德素质，培养和造就能够担当民族复兴大任的时代新人。

1. 探索传统礼德与公民道德建设的实践契合点

传统礼德的弘扬要立足于当前国情实际，使其与当前我国的发展需求相契合。礼文化最初出现在农耕文明时期，长期以来充当了封建统治的一种手段和工具。今天，在传播弘扬礼文化的过程中，必须要结合时代发展实际，对传统礼文化进行全面审视分析，不能简单地全盘继承接受，而是应该做一番"扬弃"的工作，去除其中糟粕部分，保留其与社会主义主流文化及核心价值观相适应相一致的内容，予以合理继承和创造性转化、创新性发展，使其能够为新时代的公民道德建设而服务。

（1）发挥公民在礼德建设中的主体作用。确立公民在礼德建设中的主体地位，充分发挥公民在礼德建设中的主体作用。人民群众具有双重属性，即主客体兼具。坚持以人为本，必须确定公民在礼德建设中的主体地位，要把公民道德主体性看作建设之本，把培育公民的道德能力作为核心。充分尊重人民群众的主体地位，注意调动人民群众在礼德建设中的积极性、主动性、创造性。其实质是把人的社会性和主体性结合起来，使道德知识、道德规范和人格形成一个有机整体，引导人们自主选择，提高对是非、善恶的辨别能力，既强调道德层面的认同，又倡导权利和义务统一，使礼德教育和礼德规范建设过程转化为自我教育的过程，最终促使公民形成礼德建设实践自觉，促进公民道德建设目标的实现。

（2）重视发挥社会礼俗的系统作用。《新时代公民道德建设实施纲要》明确指出："充分发挥礼仪礼节的教化作用。礼仪礼节是道德素养的体现，也是道德实践的载体。"在中国古代，礼德建设已经积累了丰富的经验，礼俗内容极为丰富。礼俗属于行为规范范畴的内容，日常生活中，人们如果能始终自觉按照礼俗约定去做，久而久之，思想和行为就会无限接近这一标准，所以礼俗是影响人行为的重要因素，能够达到教化的目的。

礼仪作为提升国民素质和精神文化素养的重要手段，能够促使民众在日常的习得和生活实践中养成良好的行为自觉。当前，党和政府高度重视继承和发扬传统文化，为传统文化的现代转化提供了持久动力。对于传统节日、重大节庆和纪念日的重视，如国家抗战胜利纪念日、烈士纪念日的设立，昭示出国家层面对礼文化的重视。当然，对礼仪礼俗建设，需要注重一些必要的形式，但更重要的是其本质的东西，礼仪礼俗建设的内容应是真正对提高公民的文明礼仪素养、促进社会和谐有序有利的、能够让民众接受和认可的东西，从而才能够真正对民众的思想和行为起到指导作用。具体来说，可以通过制定国家礼仪规程，强化仪式感、参与感、现代感，增强人们的情感认同。可以将传统节假日等作为载体，设计并推出相关的群众性实践活动，使民众能够亲身参与其中，耳濡目染之下更容易受到熏陶。

（3）扬弃与时代不相容的礼德糟粕。传统礼文化中包括许多糟粕内容，如将人分为高低贵贱不同等级，主张君君、臣臣、父父、子子等，要求每个阶层都要遵守每个阶层的礼节，严守礼法，不能僭越，不能违逆尊长，还有男尊女卑、礼不下庶人等思想。还有，传统礼文化中有很多细枝末节的部分，很多流程较为华而不实，没有真正价值。同时，不少礼仪传统到今天仍有其价值，如尊师敬长、长幼有序等，这些应该继续弘扬。鉴于此，在弘扬传统礼文化时必须进行甄别。

首先，将礼文化作为基本的学习教育内容贯彻到学校教育中，让人们从小感受并学习礼文化的精髓和实质，并在实际生活中践行。其次，进一步改进和深化礼文化教育的内容，使之真正有利于当今学生的礼仪文明教育。可以从两个方面入手：一是要丰富学习教育内容，将传统文化中的"义""礼""敬""信""和"等基本道德素养和品质内容纳入学校德育的课堂；二是要强化学生的礼仪规范教育，比如餐桌文化、社交礼仪等，从践行的层面教学生如何在实际生活中遵守基本的礼仪规范，使礼仪文化真正渗入人们生活的方方面面。最后，不仅是在学校，人们在学习、工作、生活中的方方面面都应该学习和遵守礼仪文化。这既包括道德层面的思想品质和素质，又包括在实际中遵守相关的礼仪规范，注重自身的言行举止和仪容仪表。

（4）营造氛围，涵育"礼"德新风。礼德建设不可能是一个孤立的社会活动，礼德素质的养成与提升离不开客观环境的影响。弘扬传统礼德、培育礼德新风的目的是让民众能够在日常遵循必要的礼仪礼规，以道德的要求约束自身言行。因此，在弘扬传统礼德的过程中，还需要通过不断改善和优化道德建设环境，涵育"礼"德新风，营造良好氛围，实现以环境育人。

要充分利用大众传媒在礼德建设中的舆论先导作用。大众传媒能够让信息得以快速传播，因此要发挥好现有的广播电视、新闻媒体、报刊、网站等传媒工具传播快、影响大的特点，借助这些渠道努力传播正能量，弘扬正气。要坚持以团结稳定、正面宣传为主，牢牢把握正确舆论导向，宣传反映新时代礼德建设、道德要求的新事物、新典型，使社会文明之风不断得到弘扬，使好人好事能够及时得到支持和赞扬，坏人坏事能够及时受到谴责和惩罚，使社会文明新风、社会正气得以畅扬。

推动传统礼德文化的创新发展。习近平总书记指出："要使中华民族最基本的文化基因与当代文化相适应、与现代社会相协调，以人们喜闻乐见、具有广泛参与性的方式推广开来。"① 传统礼文化普及形式的创新必须根据时代的特点，以人民群众愿意接受的方式进行传播，使礼文化更接地气，符合民众需要，让礼文化能够以多种形式呈现出来，同日常生活接轨，拉近与民众的距离。第一，积极创新传播方式。可以综合运用各种方式做好宣导。如今大部分人都是网民，闲暇时间会上网浏览信息等，以网络媒体作为学习手段的人占比较高。因此，可以用网络媒体宣扬传统礼文化，可设计相应的网站，主题以传统礼文化为核心，入驻腾讯、新浪等平台。第二，表达形式应该多元化。把古代的思想转化为现代的主流价值观，让其同当代主流思想意识相吻合，如爱人、诚信、明理等，这些都要同核心价值观相融合，可以运用通俗的语言和相关故事解读古代思想，使民众都能了解其深层次的含义，只有真正理解才能记住和掌握，细化来讲，就是要把之前专家学者的分析言论变成普通言论，保证普通人也能听得懂，让民众了解传统文化的魅力和精髓。

### 2. 发挥家庭教育对青少年礼德培育的基础作用

传统文化中有很多关于亲情和家庭伦理方面的内容，反复多次提及家庭教育的重要性和价值。例如，"孟母三迁"，主要是希望孩子能够成人成才。《朱子家训》及《庞氏家训》等都涉及礼仪和品德方面的教育，一直以来备受推崇和赞扬，时至今日依旧能够给人以借鉴和参考。传统礼德的现代弘扬同样必须要注重家庭环境氛围的营造，注重良好家风建设。

家风建设侧重的是一个家庭或家族的风气的培养。家训记录的是能够让家庭与家族长盛不衰的有关内容，大多都是为人处事的道理和各种制度规范。细化来讲，家风为家庭所呈现出的风气，家训为家庭之中设立的相关制度规范。现代家风建设注重的是家长应该通过言传身教给孩子树立好榜样，让孩子性格敦厚、品性纯良，拥有良好的道德素质，符合社会所需，突出的是道德素质的养成。家风关系到孩子能够最终养成什么样的品性。正像卢梭所说："家庭生活方式本身就是一种教育。"家风主要反映在家庭成员的品性、作风、言谈举止、

---

① 习近平.习近平治国理政[M].北京：外文出版社,2014:161.

生活习惯等方面。作为家庭教育最本质的东西，家风规范着家庭成员方方面面的言行举止，属于教育资源范畴的内容，一般而言，家风定型后就会持续下去，除非遇到大事或特殊情况才会改变，其能够一直影响孩子的成长，潜移默化地渗透到孩子的生活中，能够引导个人的行为。家训既是体现家风的核心思想内容，又是促进家风形成并维护家风的一种工具，在家庭教育中可以起到十分重要的规训引导作用。所以，家风家训对个体来说至关重要，文明家庭建设应该十分注重家风家训的塑造。

传统礼文化重视个人的家庭教育，特别是个人的早期教育。概括来讲，古代家风家训旨在让孩子从小知书达礼，能够明辨是非，让孩子掌握社交礼仪、养成良好品性修养、学会各种处世能力等。在今天，家庭教育更要从全局上关注孩子的成长，不仅关注孩子的技能，还要使孩子全面发展，养成健全的人格，真正做到言行一致，言出必行、善于内省等精神相融合，围绕思想道德、智力发展、情感培育、意志毅力、反省精神等人格品质开展相关教育活动。当代家风建设应是对传统礼文化家庭教育的继承发展，必须要将传统礼文化的优秀文化内涵加入其中，真正让孩子学会以"礼"处事，真正对"礼仪之邦"精神加以继承和弘扬，不断提升其道德素养和品性。

3. 发挥学校教育对青少年礼德系统培育的重要作用

学校不仅要重视书本知识的教授，更要重视思想素养、人格品性的培养，后者的重要性甚至更为突出。因此，从文明德性培育的要求考量，学校应将礼德教育融入教育任务中，具体有如下三点。

（1）建立科学的礼文化课程。合理的课程安排是实现学生全面发展的基础，是塑造学生完整人格的保证。学校应该以现实生活为基础，结合青少年学生的实际情况，将礼文化内容适当安排到课程教学内容中。对于"95后"与"00后"学生而言，他们的思想更加开放，对传统教学比较抗拒，不愿意过循规蹈矩、固定不变的生活。所以，学校在进行礼文化教育的过程中需要讲求教法，避免简单套用传统教学法，造成学生厌烦心理。具体来讲：一是要调整教学策略，在讲授一些传统礼仪内容时可以巧设情境，邀请学生把小场景还原，通过场景互动让学生亲身感受到各种礼节，而且在互动中不会觉得无聊和无趣，会当成是一场文化探索之旅；二是教学内容要灵活多变，讲授传统礼文化教学内容不能完全脱离现实，烦琐的礼仪形式、僵化的思想教条也不应出现在课程内容中，学校礼文化课程的授课内容要有选择性，要重视传统与现代的结

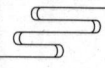

合，同时要加强学生的基础文明礼仪教育。

（2）提高学校教师的个人素养。俄国教育家乌申斯基说过："教师个人的范例，对青年人的心灵是任何东西都不能代替的最有用的阳光。"① 要保证礼文化教学的实效性，就需要有一支高水平、高素质的礼仪师资队伍。孔子曰："其身正，不令而行；其身不正，虽令不从。"② 教师能够以身作则，起到表率作用，学生把教师当作学习榜样，自然而然养成良好的品格。礼文化课程对任课教师的理论知识、礼仪行为、礼文化素养具有较高的要求，其专业素养直接影响到学生的学习情况。加强学生的礼德培育和礼文化教育，学校教育部门应先做好相应师资素质的准备。

（3）营造良好的传统礼德文化校园氛围。好的环境氛围会使学生的个人情操得到陶冶，意志得到锻炼，人格得以塑造。校园氛围的营造也对加强青少年学生礼德教育有着重要作用。校园氛围对青少年学生具有微妙的影响，校园的建筑风格、校训、校风、文化、标语等均能作用于学生，使他们的身心发生变化。所以，要充分认识校园氛围对学生德性培育影响的重要性，充分利用校园里的各种平台、活动、环境因素，如校园网络、广播电视、黑板报、各类社团活动、各类节庆活动、各种建筑物等，充分利用各种途径、载体传播礼文化，给学生创设一个良好的学习环境，保证其能够在这里度过轻松、快乐的时光，并在潜移默化中获得礼文化的熏陶，不断提升文明礼仪素养。

4. 重视社会礼文化环境氛围营造对当今公民道德建设的影响效用

"近朱者赤、近墨者黑"，同样的道理，社会氛围是影响公民道德建设的关键因素。"蓬生麻中，不扶而直；白沙在涅，与之俱黑。"③ 素养和品性的养成和社会环境息息相关。马克思、恩格斯曾说过："人创造环境，同样，环境也创造人。"④ 环境与人是相互影响的，所以在将礼德精神融入公民道德建设并为之创设良好环境的同时，其实也在培养高素质、懂礼仪的公民。为了达到以上目的，首先，努力营造良好的社会文化环境。文化氛围对人起到潜移默化的作用，人们往往会在不知不觉之中接受文化的熏陶，从而影响到人格的塑造。传统礼文化的传播和社会文明风气的形成可以起到相辅相成的作用，对社会公民

---

① 乌申斯基.人是教育的对象[M].北京：人民教育出版社,2007:98.

② 杨伯峻.论语译注[M].北京：中华书局,2015:195.

③ 楼宇烈.荀子新注[M].北京：中华书局,2018:5.

④ 马克思,恩格斯.马克思恩格斯选集(第一卷)[M].北京：人民出版社,1995:92.

整体素质的提升将构成一个重要的环境影响因素。其次，积极开展礼文化教育的相关社会实践活动。开展礼文化教育社会实践活动既能够检验人们现实的礼文化和礼德素养的现状，又能够更好地改进人们在活动实践中的不足，并使人们在实践中相互学习，不断提高自己的素养。

5. 重视发挥社会成员提升礼德文化素养的主观能动性

一种优秀文化要得到传承需要依靠每一位传承者的努力。中华传统礼德文化实际上与我们每个人的日常生活有关，但是我们许多人对这一传统文化的认识有限，对了解和学习它的态度比较敷衍，因此表现在日常的生活实践中，也显得漫不经心、不以为意。传统的礼仪礼规逐渐遗失。在大学中，学生已经很少在课前起立向老师问好，这种从小学到中学强调的尊师重教的礼仪文化被淡忘；在一些家庭中，由于家庭教育的失当，产生孩子不尊重长辈、随意顶撞长辈的现象，家庭作为传承礼仪文化的重要阵地遭到挑战；社会生活中的人际关系、人际交往缺少了一些应有的礼仪，这些现象都值得我们深刻反思。一个社会文明素养的提升，需要全社会成员的共同努力和整体文明素质的提高，这种整体文明素质的提高归根结底依赖于每一个个体的努力。每一个个体都要端正思想观念，从国家、民族、社会的角度领会提高个人礼仪文化涵养和文明素质的重要性，加强对自身行为的反思，从日常交往生活中感悟提高个人礼文化涵养的必要性，并将其外化于行，自觉投入到提高礼德素养的实践中去，社会的整体文明程度必将在大家的共同努力下不断提升。

# 第三篇 「智」德篇

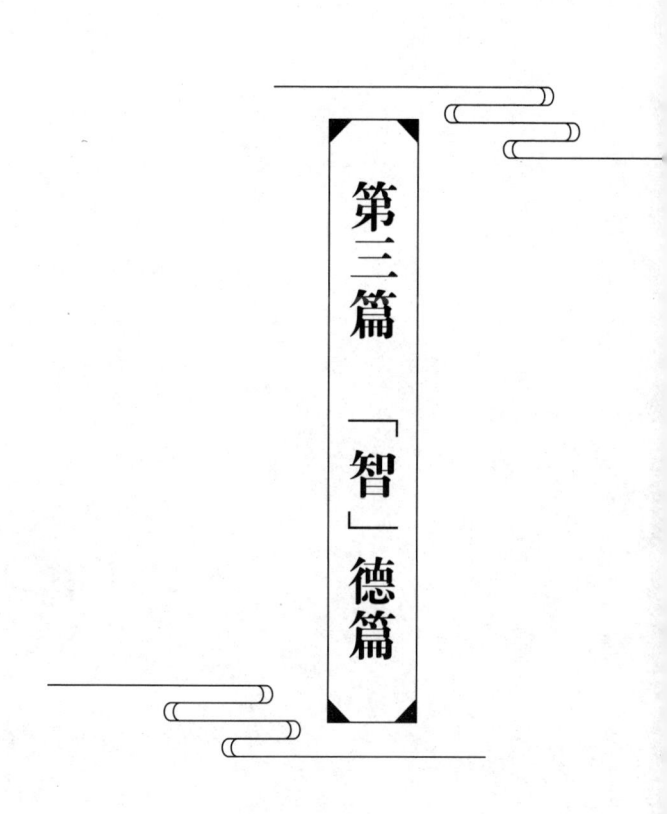

在中国传统道德规范体系中,"智"是最基本且不可或缺的德目之一,是一种强调人生实践并与政治仕途紧密相连的人伦之理。传统宗法社会中,人伦道德被视为人之根本,"智"也始终贯穿于中华传统道德规范体系之中。然而,"智"虽是传统德目中极为重要的一方面,但其是为"仁""德"而学,为成圣而学。虽然在漫漫历史长河中曾溅起过几朵"崇尚智能"、重视自然知识的水花,但从总体上看,无论是先秦时期还是近代民族革命时期都一以贯之地承袭着"智德合一""德为本,智为用"的思想,以工具性和基础性特质实现"以智辅仁"。道德理性在中国传统社会获得了长足的发展,但单一型的道德人格培养模式也导致科学认知理性与道德理性之间长期存在"瘸腿"现象。时至今日,智与德的关系仍在实践中相互碰撞又不断实现统一。只有让智与德跳出自身的狭隘桎梏,促进两者实现更高层次的融合,才能更好地为现代社会实现物质文明与精神文明的协调发展服务。

## 一、"智"德的起源、内涵与历史流变

中国传统智德思想是在"重人文轻自然"的思想文化氛围中形成的,它具有中国独特的道德色彩,至今仍占据重要地位。智德观虽未曾有明确概念与界定,但由于中国的诸多先哲对"智"的认识从未跳出德、仁的界限范围,因而其具有明显的德性意味。

### (一)"智"德的起源

中国古汉语中,"智"通"知",其最早出现在甲骨文中,在甲骨文中的写法"从于、从口、从矢",意思为说话反应犹如弓矢一般,证明其头脑思维敏捷。在金文中,其在字形下方加了一个"曰"以突出说话的意思。许慎在《说文解字》中将"曰"讹化为"白",所以小篆"从白、从亏、从知",到了楷书又被讹化为"曰",省去"于",成为现在的智。本义为言辞敏捷,引申为智慧。一是从字义上看,"知"本身有知晓、知道、知识、认知能力等含义。许慎提出:"知,词也,从口,从矢。"①此外,段玉裁认为,"白部曰:'识词也,从白,

---

① 许慎.说文解字新订[M].臧克和,王平,校订.北京:中华书局,2002:344.

从亏，从知。'按此，'词也'之上亦当有'识'字。知义同，故作知。识敏，故出于口者疾如矢也"。① 可见，"知"有个人熟练掌握某种知识并运用的含义，也就意味着"知"不仅是知识的内涵，更是一种智慧的表现。二是从演变历程来看，"知"与"智"在先哲的理解上具有一致性和相通性。两者本是一个古字，而"智"仅仅是"知"的细化和部分，后来逐渐相互区分为现代用法和意义。此外，从先秦儒家经典中还能得出"知"与"智"多写作"知"，到孟子与荀子时期已对两者稍作区分，他们已然看到了"知"的不同内涵，并大体上分离出了"智"。之后，在漫长的智德观历史潮流中两者之间的分野逐渐被思想家所察觉并进行了一定的探索，从而逐渐演变为当今的内容。这既与中国古代哲学对"知"与"智"的概念、表述、用法等缺少理论上的区分有关，又与我国古代重意不重形的语言习惯有关。三是从哲学伦理层面来看，有关"智"的相关内容散落在中国古代的经典著作之中。其中，先秦儒家孔子首先明确地将"智"看作是一种有关德性的道德智慧，将其视为传统智德思想观念的发源和起点，也是影响此后智德观的主流和重要维度。尽管在历史潮流中存在各家各派对"智"的不同理解，但其在发展中相互批判、相互学习并最终形成了具有深度文化和理论说服力的中国传统智德观。

### （二）"智"德的内涵

在中国传统思想文化中，先哲一向重视智慧，但又不能只将智看作是对事物纯粹的认知，而应将其视为一种带有浓厚德性色彩的能力，它不仅包含着科学认知能力，更蕴含着道德判断能力。基于对"智"的理解和分析，可以将其分为"知性之智"与"德性之智"，因此智德关系可视为两者分别与道德相结合的关系，即知识与道德、道德认识与道德的关系。但由于后者主要涉及伦理学或道德教育的内容，其本质属于道德范畴内认识论的讨论，即道德知识的获得、道德认知的形成等问题，故而不作为智德关系探索的重点。事实上，无论是中国古代还是现代社会、道德本位或是科技霸权的社会，知识与道德之间的关系始终是探究德智关系的重点，若不能厘清知性之智与德性之智、知识与道德的关系便会造成混乱和谬误。只以真理性认识即对错问题作为智的评判标准，易导致人们做出忽视道德规范和原则从而危及社会、损害公共利益的错误行为；只以合理性选择即是非问题作为智的评判标准，又易导致人们做出缺乏真理性和正确性的荒谬行为。因此，只有正确掌握智的内涵，厘清智与德的关系，达到既懂

---

① 许慎.说文解字注[M].段玉裁,注.上海：上海古籍出版社,1988:227.

得认知之对错又恪守道德之是非的境界，才能实现智德合一的大智慧。

1. "知"与"智"

"智"作为"知"的后起字在古代与知通用，同时"智"常以"知"的形式出现。如果我们进一步严格区分，可以将智视为更具德性特征的知，是知的细化。《说文·矢部》："知，词也。从口，从矢。"《说文·白部》："智，识词也，从白，从亏，从知。"二字古本相同，后来"知"与"智"意义分工变为古今字。我们以先秦时期为转折节点，在先秦时期之前的"六经"中，有关智的内容主要有《尚书》《易经》。例如，在《尚书·仲虺之诰》中提及"呜呼！惟天生民有欲，无主乃乱，惟天生聪明时乂，有夏昏德，民坠涂炭，天乃锡王勇智，表正万邦，缵禹旧服"[1]，这里的"智"被看作是君主治理天下的重要品德之一。《易经》中涉及智的内容存在两处，一处为"坎在其外，是险在前也，有险在前，所以为难……相时而动，非智不能。故曰：见险而能止，知矣哉"[2]，另一处为"一阴一阳之谓道。继之者善也，成之者性也，仁者见之谓之仁，智者见之谓之智，百姓日用而不知，故君子之道鲜矣"。[3] 这里的智既是见险能止的智，又是与"仁"相辅相成才能实现阴阳道义的智。由此可见，在先秦时期之前的原典中涉及智的内容并不多，但我们可以发现此时期"知"与"智"并没有明确的区分和不同，"智"也常被予以道德理性的特征。先秦时期孔子在整理和承袭"六经"中具有明确教化意义的思想体系时，首次将智作为明确的道德规范和道德准则，试图给予智以更宽泛的意义，即"为学成圣"，奠定了"智德合一、智者利仁"的历史基调。在这一时期的"知"与"智"仍未有严格的区分，但著作中多见"知"蕴藏"智"的内涵，它既是对客观事物、自然规律的认识，又包括对道德的实践关怀。需要明确的是"知"与"智"在中华传统文化中为同义字，也存在细微但又不明确的差别。顺沿历史脉络来看，"知"与"智"发生内涵分化萌芽于先秦时期荀子与墨家流派，后经汉魏时期发展至宋明理学时出现"见闻之智"与"德性之智"的明确区分，到明末清初时期"智"又初步显露出科学之智的曙光，进一步向近代"知"与"智"的内涵演进。故而如今我们多将"知"理解为知识、知道，可将其理解为见闻、认知之智，而"智"则理解为智慧、聪明，也可将其理解为德性之智，是包含道德、

---

[1] 尚书[M].钱宗武,解读.北京:国家图书馆出版社,2017:132.
[2] 王弼,韩康伯.周易正义[M].孔颖达,等正义.上海:上海古籍出版社,1990:94.
[3] 黄寿祺,张善文.周易译注[M].上海:上海古籍出版社,2008:381.

人事的"知"。总而言之,"智"是"知"的延伸、细化、发展。"知"更多代表着一种静态的带有认知意味的内涵,是对静态知识、经验的了解和掌握,可以通过学习或与外界接触而获得;"智"则更多代表着一种动态的带有实践意味的内涵,是对动态事物、变化的把握和追寻,是一种追求知识、崇尚知识并能够较好运用知识的能力。在这个意义上,有丰富知识和经验的人并不一定是智者,但智者一定是拥有丰富知识和经验的人。如今虽然两者的内涵有较大区别,但我们仍可以将"智"视为知识与道德在存有基本分野前提下的有机融合。

### 2. 知性之智

"智"在中国传统道德理论中具有十分丰富的内涵,在众多含义中可以将"智"厘清为两种基本内涵:知性之智与德性之智。"智"更多是人文道德的"智",中国古代智德观更是以"重道德"为主流特征,但也不乏某些思想家试图接触外在事物,实现对自然认知的追崇和探索。例如,儒家学派荀子有关"智"的概念是以道德智慧为基础又更多带有自然物理知识的认知和探索,在荀子笔下的"智"也就更突显出"知识"意味。《荀子·天论》中记载:"耳、目、鼻、口、形能各有接而不相能也,夫是之谓天官。"[①] 荀子将人感知外部世界的感觉器官称为"天官",是人获得事实知识的基础和条件。荀子还提出:"凡以知,人之性也;可以知,物之理也。"[②] 也就是说,人可以认识客观事物是人的本性,客观事物可以被认识也是自然之理。这种观点似乎与马克思主义的认识论与唯物论有一定的相似性,但是荀子关于自然知识的理论并没有得到更多的重视,也不会发展为系统完善的思想体系。荀子还主张"智通统类"的认知之智,强调从外界学习获得经验知识,但其最终目的并不是发展自然知识和实用技术,而是转化为伦理价值、追求人道、服务君王的智。由此可见,在历史主流基调下的"认知之智"无法摆脱道德伦理的桎梏,只能囿于道德哲学之下。与儒家同一时期发展的墨家,其核心是为维护劳苦大众生产与生活需求而提出的功利思想,"智"的价值在这一学派中表现为利用"智"实现百姓安居乐业、兴利除害。墨家强调"认知论智"试图利用人的认识能力与外界接触获得知识并反映事物真实面貌。墨家虽也重视德智统一,但却是把知识论上的"知"视为两者统一的前提条件,因而重视劳动和工艺技术的墨家将"知识"摆在更为突出的位置。墨子本人也十分重视对理性和逻辑的研究,在中国哲学史上第

---

[①] 楼宇烈. 荀子新注 [M]. 北京:中华书局,2018:330.

[②] 楼宇烈. 荀子新注 [M]. 北京:中华书局,2018:439.

一次提出"察类明故""以众之耳目之实"等认识论命题。[①]除此之外,《墨子》一书中还包含部分现代科学知识的雏形,其中"圆、直线、正方形"以及杠杆定理、机械制造等内容展示出墨子关于科学意识的浓厚底蕴。即便在先秦时期部分思想家对外界自然知识进行了一定的探索,出现了与"以智辅仁"侧重不同的分流,但其实质仍是"殊途同归、万变不离其宗"。直到宋明时期,理学盛行,关于智德关系的争论到达了新阶段,"见闻"与"德性"成为区分外在客观知识与道德知识的明确概念。张载开启了明确区分自然认知与道德认知的先河,朱熹则在沿袭了"见闻之知"内涵的前提下更加强调客观知识对德性的积极作用,是中国传统哲学中较多关注客观知识并肯定知识对道德起基础性作用的思想家,正所谓在"见闻"上下功夫,才能实现"脱然贯通"。由此可见,沿着先秦时期"智"是"重德性认知"的主脉络,曾出现肯定见闻之智的学者。虽说从总体上看仍无法彻底摆脱轻视客观知识的历史倾向,依然延承了"知以利仁"的思想,但逐渐出现了较为明显的分流和区别,"见闻之知"的重要作用逐渐进入思想家的视野之中。

### 3. 德性之智

在中国传统哲学中,不仅可以将"智"看作通过见闻所得的外在客观知识的概括,更可以将"智"看作是与"德"相结合的一种道德智慧。先秦儒家把"智"提升为维护封建人伦秩序的一项道德规范和道德要求,认为有了"智"就能自觉实行仁德,使自己的行为符合相应的道德规范。[②]因此,"智"在很大程度上是"成圣、成才、成就仁德"的手段途径,带有浓烈的工具性特质,为道德服务。实际上,无论是中国古代时期"知之为知之,不知为不知"的智慧、明辨"是是非非"的智慧、"知者不失人,亦不失言"的智慧,还是当今人生价值的选择、客观是非的权衡、研判时局的能力,"智"总是与道德伦理相联系,是在道德大统下的统一。因此,不仅要将"智"看作是一种客观认知能力,更要将其看作是一种与道德相辅相成的选择判断能力。

(1)言行规范、不失人言。一方面,语言行为本身并不是直接的智慧,但个体的智慧将通过其言行举止所表露,这是智德在个人实践与修养上凝结的体

---

[①] 肖巍.传统道德教育理论中的德智关系[J].清华大学学报(哲学社会科学版),2002(6):46—51.
[②] 朱海林.先秦儒家智德观及其现代启示[J].华北电力大学学报(社会科学版),2007(2):85—88.

现。① 所谓"君子一言以为知，一言以为不知，言不可不慎也"。② 言语行为是个人对外沟通交流时最基础的媒介与表达方式，君子可以由一句话表现出他是否明智，这表明语言承载了个人智慧，是展现个人智慧的媒介与载体。因此，德性之智的内涵首先表现在言行的智慧上。语言的基本功能在于"辞达而已"，言说是否恰当，即个人是否在合适的时间、地点、情景与恰当的对象进行对话、传达信息。《论语·卫灵公》一书中记载道："可与言而不与之言，失人。不可与言而与之言，失言。知者不失人，亦不失言。"③ 在可与言时，不言；在不可与言时，言之，这都不是智慧的言行。《荀子·非十二子》中也提道，"言而当，知也；默而当，亦知也。故知默犹知言也"④，即正合时务的言行或沉默都是一种智慧。极力推崇儒家思想的董仲舒也称智者是"其言寡而足，约而喻，简而达，省而具，少而不可益，多而不可损。其动中伦，其言当务。如是者谓之智"。⑤ 意为智者在言行方面能够做到少言而已足够，精约而能使人明了，简单而能通晓含义，简略而又完备，少但不能增加，多亦不能减少，其行为中规，其言说合时宜。明代冯梦龙更是将"智"明确划分为10种，其中包括的"语智"既要做到一语中的，又要能够辩才善言、分明利害。另一方面，个人的智慧通过其言行举止表露时，言行又成为检验人的有效手段。简而言之，言行既是承载智慧的媒介，又是评判个人的手段，即"不知言，无以知人"。⑥ 这里的"知"虽为动词，表示"知道，了解"，但我们可以将其理解为真正的智者不仅有恰当的言行，还可以通过他人的言行评判其为人。这种在言行层面上包含德性意味的智，会以具体时间、地点、情景、人物等条件作为其言行的判断标准，这也意味着智者会以他人与当时所处的社会环境决定自己的言行举止。也就是说，言行的艺术不仅限于用词华藻、逻辑通顺，更应该蕴含在社会实践的人事智慧中。

（2）明辨是非、厘清善恶。正所谓"君子有所为，有所不为"，"智"作为道德理性，表现在对是非、善恶具有工具性特质的道德判断作用上，即通过对道德的认识与道德判断达到"善"。因此，"智"所特有的这一属性使智者能够

---

① 肖群忠.谈智德[J].中国德育,2014(24):40—44.

② 杨伯峻.论语译注[M].北京：中华书局,2015:296.

③ 杨伯峻.论语译注[M].北京：中华书局,2015:237.

④ 楼宇烈.荀子新注[M].北京：中华书局,2018:87.

⑤ 张世亮,钟肇鹏.春秋繁露[M].北京：中华书局,2018:328.

⑥ 杨伯峻.论语译注[M].北京：中华书局,2015:305.

理性地对行为做出判断和约束，在社会群体中遵循道德规范。例如，孔子常以"不惑"定义智，对于"不惑"的理解大致分为两种：一是实现"知礼、知命"，通晓礼仪、知书达理，顿悟人生命运，进而觉解人生价值称为"不惑"，即"智"。二是能够准确分析与判断是非、对错，不为乱象所迷惑也称为"智"。因此，孔子所认识的"知"包含着"知是非而行去非的种种认知"。[1] 与孔子思想一脉相承的孟子对此观点有着更为独到深刻的理解，孟子曰："是非之心，智也"[2]，亦是"智之端也"。[3] 孟子对"智"进一步阐释道："仁之实，事亲是也；义之实，从兄是也；智之实，知斯二者弗去是也。"[4] 可见，是非之心就是仁、义与不仁、不义之间的评判界限，也就是说"智"是懂得区分和明辨仁与不仁、义与不义并且在行动上做到不背离的道德智慧。因此，孟子明确地赋予了"智"以道德地位与道德价值，将"智"视为对道德进行认识和评判的工具手段。荀子在继承孔孟思想的基础上也将"智"看作"是是非非""非是是非谓之愚"。[5] 在他看来，肯定正确的、否定错误的就是明智，颠倒黑白、是非不分就是愚笨。当智者的认识能够与客观事物相符之时，甚至可以达到"明于事，达于书"。事实上，明是非、辨善恶的"智"就是在实践过程中的价值判断与选择，是富有道德特质的认识与实践。在现实生活中时时处处存在各种价值判断与选择，如义利冲突、个人与群体的冲突、理智与欲望的冲突等，这不仅是客观对错的判断，还是涉及道德层面的利害得失。正所谓"未知，焉得仁？"[6] 只有在人生道路中具备分清事物是非曲直的认识与能力并做出正确的道德选择，才能够拥有道德智慧、实现真正的仁德。若缺乏智德，失去正确的价值判断与选择就难以坚守正确的道义，迷失在物质利益与非道德行为的迷雾中。

（3）识人自知、善于人际。"智"通过个体在人际交往中的语言行为表露，在用于处理人与事物之间是非对错关系的同时，它作为一种道德智慧在社会实践中更应该体现其社会属性，即人们在社会交往或实践过程中知人知己、善处人际的能力和智慧。樊迟询问孔子何为知。"子曰：'知人。'樊迟未达。子曰：

---

[1] 周文彰. 狡黠的心灵——主体认识图式概论 [M]. 北京：中国人民大学出版社, 1991:21.

[2] 方勇. 孟子 [M]. 北京：商务印刷馆, 2017:233.

[3] 方勇. 孟子 [M]. 北京：商务印刷馆, 2017:60.

[4] 方勇. 孟子 [M]. 北京：商务印刷馆, 2017:155.

[5] 楼宇烈. 荀子新注 [M]. 北京：中华书局, 2018:22.

[6] 杨伯峻. 论语译注 [M]. 北京：中华书局, 2015:71.

'举直错诸枉，能使枉者直'"。"① 此处的"知人识人"意思为能够清楚了解、理性鉴别并重用正直的人，能够影响社会风气，同时促使不正直的人走向正道。此外，若将"知人识人"置于社会环境的人际交往之中，更能将"智"延伸为个人与他人、与社会的交往关系。它要求处于社会实践中的人不仅能够做到善于识人，还能够与人进行友好交往，保持和谐关系，实现与人为善。而识人的更高境界即为识己、自知。"人贵有自知之明"就是对自身能力大小、行为水准、价值地位及优劣之处有较为明确清晰的认识与评估，这是个人道德智慧中更为高明的境界，也是君子所贵之处。《荀子·子道篇》中记载孔子问子路："由，知者若何？仁者若何？"子路对曰："知者使人知己，仁者使人爱己。"又问子贡："赐，知者若何？仁者若何？"子贡对曰："知者知人，仁者爱人。"孔子根据两人的回答分别称其为士人、君子。然而，孔子三问颜渊相同问题时，颜渊对曰："知者自知，仁者自爱。"② 这一回答让孔子称其为贤明君子，显然孔子认为智者的较高境界就是实现"自知"。然而，由于社会环境的复杂，人们难以做到知人识人，而实现"自知"必然要做到以客观公正的态度审视自己，这更是难事。在认识自我的过程中，要做到个体主观认知与客观事实相符，但多数人的主观情感存在不能清楚认识自己的优劣、能力、地位等客观事实。因此，在这种偏向的作用下易导致出现两种不同的倾向，即无法正视自身存在的问题而狂妄自大且好高骛远，抑或无法认识到自身的优势而妄自菲薄、缺乏信心。老子曰："知人者智，自知者明。"③ 在人际交往中，能够做到善于识人、与人为善必然是拥有智慧的人，而实现"自知"或许需要更高的道德境界、更大的德性智慧，"自知"也是最重要最难实现的人生品格。

（4）审时度势、灵活顺变。在德性智慧的内涵中，既包含了彰显个人智慧的基本媒介——言行智慧，又蕴含了主体在社会与道德认识中明辨是非的认知评判智慧、在社会关系中识人自知的道德认知能力，而将道德智慧运用在社会实践与国家命运上又表现为一种处理现实事务的权变之智。权变即为权宜应变，是依据环境和内外条件随机应变，灵活地采取相应的、适当的办法。这种权变意识在实践过程中就是能够审时度势，也就是道德主体在行道过程中对"道"之行与不行的现实性及可行性的客观条件的判断。④ 孔子曾说"知者乐

---

① 杨伯峻.论语译注[M].北京：中华书局,2015:188.
② 楼宇烈.荀子新注[M].北京：中华书局,2018:593.
③ 陈剑.老子译注[M].上海：上海古籍出版社,2016:115.
④ 肖群忠.智慧、道德与哲学[J].北京大学学报(哲学社会科学版),2012,49(1):45—53.

水""知者动，仁者静"①，即智者像灵动的水一般能够灵活变动、从心所欲。一方面，将这权变之智置于个人与国家命运之间的关系中，便有所谓"天下有道则见，无道则隐"。②卫国宁武子、北宋范仲淹等诸多志士深谙进退之道，身居庙堂之时充分发挥自己的聪明才智，努力实现百姓安居、国家昌盛；身处江湖之时则隐居以修身养志。"邦有道，则仕；邦无道，则可卷而怀之。"③智者不但具有过人的智慧、怀有高尚志向与道德原则，而且能够做到识时务、知变通，能够了解当前局势、权衡利弊并掌握时机，这正是识时务者为俊杰。另一方面，在中国古代政治仕途上这种权变之智也表现为"明者因时而变，知者随事而制"④的灵活变通。战国时期纵横百家的谋士张仪，受辱投秦并游说于魏、楚、韩等国之间，在外交与列国兼并战争中对秦国产生了较大的影响。纵横家张仪既拥有在魏受辱时投奔秦国谋取成功的豁达变通之智，又凭借其高超的权谋策略及言谈辩论的智慧使六国合纵土崩瓦解，为秦国的统一立下不朽功劳。管仲不为公子纠殉死，反而投奔公子小白，这一行为在当时被认为是有违礼节、"未仁"、"非仁"的，但正是这"良禽择木而栖，贤臣择主而事"的变通成就了春秋时期五霸之首的齐桓公。孔子评价道："管仲相桓公，霸诸侯，一匡天下，民到于今受其赐。"这种知变通的权变意识何尝不为一种智慧？"桓公九合诸侯，不以兵车"⑤何尝不是管仲的智慧与仁德？公子小白的"不僵而僵，汉王伤而不伤。一时之计，俱造百世之业"又何尝不是一种审时度势、研判时局的智慧？一个怀有大仁大智之人，不仅能够胸怀天下、为民请命，还能够清晰判断客观情形，既是"可以仕则仕，可以止则止"⑥的利弊权衡之智，又是能够执掌时机灵活变通之智。若只有一腔热血，而无研判局势、审时度势之智，即便是有仁德之人，也只能是空有报国之心。在这一方面，真正具有德性智慧的人在具体的社会实践中就是要冷静地判断客观局面，分清利弊要害，明确轻重缓急，从而采取灵活变通的对策方法。

---

① 杨伯峻.论语译注[M].北京：中华书局,2015:91.

② 杨伯峻.论语译注[M].北京：中华书局,2015:121.

③ 杨伯峻.论语译注[M].北京：中华书局,2015:236.

④ 桓宽.盐铁论[M].赵善轩,耿佳佳,译注.北京：中信出版社,2014:142.

⑤ 杨伯峻.论语译注[M].北京：中华书局,2015:218.

⑥ 方勇.孟子[M].北京：商务印书馆,2017:52.

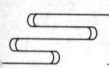

## (三)"智"德的历史流变

中国传统智德观的历史发展脉络就是"智"与"德"相分离、相融合的过程。从大体上看,中国传统智德观是以儒家道德智慧为代表的,后来其他思想家对智德关系进行了创造性讨论,并试图寻找一条更适合当时社会发展需求的道路。自孔子于战国奠定了中国古代智德观的基础后,经由先秦诸子、两汉经师发展,在宋明时期和明清之际进一步得到重释,继而逐渐演变为近现代以来的智德关系。这些真知灼见代表了某一时期的智德观受到社会现状影响而出现的不同侧重点,也印证了中国古代人文思潮中的思想解放,为如今构建全面科学的德智关系架构提供了丰富的历史依据。

### 1. 先秦时期三大传统"智"德理论

(1)儒家以德为统一前提的德智统一论。在中国传统道德规范体系中,儒家智德观始终占据着主导地位。儒家学派始终强调人文主义价值层面上道德的知识,把智作为成圣的手段,因此从正面角度肯定了"智"对"德"的积极意义。虽然儒家学派对德智关系有着较为复杂和不同的看法与思想,但这种以"德"为统一前提和基础的德智统一观深刻地影响了日后几千年的智德关系走向。

孔子论"智",重在人伦、人事、人文之智,对"智"的理解也更多地囿于一种道德规范和道德品质之中。在先秦儒家孔子开创传统智德观的过程中,他对自然科学及其规律的认识和了解并没有太大兴趣,在《论语》中将"智"作为一种认知理性的讨论也是寥若晨星。虽然孔子也不曾明确提出排斥认知理性和客观知识的观点,但从孔子的智德观中能够明显看出他将"智"作为一种正确处理社会交往中人事关系的品质和能力,具有鲜明的德性意味。首先,从"智"的含义看,孔子将"知"与"智"等同,将其视为一种具有道德价值的品质和规范,并赋予了两种重要内涵。一是"识人善用",即"樊迟问知。子曰:'知人'"。[1] 孔子还将"知言"作为"知人"的前提和基础,将言行作为智慧的载体和评判个人的手段,正所谓"不知言,无以知人也"[2] "知者不失人,亦不

---

[1] 杨伯峻.论语译注[M].北京:中华书局,2015:188.
[2] 杨伯峻.论语译注[M].北京:中华书局,2015:305.

失言"。① 二是"实事求是",即"知之为知之,不知为不知,是知也"。② 其次,从智的来源看,孔子更加注重后天多见、多闻获得知识,强调"学而知之"的重要意义。再次,从智德关系上看,孔子遵循着"德智统一、以德为本"的人格培养模式,他将"智"与"仁""勇"并列为三达德,提出"知者不惑、仁者不忧、勇者不惧"③的见解,并致力于实现三者统一和"由智及仁"的理想。最后,从智德地位上看,孔子始终将"仁德"作为最高道德理想,而"智"是服务并服从于仁德的,是成仁、成圣的手段和工具,"以德统智"便是其核心思想。尽管孔子将"智"作为重要的道德规范,并将其视为"天下达德"之首,但都无法动摇"仁""德"在其心中的崇高地位。"知者利仁""由智及仁"就是孔子始终倡导的一种成就德行的重要手段和途径,这也肯定了"智"实现道德理想的积极意义。

孟子沿袭了孔子有关智德的思想和观念,并循着另一条道路进一步将"智"融入道德范畴之中。在孟子对智德的思考中,"智"与"仁、义、礼"被一并作为做人的道德准则,"是一种先天辨别是非的德性知觉"④,并推动着"智"进一步朝内心德性的方面转化。首先,从"智"的含义看,孟子将智视为人们心中分辨道德是非的判断能力,也正是《孟子·告子上》一书中记载的"是非之心,智也"。⑤ 当然,孟子所表述的"智"即是非之心,并不是指对客观事物认识的真假,而是对人的某种行为或观念在道德上的肯定或否定。传统智德观经由孟子的思考和探索后,已经在遵循道德、仁义的价值目标下有了更加明晰的判断和选择,"智"中包含的道德韵味也更加强烈,其内涵也基本成了明辨道德善恶是非的评判能力和智慧。其次,从"智"的来源看,孟子的观点与孔子所重视的"学而知之""好学近乎智"的观点有所不同。他从自身独特的观点出发,从人内心善良的德性出发,提出了"仁义礼智,非由外铄我也,我固有之也"⑥的观点。换句话而言,"智"就是人们对是非善恶的认识与判断,是人心所固有的善的能力,而不是由外在而产生的。再次,从智德关系看,孟子也坚

---

① 杨伯峻.论语译注[M].北京:中华书局,2015:237.

② 杨伯峻.论语译注[M].北京:中华书局,2015:26.

③ 杨伯峻.论语译注[M].北京:中华书局,2015:141.

④ 李承贵.中国传统哲学中的德智关系论[J].齐鲁学刊,2001(2):5—13.

⑤ 方勇.孟子[M].北京:商务印书馆,2017:233.

⑥ 方勇.孟子[M].北京:商务印书馆,2017:233.

持了"智德合一"的观点,将"仁且智"看作是"夫子既圣矣乎"[①]不可或缺的条件和要求。自此,德智双修的儒家智德观越来越得到强化。最后,从智德地位看,孟子将"智"放置到"四德"之末,这也意味着在这点上孟子与孔子一脉相承。此外,孟子也高度肯定了"智"的意义和价值,甚至将"智"与其他三德一并作为区分人与动物的标志,即"无是非之心,非人也"。[②]由此看来,孟子的智德观进一步开启了弘扬德性之智的先河,为后世加强道德修养的自觉性和科学知识运用的合理性提供了历史根据。

荀子作为战国后期的儒学大师,在这一阶段的智德观又出现了与以往有所差异的内容和方向。其中,尤为突出的是荀子的智德观带有更多知识才能的特点,他常将"智能"与"仁厚"并举,重视"认知之智"的外在学习活动,这与孔孟的智德观形成了较为鲜明的对比。但即便荀子主张"求物理",重视通晓各类自然事物的基本法则和规律,也始终无法跳脱孔孟影响下的传统德性思维。首先,从"智"的内涵来看,荀子主张"所以知之在人者谓之知,知有所合谓之智"。[③]实际上,这里的"知"不仅包括主观接触认识客观且符合于客观事物的方面,还包括主体对伦理之事的正确判断,是一种蕴含着人伦、人事的智慧。其次,从"智"的来源来看,荀子主张从后天与外界的接触中获得认识、拥有智慧。荀子主张可知论,并认为智是"非生而具者也"[④],强调运用理性思维从后天接触中获得对事物和世界的认识,从而实现圣贤。再次,从智德关系来看,荀子虽然主张"天人相分",但从根本上也不同于西方人与自然对立的内容,而是从"分"的视角论述了人类的社会德性本质。荀子作为儒学思想的大家之一,尽管试图探索与以往有所差异的智德关系道路,但其没有也不可能完全脱离古代传统主流思潮的统治和影响。因此,德智并举、智德合一的思想实际上是贯穿先秦儒家学派的一条根脉。最后,从智德地位来看,尽管荀子提及的"智"更多地偏向"知性之智"的内涵,强调获得事物本质和规律的认识。但获得这种认识的目的不在于发展科学技术,也没能够真正深入地探索客观规律,其"教育最终目的是教人明理知义,学会为人处事,问学的目的也不外乎是尊德"。[⑤]并将"智"视为实现"礼"的手段和途径,主张以广博的知识达到

---

[①] 方勇.孟子[M].北京:商务印书馆,2017:51.

[②] 方勇.孟子[M].北京:商务印书馆,2017:60.

[③] 楼宇烈.荀子新注[M].北京:中华书局,2018:446.

[④] 楼宇烈.荀子新注[M].北京:中华书局,2018:56.

[⑤] 肖巍.传统道德教育理论中的德智关系[J].清华大学学报(哲学社会科学版),2002(6):46—51.

"神明自得,圣心备焉"①的目的。因此,从根本上来说,荀子智德观中的"智"仍是在道德大统下的智慧。

先秦儒家的智德观是各位儒学大家在当时社会历史背景下追求智慧方面的反映,它经由孔子、孟子以及荀子的论述走完了自身的演变历程。在这一过程中也产生了多个真知灼见,为后代留下了璀璨的中华传统文化。总的来说,先秦儒家对"智"的强调处在以血缘关系为基础的宗法社会中,对自然的探索也必然处于人伦关系之下,故而其重点也不在于把握自然科学、探索自然规律,而是把它视为与人伦、人事、人文密切相连的道德智慧。因此,自然哲学的"知"历来都是在道德哲学的德之下缓慢发展的。当然,先秦儒家智德观的重点虽然不在于对客观事物的认知能力,但这种知性之智也没有被彻底否定或抛弃。换句话来说,先秦儒家学者重德性价值理性、轻科学认知理性,因而逐渐形成了"德智统一、以德为先"的传统思想文化。从此,中国古代传统智德观的基本格局就已奠定。

(2)墨家以智为统一前提的德智统一论。在中国古代哲学史上,虽然绝大多数哲学家强调道德教化、重视德性价值理性,以至于其发展在中国古代社会实践中不断趋于成熟,科学认知长期受到压抑,逐渐失去了应有的发展、丧失了应有的地位,但是也存在少部分哲学家积极探索并肯定自然认识的思想观念,如先秦时期的墨家。墨家主要讨论的是自然认识而非道德认识,这在一定程度上可以说与儒家重德性的智德观开始分化、相互补充。

稍晚于孔子的墨家学派,在智德内容和来源方面探索了一条有别于儒家的道路。墨家智德观以认知论智,强调"智"来源于人们与外界事物的现实接触。简而言之,知识来源于劳动与实践。墨家又根据知识获取的不同来源,以他人传授、亲身实践以及思考推理这三种方式为主要途径,将智分为"闻知、亲知、说知",即所谓"知:传受之,闻也;方不障,说也;身观焉,亲也"。②从某种意义上说,前两种包含了感官带来的感性认识,后者则包含了经由人的思维带来的理性认识。这种从外在获得的感性认识与理性认识的结合,肯定了实践和劳动是知识的来源,也在一定程度上阐释了人们认识客观事物是以在先由感官获得感性认识的基础上经过理性思辨和推理上升为理性认识这样一种层层递进的认知方式,这也与儒家内心善性和先天具有的这一思想产生了分歧。此外,不同于儒家重视仁、德、礼等德性之智的人文历史和社会道德,墨家更强

---

① 楼宇烈.荀子新注[M].北京:中华书局,2018:7.

② 墨翟.墨子译注[M].张永祥,肖霞,译注.上海:上海古籍出版社,2016:354.

调知性之智的利用价值,"故肯定并学习、传授可资利用的自然知识和工艺技术"。①《墨经》一书中也蕴含了许多几何、力学与光学原理等接近现代科学知识的浓厚意识。墨家学派蕴含了丰富的理性思辨主义思想,也将"智"的范畴从德性之智更多地延伸到知性之智,丰富了智的内涵,也为后世重视科学知识的重要意义提供了示范。当然,墨家也并非不讲德性之智,它在一定程度上也受到了儒家智德观的影响,发展为一种以"智"(知性之智)为前提和基础的德智统一观念。

从儒墨两家的智德思想理论中可以看出,先哲都肯定了智德的作用及价值,并秉持着德智合一的理念形成道德教育理论、推动知识教育进步。尽管在德智统一观上存在着以"德"为统一基础和前提以及以"智"为统一基础和前提的明显差异,但仅仅是由于不同学者的价值观念和理论所强调的侧重点不同罢了。即便如此,作为"世之显学"的儒、墨两家成就了我们今天道德教育的灿烂文明,其中蕴含的传统智德观至今仍值得我们借鉴学习。

(3)道家"弃智若愚"的智德观。与传统主流智德观的积极肯定意义持相反态度的道家成了先秦时期乃至此后的一股清流,其关于"智"有损人之本性的见解更是与中国古代大多哲学思想背道而驰,道家思想中的"绝圣弃智"也成为学者争议不休的观点之一。部分学者将其作为批判道家"反智"过分消极的理由之一,另外也存在一些学者认为这是社会发展的另类方式,甚至视这一颠覆社会发展的言论为未来方向。实际上,我们大可不必只从一种极端且带有偏差的角度分析道家"去智、弃智"的思想,更不应该站在当今时代以后世思维去探索前人的观念。即便道家消极负面的智德观不再适用于当今的社会,但其中蕴含的思想仍值得学者对其怀有深深的敬意。

老子在《道德经》一书中明确提出了"绝圣弃智,民利百倍;绝仁弃义,民复孝慈;绝巧弃利,盗贼无有"②的思想,统称为"三绝三弃",其中"绝圣弃智"与传统智德观有着密切的联系。针对这一观念,大多数学者习惯将其引入自身所处的时代进行评价,显然这种观念带有强烈的不客观因素,单论当今时代早已发生了巨大变化,站在后世社会用后人的思想批判这一思想绝对消极也实属不当。事实上,道家提倡"去智、弃智",而不"反智",也不排斥真正的智慧。首先,从史书古籍中寻找答案,《庄子·逍遥游》一书中提到了"至人

---

① 张立文.中国学术通史(先秦卷)[M].北京:人民出版社,2004:239.
② 王弼.老子道德经注[M].楼宇烈,校释.北京:中华书局,2011:48.

无己、神人无功、圣人无名"①，且不论其中核心思想的内涵，就从"至人、神人、圣人"这三重境界来看，就反映了庄子不是单纯地排斥智慧、反对智慧。若真如批判其思想的学者所言，道家反对智慧、回归愚昧，那便产生了自相矛盾的观点。道家提倡的"弃智"，实际上反对的是世俗之人被知识、智慧所羁绊，世俗之人的知识成为其牟取名利的工具，从而造成世俗知识对人的异化，因此反对那些心术不正者利用"智"谋求私利、满足个人欲望。道家厌恶的也一直都是那些运用圣人智慧玩弄权术、统治百姓、谋取私利的大盗和窃国贼。因此，道家并不是纯粹地反对或排斥智慧，也不反对拥有智慧的圣贤。但道家"弃智"的思想实际上拒绝了"智"与"德"关系的讨论，当然也不同于中华传统主流智德观从正面角度肯定"智"带给"德"的积极意义。即便从当前看道家"弃智"的思想存在过于理想和不利于社会进步，甚至不再适用于现代社会发展的局限性，但从其所处的时代背景看，这一观念也的确是出于百姓立场所发出的激愤之声，其中的善意和蕴含的智慧值得我们后世敬仰。

总而言之，中国古代封建社会三大传统智德观展现出其各具特色的思想主张。儒家智德合一、以德为先的思想奠定了中国古代智德观的基本格局，并贯穿于中国传统哲学之中；稍晚于孔子的墨家智德观开始分化，虽也主张德智统一，但其关于"智"的来源和内涵已然远远超出儒家所侧重的道德领域，更多地向知性之智发展；与前两者智德观完全相悖的道家，虽然其智德观对当今社会发展来说存在不适宜的局限性，但其中人们的自由本性不能被科学知识和先进技术异化、恪守自然本性等思想，也为人们提供了寻求内心安顿的一片净土。

### 2. 先秦之后的"智德"分流

先秦之后的哲人论智，开启了与先秦主流在道德范畴里谈智德的不同局面，后来的哲学家继续沿着德性之智和知性之智的两条道路前进，形成了"智"与"德"双峰对峙、两水分流又相互转化、相互促进的微妙关系。这种联系具体表现为两者在转化过程的不同阶段互为目标或手段，但无论是重德性或重知性、重智德或重智能，往往都与当时的历史背景和时代更迭息息相关。

（1）汉代到汉魏之际：重智德与尚智能。西汉董仲舒作为"独尊儒术"的倡导者、"三纲五常"道德思想的提出者，其智德观也是在这一框架中完成建构的。董仲舒提出"何谓之智"，即"先言而后当，凡人欲舍行为，皆以其知

---

① 章启群. 庄子新注[M]. 北京：中华书局，2018:10.

先规而后为之……智者见祸福远，其知利害早，物动而知其化，事兴而知其归，见始而知其终"。① 可见，董仲舒扩展了"智"的内涵，将"智"看作是对事物福祸、利害以及发展趋势和结果的一种判断和预见，也是一种能够审时度势的智慧。可见，传统智德观发展到董仲舒这里多了些对客观事实的认知成分。对于智德关系的认识，董仲舒也十分重视"仁德"与"智"之间的肯定意义。他将仁与智视为做人和治国两个不可或缺的重要条件，提出了"必仁且智""仁智双全"的主张。仁者有爱人之心，智者有先见之明。反之，如果一个人"智而不仁"或"不仁而有勇力材能"，导致"爱而不别"或为狂而执利刃者危害事业；"仁而不智"或"不智而辨慧狷给"，则导致"知而不为"或为迷醉而乘快马者陷入泥潭②。不难看出，董仲舒的智德观中两种品德是相辅相成、缺一不可的，其中也继承和发展了儒家孔孟二人"以智利仁"的思想观念，既保留了孔子德智统一的思想，又拓展了孟子智为"是非之心"的观念，并将智纳入了"五常"这一传统道德规范的范畴之中。然而，从董仲舒的智德观中能够较为明确地认识到"智"仍是在相对狭窄的德性空间进行讨论的，强调的也仍然是对仁德的规范和建构，并没有将智作为一种独立的知识体系以实现对道德的价值。

可以说，崇尚智德的思想在两汉大一统时期被董仲舒进一步发扬，甚至逐渐被后世尊为"成圣成德"的必要条件。当然，这与当时的社会背景是有联系的。思想上的趋于统一更是促进了儒学道德大行其道，深受其熏陶的名士也在道德实践中践行着自身的道德自觉。因此，两汉大一统时期的智德观还是更多地聚焦在道德范围内论"智"的。其中，也不乏少数汉代哲人另辟蹊径地将智的对象和范围扩展至德性之外的自然、人生中，试图突破儒家"智"的道德范围框架。例如，东汉王充以"知学"为智的智德观，比起儒家也是一抹独具光彩、别开生面的思想之光。

然而，汉代重视道德智慧的观点在汉魏之际遭到了打击，走向了衰落，重智德的智德观逐渐转向了尚智能的智德观。时至汉魏之际，时局动荡、社会混乱无序。群雄割据的时代，对人们的生存和发展产生了威胁，不论圣贤学者还是普通百姓的命运都跌宕起伏和无法预知。如果仅靠所谓的仁爱、礼仪、道德之道显然已不能帮助人们实现立足和发展，"道德教化反而成了摧毁道德良

---

① 张世亮，钟肇鹏. 春秋繁露 [M]. 北京：中华书局, 2018:327.
② 张世亮，钟肇鹏. 春秋繁露 [M]. 北京：中华书局, 2018:325.

心的工具，名教之治已走向了自我毁灭的绝路"。[1]此时，儒家崇尚道德智慧的思想受到了人们的普遍怀疑，继而逐渐转向重视知识、经验以分析、解决问题的智力和才能。西汉扬雄将"智"由道德引向了人们认识客观事物并运用"智"解决现实问题的知识和才能方面，智在这一时期也获得了超越"仁、义、礼、信"四常的地位。这一观点在汉魏之际进一步得到了发展，"智者，德之帅也"[2]的观点应运而生。刘劭主张"以明将仁，则无不怀。以明将义，则无不胜。……然则苟无聪明，无以能遂"。[3]他认为，"智"是主导仁义道德的因素，只有在明智的统领下各种才能品德才能发挥作用、人才能通晓事物之理。此外，刘劭认为智之所以能成为德之统帅，就在于"智"出于"明"且犹如黑夜之灯火、白昼之日光，能够使人看得更清、行得更远。刘劭的智德观不仅颠覆了传统儒家的智德思想，更使"智"溢出了德性的范畴，冲破了传统智德关系的藩篱。徐幹在描述智德关系时，也十分重视明哲即智的作用，他认为"智"能够殷民阜利，甚至还提出了"汉高祖数赖张子房权谋以建帝业，四皓虽美行，而何益以夫倒悬？此固不可同日而论矣"[4]的观点，以权谋比喻智慧、明哲穷理，以美行比喻仁德、志行纯笃。显然，"唯才是举"的思想已然使德智关系发生了改变，冲破了以往过分崇尚"仁义修行"的思想观念。曹操也曾多次发布《求贤令》，文中的"贤人"也不再是具有高尚道德品质之人，而是指拥有"用兵治国"才能之人。此外，曹操还明确提出了"唯才是举"，主张以才智为重。可以说，这一时期的"智"与先前的"智"相比，实质上已经剥离了道德规范和原则的范畴，更多地强调才能和才智的积极作用。"崇智力、尚才能"也突破了传统思想史上有关智德关系的论述，进一步开启了魏晋时期对才能与学识的思潮解放之门。

（2）宋明时期：道问学与尊德性。宋明时期，理学盛行。在高扬儒家道德本位的社会思潮中，宋明时期的思想家对智德关系进行了创造性的讨论，试图较为系统地解决智与德的关系问题，"见闻"与"德性"间的争论更是将中国古代智德观推向新的阶段。北宋张载以"见闻之智"与"德性所智"率先明确地对"智"进行了区分，进一步讨论了"智"的分类问题。张载曾提出："见闻之

---

[1] 王晓毅.王弼评传[M].南京：南京大学出版社,1996,5.

[2] 刘劭.人物志[M].刘晒，注；杨新平，张锴生，注译.郑州：中州古籍出版社,2018:170.

[3] 刘劭.人物志[M].刘晒，注；杨新平，张锴生，注译.郑州：中州古籍出版社,2018:170.

[4] 徐幹撰，孙启治解诂.中论解诂[M].北京：中华书局,2014:151.

知，乃物交而知，非德性所知；德性所知，不萌于见闻。"① 他对"智"做出了明确划分，规定了自然客观知识与道德知识的基本内涵，这也意味着张载已经意识到并肯定了一般客观知识的存在。所谓见闻之智是指"人接育于物而产生的感性知识"，德性之智是指"一种先言的道德觉悟"②，本质上是两种知识或智慧。"见闻"与"德性"各有其内涵，即一种是关于客观事物的自然认识，一种是关于人事伦理的道德认识，这一点与认识发展由感性认识上升到理性认识的观点有着根本差别。此外，他还认为这两方面的智是没有任何关系的，"见闻之智"不是真正的知识，是"小知"，而只有"德性之智"才能穷尽天下之理、格尽天下之物。但张载在阐述智德观时，并没有对"见闻之智"进行更全面系统的剖析，也没有从正面论述客观知识对道德养成的积极意义，相反将其视为桎梏人心的本源。因此，我们不难发现即便张载对"智"的内涵进行了较为正确的区分，但其关注和强调的仍是道德理性方面，也仍延续了传统智德观中轻视知识的陋习。

南宋朱熹在"道问学"与"尊德性"之中十分重视前者的价值，重视客观知识的获取和积累，并想借此提升人们的道德水平。朱熹与张载、程颐将"见闻"与"德性"放置于截然对峙的不同立场，一方面他反对人们的认识仅停留在见闻上，否则可能向"为人"即谋求功名利禄的功利目标发展；另一方面他还反对摒弃见闻的观念，强调德性只有以见闻为条件，才能真正实现洞达彻明，即"《大学》所谓格物致知，乃是即事物上穷得本来自然当然之理，而本心知觉之体，光明洞达，无所不照耳"。③ 可以说，朱子是宋明理学中较多地关注并承认客观知识的学者，肯定了"见闻"的意义和科学智慧的价值。虽然从严格意义上讲，朱熹所强调的自然知识与近代自然科学知识还存在差异，甚至这种思想仍是在传统思维中绕圈子的表达，但他在"道问学与尊德性"关系上强调的道问学，其中突出的知识论意义与前世传统主流智德观与后世"尊德性"且排斥客观知识的理论相比已经表现出了较高的知识热情。

与朱子不同，南宋陆九渊主张"尊德性"、贬见闻，并认为德性之智是人的本心和内在，因而从根本上否定了"见闻之智"的存在。明代王阳明将朱子和陆九渊的思想折中，提出了"良知"的概念。阳明先生认为，"良知不由见

---

① 张载.张载集[M].章锡琛，点校.北京：中华书局,1983:24.

② 李承贵.中国传统哲学中的德智关系论[J].齐鲁学刊,2001(2):5—13.

③ 朱熹.朱子全书（第6册）[M].上海、合肥：上海古籍出版社,安徽教育出版社,2010:534.

闻而有，而见闻莫非良知之用。故良知不滞于见闻，而亦不离于见闻"[1]，甚至还提出了除道德智慧之外，没有其他知识能够称之为"智"的主张。从陆九渊与王阳明对德性之智的高度重视看，不难发现两者对传统儒家"重德轻知"观念的虔诚，"尊德性"的智德观在此又成了占据上风的存在。虽然在这一时期王阳明将德性之智绝对化了，但是后人秉持着反传统的怀疑精神又不断进行否定，重新肯定了见闻之智的独立性。例如，出现了王廷相、吴廷翰等人肯定见闻之智，他们以婴儿闭之幽室为例得出了"德性之智"必然要基于且依赖于耳目器官与外界环境的接触这一结论，认定了脱离见闻的德性之智是无法存在的。

总而言之，中华传统智德观在这一时期可谓是发展到了一个新阶段，首次将"智"明确地划分为"见闻"与"德性"两个方面，尽管还存在着在德性框架下维护道德智慧的徘徊和意图，多数宋明理学家在当时也明显不具备接纳独立性客观知识的能力，但至少使"见闻之智"正式进入了哲学家的视野，并且在一定程度上认识到了客观知识的价值和意义。也正是在这种反复纠结、来回转化的激烈讨论中，才使智德关系逐渐趋于明朗和科学。

（3）明末清初之际：由空谈转向务实之智。紧随王廷相等人的思想路径，传统智德观发展到明末清初之际普遍出现了追求务实之智的风潮。从总体上看，宋明时期虽对"见闻之智"与"德性之智"做了区分，但多数哲人仍忽视甚至否认客观、经验和实用的见闻之智。发展到了末期，空谈心性的"务虚"之风上下弥漫。因此，明末清初的许多哲人意识到空谈德性无补于邦国世道，故而提倡以"修己治人之实学"取代"明心见性之空谈"，"尽废古今虚妙之说而返之实"[2]。这种思潮在当时极具代表性的便是"经世致用"之学的观点，即关系现实社会，主张将天下、民生作为当世之务，具有强烈的功利和实用主义色彩，并注重调查研究和现实考察，以及亲身经历所获得的直接经验等。这一观点在智德观上即表现为重视见闻之智、强调实用知识。

王夫之建立了一套相对系统的知识体系，并对知识与道德关系方面阐述了自身的见解。王夫之认为，见闻之智不仅不会有碍人心，成为"心之累"，相反，"多闻多择，多见多识"能够使人增长聪明才智，真正启迪人心，实现统一。王夫之还进一步提出"内心合外物以启觉，心乃生焉，而于未有者知其有

---

[1] 王阳明.传习录[M].于自力,孔薇,杨骅骁,注译.郑州：中州古籍出版社,2017:237.
[2] 王夫之.船山全书（第16册）[M].长沙：岳麓书社,2011:73.

也；故人于所未见未闻者不能生其心"。① 这意味着人的心理离不开外物的影响，若未见未闻必然不能产生其心，也就无所谓"德性之智"。因此，从这一意义上讲，道德之心是在人接触客观事物所产生的知识基础上产生的。戴震在知识与道德关系问题上从两个方面较为详细地表述了知识学问的重要作用。一方面，他认为道德的盛大要以知识学问的充盈为基础，并借以人的形体比拟人的德性，形体不断成长依赖于食物的喂养，而德性由蒙昧到圣智则是靠后天学习和知识获得："试以人之形体与人之德性比而论之……德性资于学问，进而圣智，非复其初明矣。"② 另一方面，戴震也强调了"智"小到区分美丑、大到辨别是非的重要作用。这里尤其要提到一位明末清初的思想家唐甄，他是第一个较为系统地论述知识与道德关系的学者，并批判了以往仅将"智"局限于德目的思想："其误者，见智自为一德，不以和诸德。其德既成，仅能充身华色，不见发用。"③ 若只将智看作是一种道德范畴，最终也只能是"束身寡过"之德，无法实现实用。唐甄继而又提出了重视知识与道德关系的论断，即"智之真体，流荡充盈，受之方则成方，受之圆则成圆，仁得之而贯通，义得之而变化，礼得之而和同"。④ 在唐甄的智德观中，人们能够真正体会到智的引导对道德建设的肯定意义。因此，也不难理解唐甄所说的"三德之修，皆从智人，三德之功，皆从智出"⑤ 的内涵了。由此可见，知识、见闻已然成为这一时期多数思想家所关注和肯定的智慧，德性之智也必须建筑在见闻之智的广大基础上才能得以实现与充实。这也意味着在中华传统智德观上初步显露出肯定并崇尚客观科学之智的曙光，也标志着中华民族逐步走出了纯粹崇尚道德智慧的时代，走向了科学与道德并存的近现代。

### 3. 向近现代科学之智演进

清末民初之时，西方自然科学知识伴随着民族入侵逐渐渗透进朝野上下。人们亲眼看见了西方先进的科学知识带给西方社会的巨大福利和进步，故而将知识转化为进步力量的迫切需求自然地成了人们所追求的目标。可以说，拯救苍生的现实需求加速了自然科学知识的发展和壮大。看重知识对道德积极作用

---

① 王夫之.船山全书（第12册）[M].长沙：岳麓书社,1996:364.
② 戴震.孟子字义疏证[M].北京：中华书局,1961:15.
③ 唐甄.潜书校释[M].黄教兵,校释.长沙：岳麓书社,2010:29.
④ 唐甄.潜书校释[M].黄教兵,校释.长沙：岳麓书社,2010:29.
⑤ 唐甄.潜书校释[M].黄教兵,校释.长沙：岳麓书社,2010:29.

的首先必然是那些较多接触西方社会的知识分子，如康有为、严复等近现代学者就接受了西方的科学思想，提高了自然知识的价值地位。

在近现代思想家有关智德关系的论述中，大都能看到"以智帅德"的观点。王韬认为，在传统的五常中，"智"是仁、义、礼、信的核心，如薪火与火炉，使之旺而不息；如舟楫与行舟，使之行而不偏。这一观点从"智德"思想流变的承袭上看，既是明清以来思想发展的总体趋势，又受到西方科学知识影响的启发。它不仅将智进一步抬高于道德之上，还为西方自然科学知识的融入和传播提供了思想准备，为后人在道德价值的基础上重构客观知识的正当性奠定了基石。康有为也十分重视知识与道德两者间的关系，不仅继承了前人"以智帅德"的观点，更对其进行了深刻的阐述。一方面，康有为将物资、文明和社会等方面的建立和发展归结于"智"的获得。"人惟有智，能造作饮食、宫室、衣服，饰之以礼乐、政事、文章，条之以伦常，精之以义理。"[①] 可见，康有为已经意识到了物质文明和精神文明的建设都离不开知识的重要意义。另一方面，他认为人的德性之所以能够见之于实践，也是以智为基础的。同时，智还能拓展人的德性，以智识提升民众道德水平。严复、金岳霖等近现代学者吸纳了西方知识论的思想和逻辑，将知识引入了道德伦理的领域中，并鼓励知识教育，提升民众知识水平，借以提高道德素质。孙中山"把知的范围扩大为认识自然界和人类社会，对行的含义也赋予了近代的生产活动、科学实验和社会政治斗争的新内容"[②]，使知识的范畴具有了更加正确、客观的现代意味。这些思想显然已经与传统智德观区别开来，较为正确地清除了道德蒙昧的陋习，传统德性思想也逐渐走向了理智、客观的时代。

从先秦时期到近现代这一漫长的历史轨迹中，每一时期的智德观都有着自身鲜明的特色和浓烈的时代气息，智与德关系的争论更是贯穿于中华历史流变中的一项重要课题。不同历史文化背景下的思想家所提出的有关智德的不同见识，为我们把握中华传统哲学思想中智德观的历史脉络和走向提供了依据。

## 二、传统"智"德的历史作用

中华传统智德观作为历史文化长河中的一条分支，奉行的是一种以道德为本的伦理秩序。不同时代的思想家根据各自的文化背景提出了有关智德的独特见识，其中所蕴含的哲理深刻影响了个人成长及国家发展的道路，也对中国德

---

① 康有为.康有为全集(第1集)[M].姜义华,张荣华,编校.北京:中国人民大学出版社,2007:108.
② 夏甄陶.认识论引论[M].北京:人民出版社,1986:22—23.

性文化的建构与发展发挥了极为重要的作用。

## （一）成圣成贤，巩固国家稳定

中国古代传统儒家有关智德内涵、关系、地位的观念主张决定了他们追求智的最终目的，儒家思想作为中国古代主流思潮的事实也在很大程度上影响了统治者招募圣贤的条件和标准。因此，这也决定了德智双修的圣贤更能够把握个人的人生规划，实现自身的政治理想。与此同时，中国古代"士农工商"排序下对知识分子的重视和认可一方面促使着更多的贤者为壮大宗族、实现抱负而东奔西走，另一方面也为国家兴旺和发展提供了源源不断的人才。总而言之，"智德"是"为圣"的必要条件，是圣人的极致表现，更是巩固邦国根基命脉的重要德性。

智德能够帮助人们实现理想抱负的目标追求，首先体现在学者步入仕途的问题上。孔子不仅自身怀有远大的理想抱负，一生东奔西走希望能被当权者所用，渴望用自己的智慧普惠世人、报效国家。此外，孔子还倡导门下弟子积极参政从政，积极入世。孟子也认为士人从政"犹农夫之耕也"[1]，这是理所应当之事。荀子更是将学者从事政治活动的地位和作用进一步抬高，他将人才分为士、君子和圣人三个等级，其中"彼学者，行之。曰：士也。敦慕焉，君子也。知之，圣人也"。[2] 可见，成为圣人的首要条件是具备丰富的智慧。从先秦儒家学者的观点看，成圣成贤是人们追求智慧的最终目的，其达成标准更是以"智"作为条件。从这一意义上看，德智双修能够帮助人才实现积功兴业和价值追求。智德能够帮助人们实现理想抱负的目标追求，还体现在个体人生规划的大智慧上。正如古有贤者入仕求抱负的追求一样，智帮助着个人理智地把握人生规划，从而实现人生价值。当然，人们在人生的每个阶段都要面临多个不同的抉择和追求，因而能否在临事处世时依然坚定、理智地走向人生规划，智慧与道德发挥着重要作用。此外，从国家层面上看，无论是诸侯争霸时期抑或是稳定和平年代，国家的兴衰与稳定都与国家对贤士的重视与任用与否有着直接关系，吴越之争的历史充分说明了知识分子在社会稳定、国家兴旺中发挥的巨大作用。一方面，吴国的崛起证明了贤士对国家的重要意义，楚人子重、子反灭杀申公巫臣族人，迫使其出使吴国发誓复仇，此后巫臣协助吴国，使其军事实力大振。10年后，吴国又在贤者伍员、孙武的协助下迅速发展，取得了对

---

[1] 方勇. 孟子[M]. 北京：商务印书馆, 2017:118.

[2] 楼宇烈. 荀子新注[M]. 北京：中华书局, 2018:118.

楚国一连串的胜利,甚至能够逐鹿中原,举行黄池之会。不仅如此,吴国在礼乐文化方面也迅速向中原看齐,产生了季礼这样具有超高道德修养和文化水平的贤士。另一方面,吴国的灭亡与越国的胜利再次证明了智者对国家稳定的重要意义。吴王阖闾"闻一善若惊,得一士若赏"。[①]但其子刚愎自用,没有听从伍子胥的劝导而听信谗言,一味与中原大国争霸角逐,轻易放弃了灭亡越国的机会,因而最终落得身亡灭国的下场。相反,越王勾践惜才爱才,"其达士、洁其居、美其服,饱其食,而摩厉之于义。四方之士来者,必庙礼之"。[②]这不仅使更多贤人志士能够充分发挥其才智,还使越王在贤士的辅佐下灭吴取胜。事实上,不仅是越国重用贤能之士为实现国泰民安、邦国壮大、社会稳定发挥了积极作用,凡是重用智者、贤士的国家大多如此。春秋争霸时期郑庄公开创争霸中原的局面得益于对贤士的提拔重用;齐桓公长期称霸诸侯,既得益于拥有灵活变通之智的管仲辅佐,又是识人用人之智带来的正向作用;卫灵公生性暴躁且无道,但由于其擅长识人,知人善任,因而在贤士的辅佐下使卫国的国家机器正常运作;秦国谋士善用自己的聪明才智成就国家霸业,不仅实现了自我理想,也谋得了天下稳定、国家安宁。纵观历代兴衰,凡是稳定强盛的国家大多重视人才的任用和发挥,而过于贬抑贤士的国家即便国力强大也多经历挫败,难以长期稳定。要言之,拥有智德是个人成圣成贤的必要条件,贤能之士更是国家强盛、发展不可或缺的资源。

### (二)知其所止,研判客观时势

实际上,人们身处于现实社会之中,要实现"大道"不可能仅依靠自身意识和能力,而是受制于各种客观现实与时势。从这一层面上看,充满生活智慧或者说拥有智德的人一定对事物的限度和形势有着深刻的洞见和把控。孔子曰:"邦有道,则仕;邦无道,则可卷而怀之。"[③]"天下有道则见,无道则隐。"[④]其中,蕴含了"识时务"在为官实践过程中的智慧。也就是说,智者能够在可行道之时"居庙堂之高"为君民解忧,在不可行道之时"处江湖之远"以隐居养志。孔子还将智者比喻为水一般灵活、变通,做到从心所欲不逾矩。正如管仲投奔齐桓公的行为的确与礼法相悖,但孔子却认为管仲能够帮助齐桓公完成

---

① 徐元浩.国语集解[M].北京:中华书局,2002:525.
② 仇利萍.国语通释[M].成都:四川大学出版社,2015:673.
③ 杨伯峻.论语译注[M].北京:中华书局,2015:236.
④ 杨伯峻.论语译注[M].北京:中华书局,2015:121.

大业，形成较为稳定、和谐的局面，就此来说已然达到了"仁"，其行为更是属于"智"。显然，孔子"良禽择木而栖"的变通思想体现了其既倡导礼制又提倡损益，懂得根据情况与形式做出选择。孟子更是将孔夫子视为善于判断局势的智者典范，提出"可以仕则仕，可以止则止，可以久则久，可以速则速，孔子也"。[①] 或许以部分现代人的视角审视这种观点会认为这是一种临阵脱逃、不负责任的"辩解"，实则不然。例如，在政局混乱的汉魏之际，社会政治现实已然容不下天下士人再以一厢情愿的仁义道德实现抱负、振兴邦国。在经过曹操"整齐风俗"和"破浮华交会之徒"的打击后，士风更是一蹶不振，危机四伏。不过，也正是在这样的政治现实中才酝酿出汉魏之际备受推崇的"识度"观念，即人们基于对客观事物和现实的理性判断，采取恰当的行为活动的能力。例如，荀攸以及其叔父荀彧均为曹操谋士，但荀彧最终与曹操抱负相悖而无奈自杀，荀攸则缜密自居因而得以善终。所谓"时势造英雄""识时务者为俊杰"正是这个道理，倘若只空有一腔报国热忱和高远志向，而不顾时局和现实，且不说很难实现抱负，甚至连个人生存都难以维系。总之，智德是一种对"经权"关系的正确理解和把握，是在处理事务时能够研判客观形式、把握尺度和界限并做出恰当判断和选择的能力，也是根据事物是否可行的现实情况所做出的判断。因此，拥有智德不仅能够使人在实践活动中较为清楚地了解客观形势、权衡利弊得失、分清轻重缓急，更能够帮助其懂得进退，掌握人生命运和时机。

### （三）坚守正道，恪守良知正义

智作为德性之一，最重要的是体现在道德认识和实践上，能够帮助人们明辨是非、区分善恶，"实际上是人们一种实践的价值选择意识亦即善恶意识，它是不同于对事物认识的真假意识和审美的美丑意识的"。[②] 正如孟子将智的内涵明确概括为是非之心的观点，其本质就是指人们在日常生活和关键时刻能够在仁义道德的基础上做出恰当选择。《孟子·离娄下》中指出："舜明于庶物，察于人伦，由仁义行，非行仁义也。"[③] 这里孟子将明是非、察人伦与仁义相关联，将智作为德性以实现人们的理想道义和完美人格。可以说，在一系列道德判断和选择中智德发挥了相当重要的作用：求仕途是贤士君子共同的目标

---

① 方勇. 孟子 [M]. 北京：商务印书馆, 2017:52.

② 肖群忠. 智慧、道德与哲学 [J]. 北京大学学报 ( 哲学社会科学版 ), 2012,49(1):45—53.

③ 方勇. 孟子 [M]. 北京：商务印书馆, 2017:167.

追求，但理智告诉人们循道而为善；口腹耳目之欲是人之自然本性，但是非观告诉人们"唯小体"之人是小人，要以修养道德以大制小；生存是个体的欲求，但内心的道德告诉人们人格高于生命、道义贵于物欲。因此，真正拥有智德的人不仅是具有客观知识，更重要的是在面对是非善恶时能够做出符合社会道德的判断和选择，这样才能称得上有道德智慧。从这一意义上看，可以将人的智德看作是对欲望或情绪的调节和控制，从而使人趋向正义、善良。需要强调的是，我们探讨传统智德的正向作用与价值不能仅限于从"合目的性"的角度过分强调情感和心灵的神圣化、理想化，还要看到拥有智德之人必定是在智慧和理性的开化下从善至善的。一个具有高尚道德品质和神圣心灵的人必然追求向善、从善，坚守道义良知，但在社会中也常出现有善心但不知何为善的缺乏知识理性和道德智能的"愚人"。因此，智德在这一方面的主要功用是帮助人们在"知恶而去、知善而从"的支点上坚守道义良知、追求善良本性。

## 三、传统"智"德现代弘扬的价值分析

人类的智慧结构是一个具有丰富层次、多个方面的复杂统一体。科学知识无疑能够为社会发展带来其所需要的强大力量，但这种客观理性知识一旦脱离了道德范畴，便会进入不可预想的毁灭境地，不可避免地造成人的异化，从而打破个人与社会平衡发展的价值目标。传统智德所追求的德智合一为解决现代智德实践中出现的问题提供了正确方向与经验借鉴，要重新挖掘并弘扬儒家智德传统，以历史的真知灼见重构现代知识体系的实践智慧之道。

### （一）利于正确认识和处理德才关系

"知识就是力量"，知识改变了人类历史、改变了社会历程。目前，从人类获得的巨大物质财富与精神财富看，这些都离不开科学知识的助推。尤其在当下为实现社会主义现代化强国奋斗的进程中，科技现代化和高精尖技术成为我国迫切需要的发展力量，其中还需要一批运用最新科学文化知识武装头脑的具有较高知识水平的人才，客观理性认知的重要意义不言而喻。事实上追求和获得客观理性认知不是社会发展的唯一内容，发展高精尖的科学技术也不是解决一切问题的唯一方法，掌握纯粹知识更不是人类通往幸福的唯一途径。在社会重视高才能、高学历的人才培养时，往往容易忽略人们道德理性的自觉，也就是说无法正确处理"德""才"之间的关系。在当今欲望横流的社会，许多人或多或少地出现过道德过失的情况，这样的问题除了是"无知"而导致的过失之

外，很大程度上是因为缺乏自觉追求善的道德品性。换言之，多数人不是因为缺乏某种相关知识而导致问题出现，相反，他们了解甚至深知相关知识和该行为所带来的后果，但仍执迷不悟，做出不道德的行为，人们出现了道德颓废、精神空虚、信仰危机、高智商犯罪等道德问题。传统道德规范体系中以儒家思想为代表的智德观看到了"智"与"德"基本分野的同时，看到了两者间的同一性与互补关系，其中蕴含的思想精华不仅为我们提供了重要的历史资源和双向智慧，还对当今正确处理德才关系、提升个人道德修养和道德品质具有十分重要的意义。一方面，古代传统智德观系统地探讨了智慧成就德性的意义，肯定了智作为认知理性成就道德的条件和作用，借以确保了从"德性"到"德行"的质量保障和扎实基础。这也就启发了我们不能因知识理性及科技进步所带来的负效应就忽视或否定其存在的合理性和必要性。另一方面，传统智德观更多地关注到了德性对人生价值的重要意义，对智的消极作用也给予了应有的关注。智的发展对于德性进步而言，不仅具有积极的促进作用，还具有落后的阻碍影响。结合当前社会中出现的极端功利主义、金钱至上、物欲横流的"主体性迷失"，更加表明了培养道德品质和健全人格的必要性与重要性。此外，马克思主义学者也曾肯定了知识与道德的辩证统一关系，为当今正确处理德才关系提供了理论借鉴和基础。马克思主义者认为，任何一种真理性知识中都内在地包含着道德意味，并对道德发展发挥着重要作用。列宁曾指出："只有用人类创造的全部知识财富来丰富自己的头脑，才能成为共产主义者。"[①] 从这一角度看，马克思主义肯定了知识发展对道德进步的重要意义，强调通过学习知识和获得能力促进自身的道德修养。毛泽东则进一步强调了又红又专的问题，这就要求人们既要有与社会主义前进道路同向的高尚道德品质和高度政治觉悟，又要有一定的科学文化知识和专业能力。邓小平在谈到此问题时也指出"专"不等于"红"，但"红"一定要"专"。事实上，这些思想中蕴含着对孔子智德观的批判继承意味，也反映了马克思主义追求智德合一的基本观点。因此，现代社会构建较为全面、合理的智德关系模式时，要吸收传统智德思想并将"智"放置于社会道德规范的限制之中，才有可能减少知识经济时代发展中对道德进步的冲击和损害，实现智与德、才与德的现实统一。

### （二）利于全面发展的人格培育

在中国古代整个智德观的演变历程中，传统智德作为一种关乎人事的智

---

① 列宁. 列宁选集（第4卷）[M]. 北京：人民出版社，1996:347.

慧内在地包含着认知智慧和价值智慧的矛盾，并表现在多个方面，并逐渐分化出处理认知之智与道德之智的两种模式，且这两种模式各具特点。但纵观中国古代智德观的历史演进，追求知识与道德、真理与价值、实然与应然的统一一直都是古代智德观的共同走向，这种"仁智合一"、以德为本的人格发展模式以社会人生为对象，以理想人格的培养和完善为目标，并将人生的终极意义同国家社会紧密相连。它既看重知识理性对道德发展的作用，强调知识的学习和掌握，又立足于道德实践发展健全人格。当人们的经济和物质方面长期受到严密限制时，智德在现代商品市场和经济发展的背景下似乎逐渐走向了另一个方向。传统美德逐渐走向失落，道德价值导向混乱，实用性、功利性知识一度成为社会主流，道德规范和原则被部分人抛之脑后，全面发展的人才培育模式逐渐背离价值旨趣而偏向实际功利。更重要的是实现社会主义现代化、实现伟大复兴的中国梦的关键是人的现代化，都需要依靠人的力量和自觉活动推动社会发展。因此，不论是在哪种社会形态下制定的战略目标，也不论社会中存在多少矛盾与冲突，都离不开人的全面发展。在这一背景下尤为可贵的是，中国传统智德观是一种注重传播向善、行善的观念和文化，通过树立善的社会风尚和模范人物帮助人们寻找人生价值的终极意义。因此，中国古代传统哲学思想中关于智德关系的认知方式及其人格发展模式为现代人解决方向问题提供了极为丰富的经验和素材。一方面，解决在道德教育中的智育缺位。教育层面重视道德培养可以在一定程度上解决当今社会片面追求知识的问题，但是"美德袋"式的德育模式割裂了受教育者德育与智育、理论与实际、应然与实然之间的关系，使其无法应对现实社会的各种情境。实际上，科学理性知识是道德践行的客观支撑，具有一定的科学理性知识是人们采取道德行动的前提。若一个人空有救人之心，但不了解救人方法、不具备救人能力，可以说只有救人的善的动机，难有好的结果。另一方面，解决在知识教育中的德育缺位。当前，高智商犯罪、基因工程等一系列突破道德底线的问题屡见不鲜，这些现象的形成是各个方面合力的结果，但在传授知识过程中的道德教育缺位是不可忽视的因素之一。人们更多考虑的是"能否"的问题，而不是"应当不应当"的问题。获得并掌握道德知识是人判断善恶、明白是非所必须具备的前提，实际上道德知识是人们行为的约束，为科学理性知识的应用划定了界限。因此，我们基于传统德目中的智德观得出知识与道德是相辅相成、辩证统一的，知识是道德的客观支撑，道德又为知识划定界限。正如习近平总书记强调的，"要坚持价值性和知识性相统一,寓价值观引导于知识传授之中"①"要努力构建德智体美劳全面培养的教育体系,形成更高水平的人才培养体系"。②健全人格的培养不该只重视智力教育,更该注重价值观的培育,培育的是有高尚道德情操的、明确自己的才能是为谁服务的、恪守智德的人才。现代健康全面的人格是个体生理、心理、道德等各个方面在社会政治、经济、文化等各个领域全面发展的动态结果,既不能以纯粹的物质发展取代精神需求,亦不能以机械的精神进步弥补物质需求,达到协调统一才能真正实现人的身心全面健康发展。在这个现实意义上,培育现代健全人格与中国古代传统智德观不谋而合。

### (三)利于推动现代科技伦理建构

在科学技术高速发展的路上,互联网、新媒体等现代科技充斥着人们的生活空间,改变了人们的交流方式、思维方式、行为方式以及生活中的方方面面。可以说,在这个知识、智力充分释放的时代,人们从中获得的力量和利益是巨大的,然而如何管理这些知识与智力的运用,使其与人类的生命意义、社会的公正秩序相协调,是科技发展必须考虑的重要问题。科技伦理的出现和发展促使现代知识及科技的正当性建构在合乎社会道德与伦理的基础上,坚持道德价值的终极意义,并以此尽力避免现代科技在社会现实的快速推进下误入歧途。所谓科技伦理是指在科学技术中存在的有关人的伦理问题,帮助科学在探索真理的同时追求向善的结果。事实上,传统智德在当今时代发展中有相当大的部分表现为现代科技与科技伦理之间的关系。智德实践活动不仅是探索真理、追求知识的过程,还是一种求善的理想;不仅是追求自由的行为,还是遵循必然性的活动。这与现代科学活动发展的伦理本质不谋而合,即求善与求真、自由与必然的辩证统一。然而,我们能够清楚地看到社会知识发展与道德演变之间的背离。西方启蒙时代的学者将文明进步、道德发展和精神改善完全归因于人类理性的力量,并对此抱有绝对的信心,相信知识能够驱散人类精神上的无知和阴霾,从而使人走向幸福。然而,人类德性与知识、伦理与科技的现实分离无情地粉碎了他们的幻想。可以说,这种"以真统善"的观点与社会现实并不相符,反而进一步拉大了两者的距离,出现了现代科技进步与道德伦理退化之间的巨大反差。

我们必须深刻地认识到智力、科技既蕴含着造福人类的力量,又潜藏着摧

---

① 习近平.思政课是落实立德树人根本任务的关键课程[J].奋斗,2020(17):4—16.
② 光明日报评论员.努力构建德智体美劳全面培养的教育体系[N].光明日报,2018-09-14(01).

毁人类和社会秩序的破坏性。现实中忽视智德、轻视科技伦理而给人类和社会带来巨大伤害的事例有很多，如生命科学的探索不断触及人类道德的底线、扰乱伦理秩序等。核能等技术一方面给人类文明带来了进步，另一方面也带来了战争、罪恶和痛苦。因此，科学技术作为人类智慧及其成果的结晶，即便能够为社会发展和人类进步提供巨大力量，但总归要置于科技伦理的框架之中。传统智德思想所倡导的"以善统真"的智慧结构模式无疑是合理的，即便现如今相比于传统社会中落后的生产力和科学技术而言已然发生了翻天覆地的改变，但在科学知识推动下的科技进步在赋予人类强大力量的同时，始终且必须要用道德、伦理的砝码实现平衡，否则滥用的科技力量和混乱失序的社会道德必然将人类推向毁灭。要对自然、科技抱有敬畏之心，在事实与价值间建构起沟通渠道，从而使人类社会的道德伦理获得自然科学的基础支持，使自然科学获得道德伦理的规范引导。

### （四）利于推进社会两个文明协调发展

人类在科学理性知识的基础上创造了现代高科技物质财富，在道德理性知识的基础上造就了现代文明财富。物质文明是人类改造自然、改造客观世界所取得的所有物质成果，它是在人们首先获得自然知识、掌握并遵循客观自然规律的前提下形成的。精神文明是人们在改造客观世界的过程中，在主观世界方面所取得的进步，它包括思想、文化知识、道德等方面的提高。中国古代以儒家思想奠定形成的"仁智合一""以德为本"的价值观念为解决当代人在急速追求物质发展、高速推进物质文明建设时忽略精神生活的问题提供了宝贵的历史借鉴。从文化性能来看，传统智德关系中所蕴含的道德伦理与知识文化都属于精神文明的范畴，同时两者以不同的形态对社会发展和进步起到不同的意义作用。一方面，以价值形态为主要表现的道德伦理为人们的活动提供了内在规范与制约。由于人的一切行为和选择都是在一定观念和价值指导下的活动，因此人们的实践活动具有目的性和选择性。在这一过程中，人们基于对事物一定的认识和理解，在内心价值评判和选择的驱动下采取相应的行为。另一方面，以智能形态为主要表现的科学文化所解决的是"人们对于事物的存在属性及其本质规律的认识，以获取关于客观世界的科学知识并运用它来改造世界"。[①] 故而，从这一方面来看，智德关系中属于智能形态或事实形态的智对社会物质文明发展的作用更加突显。由此可见，传统智德观作为一种优良的精神文明，其

---

① 左亚文.论精神文明与物质文明和政治文明的辩证互动[J].马克思主义研究,2003(6):73—77.

内在包含的两个部分都能够在社会文明建设中发挥积极作用。当今是需要科学技术与德性价值、物质文明与精神文明全面协调发展的时代。科学技术是人们认识世界、改造世界的巨大力量，在此基础上形成的社会物质文明为丰富精神世界、提升精神境界提供了现实的物质推动力。而德性价值理性对科学技术的目的进行判断和选择，在此基础上形成的社会精神文明有利于巩固与加强社会主义建设、提升民众生活水平。因此，正确认识和处理科学理性认知与道德理性认知，形成既追求科学知识又崇尚道德价值的社会氛围，对在推进经济发展、开展社会主义物质文明建设的过程中提升社会整体道德品质、促进社会主义精神文明建设产生深刻的影响，同时关系到"两个文明"的协调发展和社会主义现代化强国的全面建设。

### （五）利于形成尊重知识、尊重人才、尊重创造的良好社会氛围

德才兼备的社会主义人才对我国建设事业和实现现代化具有举足轻重的作用。在中国思想发展史上，尽管有少数思想家贬抑知识、倡导"弃智"，主张智的发展和张扬会导致人的欲望蔓延和人生堕落。但在传统主流智德观中更多的思想家是从"智"与"德"两者的差别中把握统一，即便纯粹认识论意义上的"智"始终难以挣脱道德伦理的束缚，且只能从属于"仁""德"的依附位置，但"尚智""崇智"的思想一直是人们积极入世的途径和工具，并且这种智慧结构模式逐渐在社会变迁中发生了嬗变，科学知识、追求真理、崇尚实证日渐强化。这一思想在现代社会中所产生的积极作用首先体现在党对知识、人才政策的优先调整，以及重视知识普及与创造、人才培养与任用这一方面。"尊重知识、尊重人才"的基本方针是邓小平冲破极左思想、大胆培养和使用人才的重要思想概述，它推动了我国人才队伍的壮大和发展。党的十八大以来，以习近平同志为核心的党中央继承了我党以往重视知识分子工作的传统，结合新形式、新问题、新情况进一步强调"尊重劳动、尊重知识、尊重人才、尊重创造""关心知识分子、信任知识分子、尊重知识分子"等重要意义。2013年，习近平在中国科学院考察工作时指出："要在全社会大力营造勇于创新、鼓励成功、宽容失败的良好氛围，为人才发挥作用、施展才华提供更加广阔的天地，让他们人尽其才、才尽其用、用有所成。"[1]党和国家对知识和知识分子的重视和渴望不仅与追求智慧、求贤若渴的传统智德观一脉相承，更是结合新时代社会发展的迫切需要向全社会发出的号召。现如今，道德领域的挑战和价值观念

---

[1] 孙秀艳.习近平考察中科院：把创新驱动发展战略落到实处[N].人民日报,2013-07-18(01).

的分歧已然存在于人们的日常生活之中，同时未来社会的发展还面临着创新技术突破和人才支撑不足的巨大问题。在这一大背景下，传统智德观要求人们尊重知识、尊重贤者、尊重智慧。培养尚智、爱智、求智的高度责任感与自觉性的思想观念对于现代科学知识的追求、营造"爱智"氛围以及人才知识结构的建立发挥了巨大的正向作用。

## 四、"智"德的实践现状及原因分析

中国传统智德观内在地蕴含着知识价值与道德价值之间的矛盾统一，这必然会出现在某一段时期内，造成两者间价值天平的摇摆或倾斜。当传统智德发展到现代社会时，又会结合新的社会环境，产生不同于以往的新问题、新情况。总体而言，现代智德的实践过程中既包含积极的一面，又存在着因人为割裂智与德的融通性而产生的问题和偏弊。针对此种现象，我们需要探索其背后深层次的原因，反思知识与道德的现代关系以找寻两者的现实安顿之处。

### （一）"智"德实践中的积极方面

#### 1. 重构德智关系及其重要性的基本认知

人类文明的发展离不开多样的民族文化，而现代文明的发展不仅是对传统文明的继承，更是对传统文明的创新。[①] 由于中国古代传统智德观长期是以价值智慧统摄认知智慧的发展模式，尽管这一模式构成了我国民族文化心理的稳定结构，但之后也因价值天平的过度倾斜在一定程度上影响了科学知识的发展，使知识价值长期未得到应有的重视和发展。然而，从近代以民主、科学为口号的时期开始引发了以认知智慧为主导的潮流，而这一偏向似乎又逐渐走向了另一个极端：以道德代替知识的问题已然不存在，相反，道德进步处在让位于知识发展的尴尬境地。各界各处在探索科学知识大发展的同时，还需要道德精神的丰富和同步，社会主义市场经济的发展也呼唤着道德观念的更新与体系的完善，需要在认知智慧的基础上实现知识与道德、真理与价值、应然与实然相统一。令人欣慰的是，在引导社会实现对传统美德的创造性转化、创新性发展的过程中，偏重知识价值、忽视道德建设的社会风尚逐渐得到改善和转变，道德领域呈现出了积极健康的良好态势。从党的十八大以来，这一现状在以习近平同志为核心的党中央领导集体的倡导下逐渐发生了转变。习近平强调"国

---

① 孙振民."仁智合一"与"智德相分"及其利弊辩[J].陕西经贸学院学报,1997(4):71—74,78.

无德不兴,人无德不立",重视以道德的力量帮助人们形成善的品行、引导社会形成健康良好的思想风尚。习近平总书记尤为看重中华优秀传统文化,并将其提升到崭新阶段,赋予了时代内涵。2019年10月,中共中央国务院印发了《新时代公民道德建设实施纲要》,提出要继承发扬中华传统美德,创造形成引领中国社会发展进步的社会主义道德体系。与此同时,在教育领域,伴随着专业知识的传播,对个体道德和价值观的教育也在持续推进,课程思政以全员、全程、全课程育人格局的形式与思政理论课形成协同效应,进一步实现了"育人"先"育德"的综合教育。这一教育理念的推行使只重视知识传授的模式得到了改善,逐渐形成了知识传授、观念塑造与能力培养的立体多元式教育,从某种意义上说,这也是知识与道德重新统一的一种回归。

2. 形成崇学重才的社会认识基础和氛围

我国对知识及知识分子工作的重新重视和恢复正轨擎始于对"文革"错误的彻底批判与认知理性的复位,从一系列拨乱反正工作的陆续开展之后,中共十一届三中全会的召开冲破了教条和桎梏的束缚。同时,面对国际竞争的压力和社会主义现代化建设的目标,以邓小平为核心的党中央领导集体提出了"一定要在党内造成一种空气:尊重知识、尊重人才"①的政策措施,走上了依靠知识及人才、创造条件及氛围的谋求发展之路。可以说,正是"尊重知识、尊重人才"的思想认识恢复和延续了以往正确对待知识分子的政策并做出了恰当的调整,这使我国在动乱后能够冲破极左思想的重重阻力。那些轻视科学知识作用、贬低知识分子价值等错误思想得到修正,不仅为科学知识及人才作用的发挥创造了较为广阔的空间环境,更为推动我国现代化建设培养和壮大了人才队伍。此后,我国领导集体在坚持以"尊重知识、尊重人才"为核心的知识分子政策的基础上,对其进行了创新和发展。江泽民在庆祝中华人民共和国成立四十周年大会上的讲话中指出"各级党委和政府要继续贯彻'尊重知识、尊重人才'的方针,努力为知识分子创造、提供良好的工作条件和生活条件"。② 1992年,江泽民在中共第十四次代表大会上提出:"知识分子是工人阶级中掌握科学文化知识较多的一部分,是先进生产力的开拓者。"这一表述是在科技革命年代和现代化大生产条件下对知识分子作用及地位的最新概括,表明了党和国家对知识分子的高度信任以及知识分子应有的历史使命和责任。

---

① 邓小平. 邓小平文选(第二卷)[M]. 北京:人民出版社,1994:41.
② 江泽民. 江泽民同志党的建设讲话选读[M]. 中共山东省委组织部,1998: 90.

1995年，党中央首次提出"科教兴国"战略，并对此进行了详细阐述。此战略的提出是对以邓小平为核心的第二代领导集体有关知识、知识分子政策的进一步完善和发展，并于1996年经全国人大八届四次会议批准成为我国基本国策。可以说，在21世纪之初，科学技术快速发展、知识经济初见端倪、人才竞争日益激烈，这一时期要求全党和全社会高度重视并努力促成知识的创新和人才的开发，使科教兴国真正成为全民族的切实行为和发展动力。胡锦涛指出要重视科技人才培养，使优秀人才脱颖而出、茁壮成长，形成一支高素质人才队伍。2002年，党的十六大报告提出"尊重劳动、尊重知识、尊重人才、尊重创造"的16字基本方针，这是对"尊重知识、尊重人才"八字方针的扩展和补充，体现了党对创新型知识及人才的尊重与重视。党的十八大以来，习近平重申和强调了知识与知识分子的极端重要性，号召全社会都要尊重知识、尊重创新，营造崇学重才的社会认知基础和氛围。习近平更是从中华传统文化、中国知识分子的历史贡献和重要地位出发，以周文王尊贤礼士为例强调了积聚人才、尊重知识的重要意义。正是基于这样的认识和判断，习近平总书记要求在全社会营造尊重知识、尊重知识分子的良好氛围和基本认知，努力为其发展提供广阔的空间。"聚天下英才而用之"既是时代号召，又是社会发展的迫切需要。此外，伴随着九年义务教育的普及与终身教育的倡导，更多民众意识到只有"筑好黄金台"才能"引得凤凰来"。全社会崇尚学习、尊重人才的氛围也愈发强烈，社会成员对知识的认可与重视、学习的追求与倡导都达到了新的高度。例如，中华人民共和国成立初期，我国文盲率高达80%，适龄小学入学率不足20%，这样严重落后的教育水平和情况直接导致了我国人口素质的低下。改革开放后，党和政府更加重视教育事业的发展，实施了教育优先发展战略，使我国文盲率大幅降低（见表3-1），2000年，我国基本实现了普及九年义务教育。2001年至2004年共扫除文盲803万人。截至目前，我国文盲率控制在2%左右。此外，我国6岁及以上人口平均受教育年限从1982年的5.2年提高到2018年的9.26年，增幅将近80%。[①] 不仅如此，我国人口受教育结构正在实现向更高水平发展（见表3-2），同时结合我国近些年"考研热、名校热"的社会现象，考研人数从2015年的165万人逐年上涨至2020年的341万人，5年时间报考人数增长一倍之多。这些在一定程度上能够反映出我国学子对知识深造的重

---

① 国家统计局.人口总量平稳增长 人口素质显著提升——新中国成立70周年经济社会发展成就系列报告之二十 [EB/OL].(1998-08-16).http://www.stats.gov.cn/ztjc/zthd/sjtjr/d10j/70cj/201909/t20190906_1696329.html.

视和追求，以及我国教育素质和人口素质的不断提高。各地区各单位也纷纷出台了人才引进政策，不仅从工作、科研上为人才减负、松绑，更做到"以人为本"，关心知识分子的具体生活。可以说，在崇学重才的推崇与提倡下，社会发展不断朝向"各类人才的创造活力竞相迸发、聪明才智充分涌流"的良好社会氛围前进。

表 3-1　全国历次人口普查文盲率

| 普查年份 | 总人口（万人） | 文盲人口（万人） | 占总人口比例 /% |
| --- | --- | --- | --- |
| 1964 | 69 458 | 23 327 | 33.58 |
| 1982 | 100 818 | 22 996 | 22.81 |
| 1990 | 113 368 | 18 003 | 15.88 |
| 2000 | 126 583 | 8 507 | 6.72 |

资料来源：全国历次人口普查资料。

表 3-2　我国人口受教育结构正在实现向更高水平发展

| 受教育程度 | 年份 | | | | |
| --- | --- | --- | --- | --- | --- |
| | 1982 | 1990 | 2000 | 2010 | 2018 |
| 高中及以上人口占比 | 7.2% | 9.4% | 14.7% | 22.9% | 29.3% |
| 大专及以上人口占比 | 0.6% | 1.4% | 3.6% | 8.9% | 13.0% |

资料来源：国家统计局。

### 3. 两个文明建设取得稳步发展

人类的实践活动逐渐产生了与生产生活息息相关的社会物质文明与精神文明，并形成了十分紧密的内在联系。智德中所蕴含的智能形态与价值形态的文化又同社会文明之间发生交集，为物质文明和精神文明发展提供强大的智力支持和精神动力，国家强大的物质基础和精神世界便是传统智德现代弘扬和践行所带来的成效。一方面，我国当代物质文明建设取得重大成就。国民经济持续稳定增长，国家经济实力显著增强，2002年我国国内生产总值更是突破了10万亿大关；经济结构持续优化，产业升级逐步进行，脑力劳动和第三产业比重逐渐提升，经济增长方式由以往粗放型增长转向集约型；人民生活水平实现了历史性跨越，城乡居民收入水平不断提高；科技发展不断革新，创新型产业和高精端技术实现新突破等。另一方面，我国当代精神文明建设取得长足发展。党的十八大以来，深入贯彻习近平总书记重要讲话和治国理政新思想，以培育和践行社会主义核心价值观为根本的精神文明建设工作取得了长足发展,并为实现中华民族伟大复兴的中国梦凝聚了强大的精神力量。精神生活的充实和丰富使人民群众拥有更多获得感和体验感;文明城市创建工作持续推进,美丽整洁的公共区域、舒适宜居的生活环境等都顺应了民众对美好生活的向往;大力提倡文明礼仪、高扬道德旗帜的多措并举下,我国精神文明建设焕发出灿烂光辉。可以说,在党和国家的带领下两个文明在不同领域取得了稳步进展。此外,物质文明发展中所包含的文化含量、文化附加值越来越高,文化、科技因素在经济发展中的贡献也越来越大,文化的发展更离不开物质条件的支持与推动。这也要求我们要充分认识到物质文明与精神文明的内在统一,从而持续不断地推动两个文明建设的协调发展。

### 4.德才兼备构成社会遴选评价的基本价值衡准

"德才兼备"的选人用人干部标准是在我党长期革命、建设、改革的历史进程中逐渐形成和发展起来的,其中也批判吸收了先贤哲人司马光德才思想的用人智慧,并将其作为党和国家长期坚守的基本原则,因此造就了一大批适应社会主义现代化建设且具有良好品德和专业素质的人才。现如今"德才兼备、以德为先"已然成为单位选拔、社会遴选的基本标准,其现代发展在具体实践中经历了一个长期的过程,从而逐渐形成了一条"择天下英才而用之"的成长成才之路、营造了"见贤思齐、群贤毕至"的良好社会风尚和择优环境。可以说,"德才兼备、以德为先"的价值观念在现代智德实践现状中经历了不同时代的深刻论述,不断推动形成社会遴选评价的价值标准,彰显了传统智德现代弘扬的积极一面。毛泽东早在党的六届六中全会上就第一次提出了要培养德才兼备的干部之理论思想,此后逐渐将其具体化为"任人唯贤""五湖四海""又红又专"的三个方面。其中,"又红又专"的干部选拔标准是毛泽东在1957年党的八届三中全会上第一次提出的,并在之后的众多会议中对两者间的内在统一关系进行了详细的论述。可以说,这一思想为解决当时存在的"空头政治家"与"迷途实干家"提供了解决思路和途径。邓小平对人才选拔任用的标准继承发展了毛泽东思想,进一步推动了良好社会遴选标准的形成。1980年,邓小平在《贯彻调整方针,保证安定团结》中提出:"要在坚持社会主义道路的前提下,使我们的干部队伍年轻化、知识化、专业化,并且要逐步制定完善的干部制度来加以保证。"[1] 这一方针于1982年被正式写入党章之中,成为解决当时干部匮

---

[1] 邓小平.邓小平文选(第二卷)[M].北京:人民出版社,1994:361.

乏、实现四个现代化任务的具体要求。这也是改革开放初期对"德才兼备"思想的一种接续认识的表达与运用。江泽民于中国共产党成立75周年座谈会上提出了"努力建设高素质干部队伍"的重要讲话,之后又在党的十五大、十六大上强调其极端重要性和基本要求。"我们要建设的高素质干部队伍,就是由具有社会主义政治家素质的领导骨干带领的德才兼备的干部队伍。"[①]因此,就高素质人才与智德关系而言,其核心与实质就是德才兼备、智德合一。"高素质队伍"是新时期对"四化"方针的进一步发展,也为培养社会发展所需人才提供了政策支持和引导。进入21世纪,我国处在改革和发展共同发力的关键时期,用人标准问题成为党和国家面临的一项重大课题。胡锦涛在继承"德才兼备"用人标准的基础上,强调"以德为先"的党性核心。2009年,党的第十七届中央委员会第四次会议上通过的决定指出"坚持德才兼备、以德为先的用人标准",至此在理论上形成了统一表述、在党内形成了统一思想,也进一步解决了在用人选拔中可能出现的理解偏差,明确了社会人才培养和选拔的用人导向与标准。党的十八大以来,以习近平同志为核心的党中央领导集体面对新情况、新问题提出了一系列新思想、新观点,形成了"德才兼备、以德为先"的新时代内涵。2013年,习近平在全国组织工作会议上提出了"好干部"五条具体标准,即"信念坚定、为民服务、勤政务实、敢于担当、清正廉洁"[②],并在多个会议和讲话中详细阐述了这一思想,着重突出了选人用人的总要求和总导向。事实上,我们不仅能够在党的发展历程中探索有关德才关系的政策支持和导向,在具体生活实践中各地区、各领域、各单位也都贯彻遵循着这一原则和标准。不难发现,唯才论和唯德论都不再是当今社会所推崇的选用模式,"德才兼备、以德为先"的择优原则和标准已然成了现代社会选人用人的基本价值衡准,这也为传统智德的现代弘扬提供了良好的社会环境和发展空间。

## (二)"智"德实践中存在的问题

如果说,中国古代传统智德观走的是一条"智德合一"相辅相成的发展道路,那么在现如今的社会发展中部分智德实践似乎与中国社会特有的优秀价值目标和思想观念出现了背离或偏差。在现代社会生活中,人们为了追求物质性需求,往往容易变为经济增长的附属物,过分张扬科学知识的重要意义和人的认知能力,而忽视了个体内在道德修养和社会属性的全面发展。马克思在分析

---

① 江泽民.论党的建设[M].北京:中央文献出版社,2001:175—176.
② 习近平.习近平谈治国理政[M].北京:外文出版社,2014:412.

资产阶级科学知识的价值时已然深刻指出了其局限性："在我们这个时代，每一种事物好像都包含有自己的反面……新发现的财富的源泉，由于某种奇怪的、不可思议的魔力而变成贫困的根源。技术的胜利似乎是以道德的败坏为代价换来的。随着人类愈益控制自然，个人却似乎愈益成为别人的奴隶或自身的卑劣行为的奴隶。甚至科学的纯洁光辉仿佛也只能在愚昧无知的黑暗背景上闪耀。我们的一切发现和进步，似乎结果是使物质力量具有理智生命，而人的生命则化为愚钝的物质力量。"[①]

的确，历史的发展总是曲折的，其中也必然会出现这样或那样的问题与偏差。纵观中国文明历史，我们不难发现每一次文明或观念的进步都需要在多次经验教训中总结和在客观规律中探索，这样才能实现发展和前进。传统智德观作为中国古代哲学思想中的璀璨财富，在其现代发展脉络中，我国领导集体基于不同的时代背景、目标政策以及不同的认知层面进行了深入的探索和发掘，也由于各种复杂诱因与未知因素的影响和作用使其在近现代发展中也遭遇了一定的挫折。其中，我党对知识分子的态度与政策就鲜明地印证了传统智德在我国发展的实际现状。20世纪初期，中国知识分子处于十分尴尬的社会群体阶层，他们受雇于不同的权力主体，那些出身于贫苦家庭且接受过教育的知识分子依附于"权贵"阶层谋生。即便一些知识分子在早期马克思主义传播和我党成立期间做出了大量贡献，但总的来说我国早期领导人并不认为知识分子是一个阶级，而是"各有其主"，分属于各个社会阶级。[②] 在这一时期的知识分子是不被信任的，这种将知识分子边缘化的倾向使其难以发挥正向作用。中华人民共和国成立前期，党中央领导集体开始转变对知识分子的态度与政策，采取大量措施争取知识分子，改造并任用知识分子担任干部工作。可以说，重视知识分子、尊重知识分子的趋向已然形成。但从另一层面看，这样的表述已经带有了"区别对待"的含义，也并没有将知识分子作为"自己人"看待。并且在具体实施过程中由于缺乏标准与界限问题，对知识分子的思想改造不到位、没有与工农相结合，并以硬性的政治红线作为评价改造的标准，"以至于后来包括毛泽东在内的中共领导人也陷入了思维固化的藩篱，进入了预先假定以求验证的怪圈"。[③] 但需要强调的是出现这种矛盾心态和偏差问题的现象是可以理解的，党中央在这一阶段对知识分子的改造和团结也为之后如何正确对待知识分子、

---

[①] 马克思,恩格斯.马克思恩格斯选集：第二卷 [M].北京：人民出版社,1972:78—79.
[②] 瞿秋白.瞿秋白文集：政治理论编（第4卷）[M].北京：人民出版社,1993:512.
[③] 郭炜.1978—1992年中国共产党知识分子政策的研究 [D].北京：中共中央党校,2014:27.

发挥其正向作用提供了经验借鉴。20世纪50年代中后期,在以毛泽东为核心的党中央领导集体一系列正确的决策中,知识分子为革命和建设事业的快速发展提供了相当大的力量。但由于当时对知识分子问题并没有形成全面清晰的理解,加之受到旧思想的影响和"左"倾错误的发展,使党对知识分子的正确方针政策没有很好地坚持下去。言论不当就会被冠以政治性和阶级性的标签,学术争论更是被看作阶级斗争的表现。事实上,这是由于对知识分子阶级缺乏正确的认识,从而导致政策上的反复和模糊,也由于工农革命者对那些之前依附于剥削阶级的知识分子具有排斥心理,从而导致两者关系上的若即若离。即便一些中共领导人在这一时期积极做过努力、为知识分子"脱帽加冠",但"在那个条件下,真实情况是难于反对"。①可以说,知识分子阶级在走向新生的过程中步履艰难。十年"文革"更是对我国发展造成了巨大伤害,社会整体陷入混乱和恐慌,难以想象科学文化知识及工作者的处境和局面。在这一时期,科教界知识分子更是举步维艰,文艺创作和科教活动严重受阻、高考和文艺活动被取消、一些学者被迫害致死或自杀等。绝对化的政治导向和阶级立场严重违背了科学文化知识的发展规律、破坏了科教文艺发展的正常秩序,知识分子的名誉与地位更是一落千丈,遭到严重损坏。但也应该看到,这一时期我国科学技术事业得到了较大的推进和发展,一系列以理工科知识为基础的新兴科学技术从无到有地建设起来,而人文社科知识在这一时期相对落后。总而言之,从20世纪50年代中后期到改革开放前这20多年间,我国社会主义建设一直在不断探索和发展并呈现出一定的成就,但这一时期在对知识分子的目标政策上所呈现的周期性变化也突显了我国处理智慧与知识群体的不足和问题。

当世界各国迈进现代化发展的大门时,"智"与"德"之间的分野不可避免地被拉大,从而逐渐造成了物质性发展和精神性发展之间的严重失衡,具体到选贤任能方面的缺失、偏向教育的不当都偏离了社会发展的现实需要;社会普遍存在道德颓废和信仰危机,更有甚者无视道德、背离人性,并将金钱至上的扭曲观念作为人生唯一准则。道德价值紊乱、传统美德没落,重道德、讲原则的人反而成为少数,而那些将道德规范和原则视为"空洞无用"的形容词的人却能左右逢源。这些当代智德实践过程中的具体问题不仅损害了国家和社会的整体利益和形象,还影响了社会良好环境的形成。当然这些问题的出现是与时代发展和现实境遇密不可分的,但重要的是要从分析问题现状中探索实现对中华优秀传统文明的继承和创新,把沿着道德精神轨道发展的科学理性不断发

---

① 邓小平.邓小平文选(第二卷)[M].北京:人民出版社,1994: 309.

扬光大。

1. 物质发展与精神需求的二重困境

现实的人是肉体与精神、自然存在与社会存在的统一体，这是人存在的根本性问题。这意味着人们既要满足食欲、居住等物质生存问题，又要充盈思想、观念等精神需求。因而，知识与道德的紧张关系在这一层面更多地表现为人们物质发展与精神需求的二重困境。

自然客观知识的不断获得与应用推动着现代物质领域的快速发展，在信息高速化前进的道路上、在自媒体的空间里，智力与科技充斥了人们的生存空间，近百年的智力探索带来的"知识爆炸"也的确扩展了人类的生存空间，使人类的力量激增。但与此同时，知识、智力、科技等诸如此类的知识理性在造福人类时似乎逐渐弱化了道德的约束，致使人类处于道德悬崖的边缘。物质性发展与精神性发展的差异性与不平衡早已出现在人类前进的道路上，物质文明与精神文明之间的天平发生了倾斜。一是追求金钱、财富等物质存在的异化更加突显。任何人都是自然属性与社会属性相统一的结合体，自然属性是人得以生存的物质基础，但人之所以与动物有着本质的区别还在于人具有社会属性，在社会交往中形成各种社会关系。但多数人在追求生命意义的过程中会遭遇利益与道义之间的冲突，一些人在这一困扰中丧失了对正确价值的判断、选择与追求，忘记了人存在的社会价值与意义。因此，这些人拜倒在金钱、利益、财富等物化的外在下是必然的、毫无例外的。人们对基本物质的过分追求最终也只能导致异化的出现，可以说人的物质发展与精神需求之间的二重困境在智德社会实践的过程中不断突显出来。二是现代科学技术的发展与科技伦理的背离带来了道德困境。智德在现代社会实践中最主要的表现之一就是科技与伦理之间的关系，科技的蓬勃发展是社会物质发展的迫切需要，而一些技术工程的深入研究动摇和冲击了传统生命道德和伦理的根基，暗藏着颠覆人类道德文明发展的隐患。例如，2018年11月，世界首例基因编辑婴儿在我国诞生，这一"史无前例"引起轩然大波、招来骂声一片。对人类生殖细胞进行基因编辑的有益性被学界所否定，由此带来的负面效应难以掩盖。这种将实验者乃至整个科技伦理置于不顾的鲁莽行为只是为了满足一个疯狂科学家的个人幻想，很难想象会产生什么样的后果。科学鼓励自由研究，但绝不能背离科学伦理的规范，更不能利用科学谋取私利，危害人类健康和公共安全。因此，科学本身并没有价值对错，这就需要从外在注入一个以人类社会规范、价值取向为标准的合理意义,从而实现对科学知识的制约和引导。三是社会发展附带的环境污染损害着人们的生存环境。社会物质基础的发展不可避免给自然环境带来损伤和破坏,人类对人与自然关系的探索也经历了一个由征服到和谐共存的漫长过程。然而,当各种环境污染事件对人民的生命健康造成了巨大的损害时,人们的生存状态与条件都受到极大的威胁,精神层面的追求和愿望就更无从谈起了。当然,我们也不能无限夸大物质发展与精神需求之间的二重困境,只有协调好智与德两者的发展需求、找到两者平衡的中间点,坚持物质性发展与精神性需求的和谐道路,才能逐渐改变知识价值中出现的道德困扰。

2. 功利利己与道义利人的二重困境

人类社会的主要关系体现为个人与他人、群体的关系,其中也包括了价值客体与主体的意义关系,即利益关系。可以说,在社会人际关系网中处处都体现了个人与他人之间的联系,这种联系在某种程度上可以说就是一种利益博弈关系。因此,在现代智德的部分实践过程中遵循自我意识、追求实际功效或自我利益与恪守人类道德规范、维护集体利益和道德意义之间就出现了二重困境的难题。

"全部人类历史的第一个前提无疑是有生命的个人的存在。"[1]换言之,个人的生存是其存在的第一个前提。然而,当自我意识与客观事实发生冲突时,个人明显就会具有排他性、利己性以维护自身的利益和发展。一方面,在个人与他人的关系中,这种利己性会强调个人利益和个体本位,并且在多数情况下也包含着实际功效和利益的追求。可以说,在很大程度上这种功利与利己是紧密相连的,为实现自己的利益或目的而采取多种途径和手段,人们常常首先是为自己着想的。另一方面,人又是一种社会存在。"人的本质在其现实性上,它是一切社会关系的总和。"[2]因此,任何一个现实的人所做的行为都不可能是纯粹、绝对的个人行为,必然会涉及他人和群体及其利害关系。因而,在智德的社会实践中又会出现维护道义和道德价值的利人性,其道德衡量就是"无私无我"之境界。在智德实践过程中存在的功利性与道义性、利己性与利人性是交织缠绕在一起的,两者之间的相互作用形成了一种对立统一的辩证关系。一方面,两者相互对立。多数人在自我意识中会优先考虑或选择自我,因此这种

---

[1] 西奥多·C.伯格斯特罗姆,张红凤.社会行为的进化:个体与群体选择——演进经济学对"人的利己性"的反思 [J]. 国家行政学院学报,2004(6):92—95.

[2] 马克思,恩格斯.马克思恩格斯选集:第一卷 [M]. 北京:人民出版社,1995:56.

优先自己的想法是给予人们生命活动的观点，这必然使对他人、集体和社会的选择晚于个人。同时，人们在多数情况下会优先选择利于个人未来发展或现实得利的方面，这种有关功利、实用的思想也会逐渐先于非功利的、道义性的选择。另一方面，两者相互统一。每个人都是独具个性的个体，其生活需求和满足也都各不相同，因而具有自身独特的目标追求和实践路径，其中极具实用性、工具性的知识更容易被注意和利用。同时，个体不能脱离社会群体而存在，任何人生存于社会集体的环境中必然是在社会道义的利人性影响下实现自己的目标和追求，甚至在一定情况下会牺牲某些个别或暂时的"利己性"利益，以实现社会整体的长远发展和需求。因此，在这一情况下追求知识的工具性、功利性与实然层面满足自身当下需求的目的便与追求知识价值的基础性、道义性与应然层面促进社会智德和谐之间出现了矛盾与冲突。我们在生活也能见到"精致利己主义者"的存在，工具性、实用性的知识普遍受到人们的关注，人工智能、信息通信、自动控制等热门专业的兴起正是这一现象的表征之一。可以说，很多人学习知识的主要目的就是能够拥有可观的收入、体面的工作与较高的社会地位，这也使很多人忽视甚至无视社会道德在人生道路上的重要意义。此外，社会功利性导向成为明显趋势，功利性刺激与价值追求也在损害着学界的科学研究。追求功利的利己主义行为不仅在教育领域盛行，在当前科学研究界还出现了"德不配位"的不良现象。越来越多的单位在招聘人才时将物质性供给、功利性刺激作为吸引手段，用大额安置补贴、安排配偶工作、提供学术资助等作为引进人才的途径。但这也使很多人并非将科学研究作为自己最终的价值追求，而仅仅将其作为生存的手段和工具。此外，这种科学研究上的功利性也逐渐影响了一些学科的发展，近些年来应用科学、实用技术的相关专业快速发展，人文、哲学、教育等基础性学科备受冷落。此外，有些学者在科研成果的发表和研究上也存在着非道义的行为，如"一稿多投""盗用成果"等。这在一定程度上反映了当代知识与道德在教育科研领域存在过度功利思想的偏差和问题，也是不同程度的非道义行为。

3. 知识理性与道德层面的二重困境

知识与道德问题作为中西方哲学中讨论的一个重要话题从未停止过研究与争论，而两者间的交互影响也构成了人的生命的图景。知识中固然包含理性成分，是对事物的本质与内在联系的反映，而道德作为一种能力品质，事实上也是在理性引导下的行为。"道德的实践与行为表达着逻各斯（理性），表达着人作为一个整体的性质（品质）。"① 纵观历史，传统智德观既能够分立自足，又能够融通一体，但从现代智德实践过程中的现状看，理性的发展更加偏向具有强烈实用性和实践性以及对生活有益处的活动，而对道德理性层面的重视显然不如前者。因此，从某种意义上说，两者之间相互矛盾的困境从未实现真正的消解，尤其在两者的关系问题日益突出的时代，既可能在现实境遇中走向对立和冲突，亦能形成和谐共生的良好局面。

在任何时代，知识与人和社会的发展都是紧密相连的关系。我们通过知识的获得去认识和改造世界，并塑造我们的生活。可以说，拥有知识能够告诉我们事实的真相，从而在一定程度上帮助我们做出正确的选择和判断。例如，学习物理知识、化学知识、生物知识等自然科学知识，能够使人们了解物质的结构、性质、形态以及自然生物之间的相互影响，帮助我们形成对客观世界的基本认识；学习人文历史知识使人们了解到人类发展的多样性与前进性，并将"大部分可知的过去以及几乎每种可以想象的未来传授或显示给我们"。② 无论是自然科学知识还是人文社科知识都会帮助人们形成对周围事物、社会以及世界的认知。知识理性就是指按照这些客观事物的发展规律去思考问题，是认识的高级阶段的产物。道德当中也蕴含着理性成分，是理性与意志相结合的产物。苏格拉底的"知识即美德"是强调理性在道德作用中的经典，而柏拉图则继承了这一观点，认为"无知识的德性，仅仅依据于教育、习惯、权威、正确的意见的德性是一种盲目的摸索""只有对善的科学知识能使人的意志正确、确实和稳固"。③ 亚里士多德也认为"德性是一种合乎明智的品质"，也就是说人做出了合乎道德的行为，首先要对这种行为有认识，并且是在自我选择下这样做的。若缺乏理性或理智的引导，人在冲动或被迫下做出缺乏理性或理智的选择，则未必能产生道德的结果。可以说，"道德教育若没有理性层面的培养则容易流于浪漫怀想或压制、规训"④，容易沦为空洞苍白的说辞。因此，正是在理性或理智的引导下才使道德更具深刻、久远的意义。但从社会现实看，知识理性与道德层面之间并未实现良好的结合，甚至在一定程度上为纠正传统智德中忽视知识理性对人道德影响的明理功能，又将其理性的发展过度偏转为具有实用性、实践性以及给生活带来益处的活动。当然，这里并不是否认其他因素

---

① 亚里士多德.尼各马可伦理学[M].廖申白,译注.北京：商务印书馆,2003:3.

② 威廉斯.关键词：文化与社会的词汇[M].刘建基,译.北京：三联书店,2005:207.

③ 包尔生.伦理学体系[M].北京：中国社会科学出版社,1988:41.

④ 周晓静,朱小蔓.知识与道德教育[J].全球教育展望,2006,35(6):23—27.

对该现象的影响。具体来说，知识理性与道德层面之间存在以下困境：一是两者相脱节、相分离的尴尬局面。培养新时代所需人才要求"德、智、体、美、劳"的全面发展，然而从现实情况看当代教育似乎仍需要朝此目标而努力。"智育"远超其他方面的教育，甚至发生德育与智育相分离的局面：一方面德育去"智"化，导致培养出来的"美德袋子"缺少应对道德难题的基本能力，无法正确的常识判断和选择；另一方面智育去"德"化，许多自然学科将道德教育的任务纯粹交给人文社科专业，在向学生传授知识的过程中甚至传递错误的价值观念，而在知识教育撒去了道德衡量和价值判断后，其后果是不可想象的。二是唯知识理性为主导的误区。启蒙思想家曾认为"善可以统一于真"，也就是说道德的进步可以统一于知识的进步。他们的思想观点一度使知识与道德之间发生了分离，这种唯理智、唯知识的看法也逐渐导致了科技进步与道德退化之间出现较大的裂痕。事实上，这种观念仍存在于部分科学家或学者的头脑之中，人为地隔断了知识与道德的联系，否定了知识理性中存在道德伦理的约束与道德理性中应该包含知识理性的和谐。地球沙漠化、臭氧空洞、极端天气等一系列科学探索揭露的事实，不该只以科学技术的发展改变自然现状，更需要人类做出正确的价值判断、改变现在的生活方式、努力走向精神与道德上的成熟。

### （三）"智"德中存在问题的原因分析

#### 1. 价值观存在的偏颇

价值观是有关价值的基本理论、观点和方法，也是人们有关一定信仰、理想和信念的集中表达。它既代表了整个社会文化的价值体系，又涵盖了个体内心的价值信念。智德中有关德性的部分，事实上也是在道德范畴内对价值的分析、评判和选择、行动。因此，当社会或个人的价值观存在根本上的偏差和问题时，不难想象极易出现和发生道德秩序的失衡、混乱。一方面，从宏观层面看，在科学技术快速发展的现代世界中先进器物的出现和普及为文化、观念等广泛传播提供了极为便利的渠道和途径，在这一背景下各种思想文化发生大规模、大范围内的相互碰撞和交流，使人们在"封闭"后面对如此多元的价值选择变得无从适应，而合乎时代发展的、正确的价值观被更多充满迷惑性的思想观念所遮盖。西方发达国家凭借着先进技术和科技优势，在世界范围内兜售、渗透其价值理念，将看似民主、自由、平等等价值观念冠以普世价值并进行文化输出。事实上,"思想与文化并不改变历史,但它们是变革的必然序幕,因为价值观与道德伦理上的变革会推动人们改变他们的体制和社会安排"。[①] 任何国家的思想文化活动都是带有一定的政治目的,为其统治阶级而服务的。因此,在这一现状下就难免有一些民众难以看清西方资本主义国家的阴谋和企图,甚至动摇原有的价值观念。一方面,从宏观上说,这不仅会造成我国优良文化传统受到异质文化侵蚀、腐化的不良影响,还会给我国构建具有中华民族特色的价值观体系带来极大的挑战、给我国社会意识形态建设带来冲击。此外,这种多元价值取向带来的另一个问题就是社会价值观共识的缺失。相关报告显示,在知识分子领域存在着十分多元的价值观念。但若社会无法形成一个正确的主流共识,那么再多价值观也只会陷入混乱和虚无,更无法凝聚起前进道路上的强大力量,极端利己主义、拜金主义、虚无主义等各种消极价值观便会滋生蔓延,从而损害优秀的社会主流价值观,逐渐使人们坠入道德颓废、信仰空虚的领地。而在一定意义上,社会大环境中正确价值观的导向能够为人们找到道德意义上的终极人生目标提供极强的力量支撑,促使人们在良好的社会发展氛围里积极运用自己的知识、智慧实现价值真谛。另一方面,从微观层面上看,价值观作为一个正常人内心深处必要的信念系统,在人们的价值活动或社会行为中起到了不可忽视的评价、导向等作用。然而,我们不难发现,在社会生活中失去正确价值观的个体不在少数,具体表现为这样一种状态:社会中正确的价值信念遭到质疑,甚至受到严重的破坏,个体不再遵循社会价值规范的约束和限制,越轨行为和无德违法行为逐渐出现。在现代智德实践活动中,常表现为个体运用自己的知识、技能损害他人、集体利益和为己谋利。例如,院校科研人员研发"瘦肉精"并隐瞒了药物副作用,只为论文顺利发表得到研究成果;高学历化学研究者成为"制毒师";精英博士网上销售论文、买卖学术成果等。这些不当利用自己聪明才智的群体早就与社会正确价值观的道路背道而驰。因此,难以想象当一大批拥有高智商、高知识、高学历的知识分子的价值观出现根本性偏差时会有什么后果。

### 2. 社会生活中诸多潜规则对智德的损害

社会生活正常有序运转必然离不开一定行为规则的约束和限制。对于社会生活中存在的规则,大到国家规章制度、小到公司或家庭的规则要求,我们都可以将其理解为社会某一群体对某项事物制定的制度要求,是"整齐、合乎

---

[①] 丹尼尔·贝尔. 后工业社会的来临 [M]. 北京:商务印书馆,1984:527.

一定的方式"。[①]但事实上，在具体规则下还隐藏着另一种制约，甚至超出了正式、明确的规则约束，以一种潜在的、同样发挥作用的方式驾驭着人们的行为，这就是在任何行业都难免遭遇的"潜规则"带来的窘境。潜规则游走在社会生活中任何正式规则之外，具有隐蔽性和抵触性、非正式性和自发性以及社会危害性等特质，其本质就是不同于社会主流意识或正式规则所主张的"约定俗成"。从某个角度看或许能够将潜规则看作是对正式规则之外空白的弥补或补充，甚至是多数部门、行业、领域都存在且认可的一种行事准则，但潜规则的存在本质上就是对正式规则的一种损害，这种危害在人才选拔任用层面更为突显。在人才选拔任用上的潜规则不仅给行业或领域的未来发展带来了巨大的腐败风险，更是侵蚀了整个社会人才公平竞争的生存空间，不利于那些真正拥有智德之人的生存与发展。一方面，潜规则下的"关系网"和论资排辈现象排挤社会人才。它深刻揭示了现代社会中关系网带来的利益互换过程，说到底之所以在职场或官场中存在"关系网"就是因为实际权力的力量，在多数情况下这种"社会交易"以血缘关系、金钱利益、权力地位等条件为筹码实施利益互换。这就使那些真正拥有知识和良好道德行为的社会人才难以在这样的"交易"下获得相应的职务、地位或权力，反而沦为"裙带关系"下的牺牲品或垫脚石。除此之外，在干部选择和任用上还存在着注重工作时长不看工作成效、注重学历高低不看能力大小的潜规则现象。这种论资排辈的潜规则本质上与"德才兼备""以人为本"的选人用人标准与发展观念相违背，不仅错失了那些品学兼优、德才兼备的人才，更打击了真正拥有贤能之人的进取心和积极性，有志难酬、有才难展。另一方面，唯学历、唯绩效的潜规则下难以实现"智德"双赢。现代社会中高学历、高绩效似乎已然成了个人迈入职场和实现成就的唯一标准，虽然我们不能否认拥有良好的知识背景和工作能力的确是考核人才的条件和要求，但这不是也不能仅是人才选拔的唯一标准，理想信念、道德标准、政治立场等其他因素更应该纳入其中。事实上，现代社会中的潜规则问题不是在某些领域通过一定的法律条文就能改变的事实，中国千年传统文化思维为一些现代潜规则提供了孵化的温床，其中显然包括了道德伦理问题，更是道德建设应该警觉的问题。多数潜规则纵容的是不道德的行为，这不仅会使社会投机心理盛行，造成不良社会风气，更是动摇了社会优良道德规范与原则的根基。同时，"中国传统文化一直以来是以明善恶、分美丑为基本内容的"，这与智德的本质内涵有着高度的一致性，而"传统文化和思想道德一旦扭曲和流失，建设

---

[①] 辞海编辑委员会.辞海[K].上海辞书出版社,1979:1440.

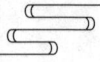

和谐社会的目标也必然会化作泡影"。[①]

3. 唯理性、理智主义至上的误区

时至今日，我们可以清楚地看到知识与道德之间发展的不平衡不协调，甚至逐渐发展成相互背离的趋向。对比原始社会或封建社会低下的生产力和技术水平，我们不难发现人们在知识的驱动下不断进行创新，科学技术更是不断迈上新台阶，现如今世界的发展早已"脱胎换骨"。然而，在探索先进技术、追求人类进步的过程中出现了知识与道德发展不平衡不协调，甚至是相背离的事实。这种背离事实上在西方启蒙时期就已然开始。他们将人类历史的进步归根于人类理性的进步，并将这种理性看作是在牛顿理学中探索得以体现的能力和理解。此外，他们还认为知识理性的进步势必会导致道德的进步，并将"真善美"统一于理性，一旦人们能够探索获得"自然之光"，便能够进入完美的理想世界。虽然这一观念在多数人看来必然是无法实现的，但现代人对知识、理性、理智的追求和崇拜已然沦为了其奴役者。现代唯理性与理智主义至上的群体试图从追求知识中获得金钱、权力、地位的力量，尤其是西方文化中的这种唯理智主义激励着人们追求无穷无尽的宇宙奥秘，再用这种物质的手段去征服和操纵自然以满足无限扩大的欲望。事实上，人类在一定条件下对任何客观事物所得出的规律认识和科学论断都是不完善的和非永恒的，这些科学理论都只是包含着部分真理，并且等待着未来的进一步检验。可以说，人类目前所获得的真理知识相比于自然奥秘来说，永远都只是"冰山一角"。只有过分沉醉于知识的成就而又不懂得伦理道德意义的群体才对知识、理性与理智有着至高无上的追求和崇拜，才会陷入唯理性、理智主义的误区之中。然而，在现实生活中受到唯知识、理性与理智主义至上影响的个体大有人在，尽管他们不像上述那样过度和极端，但这种思想映衬在现实社会中就是对知识的过度拔高与对道德的极度无视，这也使人们对"德性就是知识"的追求演变到"知识就是力量"的追求，最后演变为"知识就是金钱"这样一个"有知无德"的错误地步。因此，在这种追求知识、理智的过程中忽视了与之相适应德性的追求，从而使两者出现了相分离的结果：有知识者未必有德性、有德性者未必有知识。"有知无德"者的存在在一定程度上印证了唯理性、理智主义价值导向的错误追求，他们对知识、智力的追求已然超越了德性的需要。然而，当本没有善恶之分的知识、理性与理智的贪求脱离了道德的约束时，最终可能造成人类的自毁和灭亡。

---

[①] 郑奕. 潜规则的内涵、特征和价值评析 [J]. 江淮论坛, 2009(1):106—110.

### 4. 应试教育忽视学生人格全面发展

在升学考试竞争激烈的今天，知识的获取和运用已然遗失了当初的本质和初心，学校教育宗旨也似乎偏离了原有的轨道，成为"应试教育"下的教育"傀儡"。事实上，从 1993 年起我国就明确提出了"由应试教育转向全面提高国民素质"的要求。然而，十几年的教育实践现状证明了学校教育仍需要向该目标努力。所谓应试教育既不能将其完全"一棍打死"，亦不能忽视其中的负面现实，其中包含了特定的价值内涵和取向。但从很大程度上看，应试教育就是对我国教育现状中存在的以纯粹应试为目标而产生诸多弊端的现实的概括。因此，伴随着高考制度的不断完善，应试教育也必然更加受到重视，在此不做过多的原因讨论和措施分析。我们强调的是在应试教育下学习知识的本质和目的已然被扭曲为"考高分、进高校"这一不争的事实，知识在这一过程中早已变为一种"无活力的概念"，即"那些仅仅被吸收而没有被利用、检验或重新组合的概念"。[①] 因此，在这样的教育体系中"知识教育是实的，智育是偏的，德育是虚的，体育是弱的，美育是空的，劳动教育几乎没有"。[②] 此外，无论是教育者还是受教育者多数涉及的知识只是机械地提取和积累，很少或没有涉及步入社会后谋生和生存的智慧，那就更不用说完整的人格修养和适应社会的综合素质了。那么，显而易见的是当综合教育发生向知识教育偏重的同时，道德教育或价值观教育就必然会面临受到轻视或缺位的局面。个体道德行为受到其自身价值观的影响、支配，因此在这一意义上说价值观教育是道德教育的基础，道德教育也应该通过价值观教育使受教育者的价值观与社会道德呈现一致性。然而，在应试教育下无论是价值观教育还是道德教育都面临着急需解决的困境和挑战。一方面，应试教育下传统优良道德教育的迷失使其难以发挥应有的正面影响。"中国传统精神所祈求、所趋向的，往往不是一座求知之门，而是一座入德之门。"[③] 然而，由于这种传统道德在客观物质层面缺少显而易见的收获和成果，使这些道德教育中传统文化的精华被束之高阁，学校教育中的传统道德教育更是犹如"蜻蜓点水"般一带而过。另一方面，应试教育下现代价值观教育受到挤压，难以将"做人"与"做学问"融合。现代价值观教育在追

---

① 怀特海.教育的目的 [M]. 台北：桂冠图书股份有限公司,1994:13.
② 钱民辉.教育处在危机中变革势在必行——兼论"应试教育"的危害及潜在的负面影响 [J]. 清华大学教育研究,2000(4):40—48.
③ 何兆武.西方哲学精神 [M]. 北京：清华大学出版社,2002:125.

求分数、升学、名校的应试教育背景下显得无足轻重,尽管我们评估了其重要性与不可替代性、指出了其对人生道路不可或缺的意义,但从实际操作和现实情况来看,"说起来重要,干起来次要,忙起来不要"①或许才是其最真实的写照。总而言之,在应试教育下对知识的过度偏重与对道德的过度轻视进一步拉大了两者原有分野上的差距,这对培育具有健全人格的一代来说无疑是令人担忧的,对知识与道德的和谐共存无疑是有害的。要知道知识的获取与进步向来不是以道德的沦丧作为代价,在教育中更应如此。

### 5. 多元文化冲击社会道德建设

在当下这个信息资讯多元发展的时代,西方社会的各种思潮不可阻拦地大量涌入我国,人们的选择多元化倾向日益突显。事实上,当我国从工业时代迈入信息社会、从封闭落后转向改革开放、从一元单一的社会变为多元丰富的社会时,其中就伴随着新旧价值观念、道德规范的更迭和转变。社会生产力的快速发展对社会道德原则和道德规范的进步提出了新的要求和期许,当人们面对这一新一旧两个阶段所带来的思想变化与道德建设的压力和挑战时,人们的信仰世界多少受到了冲击并出现了混乱。"新旧"两个阶段的更迭为社会道德建设带来了前所未有的挑战。传统社会道德观点在日益开放和逐渐多元的社会发展下显然不能满足当前社会的发展需求,而新阶段的社会价值观念和道德建设并未能够跟随社会发展充分发挥其应有的作用。在这一裂痕中,国外多元的价值取向,如个人主义、金钱本位、人权平等等造成了人们道德认识上的混乱和困扰,这就使社会的道德建设陷入较为复杂难堪的境地:旧的社会道德规范和原则已然不适应社会发展,但新的社会道德规范和原则尚未完全建立。这种多元文化冲击下的社会道德建设的困境在一定程度上滋长了各种道德行为偏差的现象,一些不道德甚至是反道德的现象层出不穷。例如,从腐败问题触目惊心、利己损他屡屡发生、权钱交易时常出现,到新闻媒体无良报道、个人隐私遭到泄露等,再到个人在公共场合穿着奇装异服代表张扬个性、大声喧哗不顾他人感受等,这些不道德的问题不可避免地出现在人们的面前。事实上,这些问题的出现从侧面印证着正处于社会转型和快速稳定发展时期的我国社会道德建设还面临着较大的困境,社会公德、个人品德的缺失和错位在不同程度上损害了国家形象、败坏了社会风气。因此,在现代智德实践过程中出现的一些道德失范、行为失轨的现象既有对知识理解错误的原因,又包含了多元文化冲击

---

① 杜时忠.当前我国学校德育面临的十大矛盾[J].当代教育论坛,2004(12):47—50.

下道德建设的不足与滞后。

## 五、"智"德现代弘扬的原则和实现路径

人类作为一种生活在自然与社会中的道德动物普遍具有追求知识、向往道德的良好愿望，然而真正实现两者的有机融合绝非易事。哲学追求"爱智慧"，然而智德也并不只是哲学界应该关注的重要问题，而是每个人应该追求的品质和行为。因此，人们要过好道德生活离不开道德智慧的引导，更需要坚持弘扬传统智德的原则、探索智德现代弘扬的具体实践路径。

### （一）"智"德现代弘扬的原则

#### 1. 坚持认识与实践相统一原则

要理解智德，不能仅在自然客观知识的领域中兜圈子，它还是有关人生实践的透视和体察，是认识与实践相统一的产物。智德是涵盖知识、与知识相联系的道德智慧。知识是一种对外部世界的认识成果或结晶，是一种纯粹认知的态度。其中，智德就包含着对客观世界的认识，是经过人的思维所整理出来的信息、数据、意象以及社会的其他产物。从一定程度上说，知识是形成智德的基本养料，但又不是唯一生成条件，它与智德之间达成了一种必要非充分的关系，这就意味着掌握知识是拥有智德的前提和基础，但是否拥有智德与掌握知识的多少并没有绝对的关系。正如陆象山曾说："吾虽一个大字不识，也可堂堂正正做人。"道德人格的培养并不只是靠对事物的认知和见识完成的，更重要的是智德的实践层面，也就是涉及人生主体的实践的、体验的态度。从知识的概念及来源看，它是人们在社会实践中所获得的认识和经验的总和。这也意味着人们只有在社会实践中才能获得知识和经验，产生或拥有脱离实践的知识都是不可能的。从获得及拥有知识的目的看，人们对外部世界纯粹认知的思考和探索，不是为了建立一种抽象的、空泛的知识体系，是为了指导人们实践以认识世界与改造世界。简而言之，"知"是为了"行"，是为了实现人生目标的途径和手段，也只有将正确的知识理论运用到现实实践中才能产生真正的效用与意义。因此，智德是实践理性的表现形式，它不仅包括了客观知识的完善，还蕴含着现实实践的智慧。只有坚持认识与实践相统一的原则，才能够在社会实践中获得对事物和人生的整体性把握。

## 2. 坚持普遍性与特殊性相统一原则

智德是普遍性与特殊性相统一的,它表现在智德的形成既需要具有客观世界、人生道德的普遍理性,又需要在行为选择过程中基于善的意志对手段和途径进行选择、对动机和结果进行考察。一方面,智德需要人们通过学习或教导形成对客观事物的普遍理性。现代知识论认为真理就是具有正确性、规律性和普遍性的东西,而这种普遍性的知识是构成智德不可或缺的条件。另一方面,明智是与实践相关的,而实践就是要处理具体的事情,它不只是与普遍的东西相关,也要考虑具体的事实。[①] 事实上,智德作为一种有关实践的道德智慧更多地体现在对特殊情况的判断和处理,以及采取何种方式的选择上,其中充满了解决问题和选择境遇时应有的智慧。不仅如此,拥有智德的人必须同时了解事物的普遍原理和个别情况以便采取适当的方式,从某种程度上说了解普遍性的过程也是为了解决特殊情况下的一种实践选择。例如,在儒家普遍伦理中既坚持"男女授受不亲"的原则,又主张"嫂溺援之以手"的变通做法,体现了礼仪与人情的典范。这种经与权的统一实际上就是一种智德的体现,在这一具体的实践场合中若仍一味坚持普遍伦理下的蒙昧原则,而不顾特殊情况下正确的是非判断与行为选择,那不仅不是智慧的行为,而且还带有愚昧和缺乏人性的错误。因此,现代智德实践要在智德普遍理性的基础上形成对个别事物的特殊判断,这并不意味着失去了坚守的根本原则与底线,一味唯书,只按照条条框框办事之人只能是教条主义的傀儡。任何权变都不会没有一定的限制和规定,而任何限制与规定都无法摆脱特殊情况的存在,适宜得当、在智德实践过程中拥有经权思想的人才是真正拥有智德之人。

## 3. 坚持现实性与未来性相统一原则

智德不仅关心着现实,还蕴含着未来。它与其他任何美德一样,既是现在的德性,又带有未来可预测性和倾向性。拥有智德的人在当下必然是明智的,这种现实性使其在每一个情景中所做的选择和行动起码是应当、适宜甚至是灵动的,是以解决当下问题而出发的现实需求,但这一现实性只是智德的具体表现之一。在社会实践中倡导智德观必然要与社会发展前景与人类未来走向相吻合,智德现代弘扬也必须指向未来。一方面,智德本身向善的倾向与目标具有某种长期性与终极性,真正拥有智德之人对道德和善性的追求不会是一时

---

① 亚里士多德.尼各马可伦理学[M].廖申白,译注.北京:商务印书馆,2003:176.

或短暂的，一定是持久不断的追求和完善。若缺乏这种对未来善与道德的持久追求，那么现实具体的智也许只能归为一种小智，甚至从长久来看会变为投机或巧取。另一方面，智德现代弘扬要贴合社会发展趋势和人生总体目标。智德作为一种带有工具性价值的德性，具有强烈的现实意义和社会价值，从这一点上看智德现代弘扬就是要倡导知识与道德的和谐共生以实现美好生活和社会发展。这使人们必须用长远的目光重审知识与道德的关系，实现两者耦合以推动人类文明进步。不仅如此，从微观层面看，拥有智德之人是对未来与长远有着清楚规划和意识的。真正的明智不仅是当下的适宜与应当，更应该包括对人生终极意义的坚守与人生长远规划的追求。也正如亚里士多德所说："明智的人的特点就是善于考虑对于他自身是善的和有益的事情。不过，这不是指在某个具体的方面善和有益，例如，对他的健康或强壮有利，而是指对于一种好生活总体上有益。"[①] 因而，智德现代弘扬必然要坚持现实性与未来性相统一的原则，立足现实又指向未来，站在未来全局的高度解决现实具体的问题。

### 4. 坚持真理性认识与合理性选择相统一原则

不论在什么时代，人类知识与道德的联系从来都未中断。我们通过学习获得知识以发现和探索世界，并影响着我们对人生、社会与世界的看法与态度。可以说，知识在塑造着我们的生活，但拥有了知识并非解决所有问题的钥匙，知识作为一种认知理性与道德品质和实践能力是分不开的，这就体现在智德是真理性认识与合理性选择相统一的本质特征上。真理性是判断与客观实际相符的真假问题，知识的作用与价值就是告诉我们真假事实的相关问题，其涉及的主要是主客观相一致的问题，并不过多地考虑其他；而合理性是指是否合乎价值伦理的善恶问题，是支撑人们做出判断与行为的理由，或者可以将其视为合目的性与合乎情理。这就要求人们不仅需要知道事实真假，还需要知道是对是错、是善是恶。具体而言，知识是道德理性形成的基础，道德理性则是知识应用的规范和准则。一方面，对任何事物的沉思与推理都是建立在对事物认识与了解的基础上的，在这一实践过程中的选择或行为也都是围绕着周围人际和客观事物而产生的，这种对事物正确、完备的知识储备促成了道德理性的发展与成熟。可以说，"价值要靠知识来引导与润饰"。[②] 真理性知识能够增加对合理价值的把握与了解，这样通过知识对人、事、物的价值进行反思，我们就能不

---

① 亚里士多德. 尼各马可伦理学 [M]. 廖申白, 译注. 北京: 商务印书, 2003:172.
② 成中英. 知识与价值: 和谐、真理与正义之探索 [M]. 台北: 联经出版事业公司, 1986:12.

断诠释和认识其价值并化为意志的力量充实生命的意义。另一方面，与道德、信仰等多种因素相结合的知识具有了明智的特质，使人们在研判事物对错的基础上采取兼顾主体需要、社会道德等综合考虑和衡量的结果。但事实上，知而不行、明知故犯的事例在生活中并不少见、高学历的书呆子也时常出现。知识的获取和普及并不能完全帮助我们在做选择时实现有意义的决定，仅获得有关事物的正确知识也不足以使人采取正确行动。因此，道德理性的实践活动离不开客观知识的参与，真理知识的获取运用也离不开道德理性的规范。在探索智德的现代弘扬路径中不仅要看到事物的知与真，还要考虑事物的德与善。

5. 坚持个人能力品质与国家共同利益相统一原则

"智德作为一种理智德性其基础必然首先是以人的认知能力为前提的，如人对知识的记忆、理解和推理能力等。"[1] 这是人们在进行道德选择与判断的实践过程中应率先具备的能力与条件，一个不健全或不具备这些能力的人很难在社会实践中做出符合社会道德规范或常规伦理的举措。除此之外，智德对于个人发展来说，"修身立命"是其重要问题。拥有智德之人必然是具有一定高度的道德修养和道德自觉的个体，他们将德性融入生活日常、培养自己的理想人格、形成自己良好的生活方式，从而达到人生境界。然而，智德同其他一切道德规范与原则一样是一种关乎人们实践理性与价值理性，有关实践的、道德的、人事的道德智慧，它并不是纯粹理性与事实理性的综合。智德必然会涉及他人与社会之间的利害关系，成为人们在处理自我与他人、个体与集体利害关系时能够明智地选择符合社会道德目的及发展需求的能力品质。因此，即便一个正常人拥有了知识、智力，甚至有着良好的生活及精神状态，也难以将其等同于明智之德。从这一意义上看，智德现代弘扬不仅要重视个人智慧的建构与发展，更要将其与社会集体这一大环境相结合，否则这种智慧在表面或形式上看起来是明智的，但事实上却是与智德相违背的、损害社会利益与群体利益的伪善或反德。例如，大部分腐败官员在涉腐前看似也有着坚定的理想信念，甚至做出过多项业绩或成就，但这些人除了自己的目的之外不承认任何价值，甚至把一切道德伦理看作是阻碍其获取利益的绊脚石，为了其自身利益与欲望，以虚假的、伪善的理智伪装自己、欺骗他人。我们也不能不承认一些高学历、高智力的违法犯罪者是智力超群的，但这种奸智是比虚伪还要极端的一种反德。可见，个人智慧一旦脱离了社会道德规范与原则就极易演变为一种不明智

---

[1] 肖群忠.智德新论[J].道德与文明,2005(3):14—19.

的选择和行为。进一步讲，如果将拥有知识更多地看作是一种追求"合规律性"和"合个人目的性"的实践活动，那么智德作为一种特殊道德智慧，便不仅是从个体的角度去把握世界，而且是从一种"总和的""由己及人"的角度把握现实世界。这既不同于个人投机取巧式的"狡狯"和在自我角度权衡得失的聪明，又不是"舍此求彼"的远虑，而是一种怀有深远、广大气度和情怀的大智大慧。因此，传统智德在现代弘扬的过程中应该明确个人与他人、集体和社会利害的选择取舍，既要倡导个人崇尚学习、热爱智慧，又要与社会利益和人类进步协调一致。这样人们在对个人与社会利弊关系的对比与衡量过程中所采取的做法和方式，才能够在满足自身发展需求的同时，使人明辨是非、权衡利弊、达到向善。

### （二）"智"德现代弘扬的实现路径

知识与道德之间的二重困境不仅存在于学术领域，更与人类社会息息相关。恩格斯早在一百多年前就昭示："我们这个世界面临的两大变革，即人同自然的和解以及人同本身的和解。"[①] 事实上，随着知识世界的变革和发展，在快速推进社会进步的同时，不可避免地带来了人与自然以及人与社会之间的矛盾激化，现代知识应用与伦理道德运作之间的问题不断出现。但人类的追求不可能只指向知识而淡化德性的意义，它势必要与社会道德规范与原则相结合，在现代知识世界中探索与道德相称的实践路径。

#### 1. 恪守正向性知识本质及其运用的道德规范

知识的社会价值包含着正向性积极作用与负向性消极影响，这就要求在解决知识价值的道德困境时首先要化解知识获得与运用的负面效应，在知识的起点上恪守正向性知识本质，寻找其内在应有的知识道德规范，并在获得和运用知识的道路上追求合乎社会道德的规范，这样才能推动知识与道德朝和谐共存的方向前进。

一是个人要树立正向性社会知识理念，认清社会知识的本质是符合人类整体利益和长远利益的体现。知识是人们在社会实践中所获得的认识和经验的总和，它能够为个人塑造和发展产生价值，但更重要的在于其社会价值。马克思曾经典地阐述道："人的本质并不是单个人所固有的抽象物。在其现实性上，它

---

[①] 马克思,恩格斯.马克思恩格斯全集（第一卷）[M].北京：人民出版社,1961:603.

是一切社会关系的总和。"① 这也就是说，知识的最终目的必然不是实现单个人的价值，而是整个人类、社会的终极价值取向。知识发展的社会价值则主要体现在对社会发展和人类进步的持续意义上，以及对社会发展的贡献程度上。因此，从某种程度上说个体在通过获得和运用知识而产生对自身及社会发展的正向性价值时，其知识的社会价值也就体现出来了。知识的正向价值得以实现的同时，为个人发展提供了更加广阔的空间。否则当知识社会陷入混乱和无序时，个人即便拥有再多的知识也难以发挥其应有的效用。当然，在追寻知识带来的终极价值时并不意味着完全牺牲或忽视个人的利益或需求，而是指在知识发展的过程中要时刻注意其正向性社会价值，并与集体、社会乃至全人类的整体利益和长远利益相趋同。因此，个人在社会实践过程中要注意对自己的知识探索进行价值评价，恪守"正向上"的知识理念，这既涉及个人的现实利益又关乎整个社会的发展与未来。二是社会要形成良好的知识评价机制与氛围，弘扬与社会道德发展需求相适应的正向性知识。事实上，伴随着现代科学视野而出现的事实是"一套暧昧的、僵固的、拜物的概念能够一直发挥作用"②，这在现代知识评价制度中主要表现为存在一套以"知道事实""注重分数"为主要评价标准的体系。这不仅不能对弘扬知识的正面性社会价值起到积极作用，反而会使人沦为知识的工具。此外，由于人们不能完全保证知识的发展朝着预期的道路前行，也难以控制和预测其具体走向，在这样的情况下就更需要对知识的正向性社会价值进行深刻认知，在源头上把握知识发展的前景和价值，从而形成良好的知识评价体系与氛围，弘扬与社会道德发展需求同向、适应的正向性知识。三是知识分子要坚持与正向性知识本质相符合的道德操守。一方面，人是智德弘扬中的重要主体存在，知识分子不仅是推动社会发展的重要力量，还是现代弘扬智德的中坚力量。可以说，知识分子在现代社会中主要担任着脑力劳动与复杂劳动的重要工作，"我们的国家，国力的强弱，经济发展后劲的大小，越来越取决于劳动者的素质，取决于知识分子的数量和质量"。③ 另一方面，随着市场化和商品化的不断开放，人们的生存环境变得更加复杂多样，知识分子的理想信念严重受到"获利""物欲"等因素的影响。对于现代知识分子而言，应该更多地超越个体思考人生和社会，站在知识学科的发展上以更宽广的眼界承担更重大的责任。尽管我们不能要求每个人追求崇高的理想和目标，

---

① 马克思,恩格斯.马克思恩格斯选集（第一卷）[M].北京：人民出版社,1995:56.

② 马克斯·霍克海默.批判理论[M].李小兵,译.重庆：重庆出版社,1989:4—5.

③ 邓小平.邓小平文选（第三卷）[M].北京：人民出版社,1993:120.

但真正的知识分子不应该仅局限于自己所属环境的认可,至少要将自身掌握的知识正确运用于学科发展和社会进步,保持与知识本质相吻合的道德操守,并将国家和民族的责任放置于自己的信念与理想之中。

2. 培育弘扬正确价值观

任何知识的传授、掌握和运用都离不开现实价值的分析与评价,也离不开正确价值观的引导和规范。价值观是有关价值的基本理论、观点和方法,也是关于态度、信念和倾向的观点。从宏观层面来看,价值观是整个社会价值体系的体现,代表着社会的认可、肯定或反对、否定;从微观层面来看,价值观还是个人内心的价值观念,在人们日常生活中发挥着稳定的引领作用。人类作为一个具有文化、价值、意义的存在,树立正确价值观关系到个人达成精神、完善生命、提升境界的人生意义。正如习近平总书记强调的:"核心价值观其实就是一种德,既是个人的德,也是一种大德,就是国家的德、社会的德。"[①] 尤其在社会主义现代化建设进程中,面对多种社会思潮、多种不同质的价值观念,只有树立正确的价值观,并使其内化于心,真正成为人们心中的罗盘、行为的引导,才能最大限度地发挥其正向作用。诸如,现代智德在价值观上要求人们求真务实、爱岗敬业;尊重知识、探索规律,这不仅局限于伦理学术界的争论和探索,更体现在社会生活中的方方面面。不难发现,诸如在影视领域、学术研究或知识产权方面"窃取、模仿或复制"他人成果的现象层出不穷,在一定程度上严重阻碍了知识的创新和发展,而当今强调保护知识产权、保护专利和技术的思想观念逐渐成为社会共识。可以说,人们在正确的社会价值观引导下,不仅能够充分发挥智与德的正向作用,亦能在良好社会氛围中助推其发展。因此,要注重培育、弘扬正确价值观对传统智德现代弘扬的积极作用,推动正确价值观的养成和践行。一方面要将其落实到经济发展与社会治理的全过程中,形成有利于知识价值充分发挥的良好社会环境和政策导向,促使知识理性更好地服务于社会发展与人民富裕。另一方面要将其融入人们生产生活与工作学习的全过程中,促使正确的道德价值观念不断转化为社会群体意识与人们的行为准则。言而总之,智德现代弘扬的具体实践离不开正确价值观的引导和规范,价值观的培育过程具有长期性、复杂性与综合性的特质,更需要增强培育和践行正确价值观工作的历史使命感和责任紧迫感,使之贯穿于传统智德现代弘扬的实践全过程。

---

① 习近平. 习近平谈治国理政 [M]. 北京:外文出版社,2014:168.

### 3. 推动形成崇德重才的社会氛围

智德不仅要求人们崇尚知识、追求知识、热爱智慧，还要求人们有崇高的道德责任感与高度的自觉性。探索先进的科学知识是人们改造自然以获得生活物资、提升生活质量的巨大力量，也是造就千千万万个拥有一流生产技术的劳动大军所需要的智力支持，在实现社会主义现代化强国的过程中一刻也离不开科学文化知识的进步与发展。但这只是问题的一方面，历史和现实经验早已告诫我们，纯粹知识的获取不是社会生活的唯一内容，更不是解决社会一切问题的"万能钥匙"。它只有与道德相结合，使知识的获取和应用合乎道德范畴，才能对社会发展和人类进步发挥最大的促进作用。毫无疑问，未来国家的发展前景必然是一个自然、社会和道德高度统一的和谐体，未来社会也必然是一个倡导知识与道德全面发展的平衡体。因此，摆在我们发展前进道路上的双重历史任务成为亟待解决的课题。一方面，大力提倡"爱智"精神，营造知识氛围。现实中人们要实现改善生活质量、获得更多物质财富的目标需要用科学技术武装头脑，这也是实现现代化强国、争取自由解放的强大武器。因此，要将科学知识摆在发展前进道路上的重要位置，鼓励知识人才及其成果保护，构建与社会主义发展要求相适应的教育事业，提升全民族的科学文化水平。另一方面，积极倡导"崇德"精神，营造道德氛围。在现代社会中不乏高学历、高水平的知识分子走向违法犯罪、叛国卖党、道德败坏等方向的严峻社会问题，这意味着人们在获取认知能力的过程中，不能忽视个体内在的道德价值修养和精神性发展。为此，要加强社会主义精神文明建设，构建与市场经济发展相适应的具有中国特色的道德规范体系。以社会主义核心价值观为着力点，不断挖掘、整理中华几千年所遗留的丰厚道德遗产，实现对中国古代智德观念的创造性转换和创新性发展，端正社会风气，改善社会道德现状。在全社会形成"德才兼备，以德为先"的良好风尚和氛围，最大限度地激活社会人才群体，使天下英才源源不断地涌现出来，为实现中华民族伟大复兴提供强大的人才力量。

### 4. 完善法治为弘扬智德提供保障

社会良序不仅依赖道德约束，更离不开强制性规范的力量——法律保障。智德从本质上来说就是一种道德智慧，是一种软约束。但仅靠道德的规范作用是不能完全实现正义和社会稳定的，必须借助法治的作用，通过强制力规范人们的行为、确保社会底线。众所周知，"法律是成文的道德"，现代社会文明涉及的既是一个法律问题，又是一个道德问题。法治的实现是合道德性的体现，这也就意味着法律要符合社会普遍道德规律，推动法律达到"至善"。但这也不表示道德本身成为维护社会稳定的全部条件，法律的存在就已经证明道德规范的不足与软弱。事实上，传统智德作为一种道德智慧，也需要与法律法治相互交集，为道德智慧的实现提供一整套的体制保障。一方面，道德伦理中包含的价值体系被包含在法治之中，成为法治的思想基础。在某种程度上，法律不仅仅是纯粹的、僵硬的规范和条例，它包含了大量的基于人民和国家的是非、善恶、正义与非正义的价值判断，是善和正义的艺术。另一方面，道德规范在相对局限的范围内似乎能够基本维持内部的和谐，但一旦涉及更大的群体、社会和国家时，对人们的实际约束力就会大大削弱。正如在当今社会中部分个体不能将所获得的知识正确运用到个人发展中，而这种类型的道德过错又常常以侵害他人、国家或集体利益的形式出现，即个体凭借自身知识以谋取私利为目的实施犯罪。这一情况下，仅依靠德治解决道德与利益间的冲突是苍白无力的，同时，仅依靠道德手段，如说服教育、情感感化等精神手段使人改邪归正也是难以实现的，这也有悖于社会公平正义。因而，当知识和道德在现实生活中发生冲突时，为解决社会道德发展与知识发展不协调、个人知识在道德社会运用不恰当的问题，可将法治作为搭建知识与道德之间桥梁的基石，以组织强制力作为最后的刚性保障，"将部分重要的道德规范直接赋予法律的效力，保持法治对整个社会道德领域的张力"。[1] 通过完善法治形成对社会道德秩序的张力，在法治和道德共建的框架下，知识的运用才能更贴合社会发展趋势和人类共同利益。

5. 教育改革推动实现人的"智、德"全面发展

坚持价值性与知识性相统一，通过"立德""启智"的教育改革推动实现人的"智、德"全面发展。众所周知，教育是个人成长成才过程中离不开的关键环节，是引导人们正确树立价值观、提升专业素养、把握时代真理的主要途径，而"教书育人、立德树人"则是我国教育的本质和核心。"教书"重要的是知识、技能的传递和学习这些程序性的活动，现在逐渐被智能化机器及设备所取代，但是"立德"的过程是规范和引导受教育者精神世界和灵魂家园的过程，这是现在甚至未来的科技都无法代替的神圣工作。此外，在任何专业知识的教育过程中都不能只重视专业知识及技能的讲解和传授，还要在培育受教育者的

---

[1] 程竹汝.论法治与德治相辅相成的内在逻辑[J].中共中央党校学报,2017,21(2):45—52.

过程中担当起德育的责任。正如习近平总书记所说："其他各门课都要守好一段渠、种好责任田，使各类课程与思想政治理论课同向同行，形成协同效应。"[①]因此，教育要更加注重知识的合规律性与道德的合目的性的统一，注重价值性与知识性的统一，寓价值观引导于知识传授之中。一方面，若缺乏知识的合规律性，人们在社会实践中就可能违背客观事实及其本质，无法实现合目的性的结果；另一方面，若缺乏道德的合目的性，知识的滥用、误用与错用将直接导致道德秩序紊乱、道德败坏甚至违法乱纪的严重后果。事实上，我们在热点新闻中看到过高材生弑母、高智商犯罪等形形色色的违法犯罪问题，从侧面印证了高学历背景并不能确保一个人是否能拥有正确的理性信念、政治立场、道德价值等。可以说，知识虽然是道德有效履践的基础，但道德更是知识正确运用的目的与统帅。因此，在教育过程中"要坚持价值性与知识性相统一，寓价值观引导于知识传授之中"[②]。这是必要的，也是独具优势的，它表现在"深刻的价值观念和正确的价值取向渗透在深奥严谨的科学知识之中，赋予价值观教育以深刻的科学内涵和严谨的科学形态"[③]，同时它赋予了知识教育以道德伦理的温情和引导。当人才的培养不仅在于智力的提高而且重视价值观的培育时，才能从教育层面帮助解决"智德"相分离的社会现状。要为知识与道德的协调发展创造良好的教育空间，不仅要强调知识的完整性和理论的系统性，更要将理性信念的涵养、道德人格的培养以及价值观念的滋养纳入教育教学的全过程，为受教育者创造智德培育同步进行的良好空间。

### 6. 持续做好"两手抓、两手都要硬"的文明建设

历史和现实已然证明，知识与道德两者间的紧张关系不会因道德形而上的解构而得到化解，也不会因科学技术的发展而趋于缓解。显而易见，传统智德的紧张关系在现代主要表现为知识带来的科技发展、物质进步与道德视野下精神文明之间的协调的难题。那么，传统智德的现代弘扬必然要为其生长提供合适、适宜的土壤，既要推动建设强大的物质基础，加强物质文明建设，又要创建为物质文明提供精神动力和智力支持的良好精神文明环境，建立和运作两个

---

① 张烁.把思想政治工作贯穿教育教学全过程 开创我国高等教育事业发展新局面[N].人民日报,2016-12-09(01).
② 用新时代中国特色社会主义思想铸魂育人贯彻党的教育方针落实立德树人根本任务[N].人民日报,2019-03-19(1).
③ 骆郁廷.坚持知识教育与价值观教育紧密结合[J].高校理论战线,2010(11):44—46.

文明之间的和谐机制，推动实现社会发展中工具理性与价值理性的和谐共生。邓小平曾对物质文明和精神文明的协调发展提出了经典论述，他明确提出："我们要建设的社会主义国家，不但要有高度的物质文明，而且要有高度的精神文明。""不加强精神文明的建设，物质文明的建设也要受破坏，走弯路。光靠物质条件，我们的革命和建设都不可能胜利。"[①] 此外，邓小平还多次强调"一手抓物质文明，一手抓精神文明""两手抓，两手都要硬"。然而，现实生活中出现的"道德滑坡"已然说明了传统体制上的问题，离开现实的、具体的社会历史条件，仅从形式上强调文明的物质形态和精神形态无法真正实现"两手抓、两手都要硬"的文明建设。社会文明发展中不和谐现象的存在就是源于没有处理好知识理性与道德价值之间的互动关系，造成了"一手硬、一手软"的现象。事实上，要为传统智德的现代弘扬提供一个广阔自由的发展空间，必须要持续做好两个文明建设。一是要明确社会主义方向，"只有社会主义才能救中国，只有中国特色社会主义才能发展中国"。这是我们在长期革命建设中所得出的颠扑不破的真理。二是要把握两者间的协调发展程度，在和谐社会建设过程中，无论在哪种文明建设上出现偏重问题，都会在一定程度上造成混乱和冲突：精神文明发展上的霸权化会引发物质生产上的无序化，而物质文明发展上的短期化会造成精神生活上的空洞化。因此，既要避免"精神万能论"仅从人的头脑中寻求原因或出路，又要反对"经济决定论"抹杀人的道德责任和精神文明。只有一手抓物质文明、一手抓精神文明才能为智德关系中知识理性作用的发挥提供现代生产的社会化基础，为道德伦理价值的发挥提供广阔的空间。

人的智慧结构向来都是复杂的、多层次的统一体。在中国传统智德观中知识价值和道德价值乃是最主要的两大内容，求真求善的统一便是人类的共同追求和终极意义。纵观历史潮流中的智德观，在不同时代、不同阶段都散发出特有的思想光芒。中国传统智德观所蕴含的"崇智""尚智"思想无疑是符合历史前进要求的优秀文化，因而在实现中华民族伟大复兴的进程中，我们必须继承并发扬传统智德观中的优秀成果，实现在尊重客观现实基础上知识与道德、真理与价值的和谐统一。

---

① 邓小平.邓小平文选（第三卷）[M].北京：人民出版社,1993:144.

# 第四篇 「廉」德篇

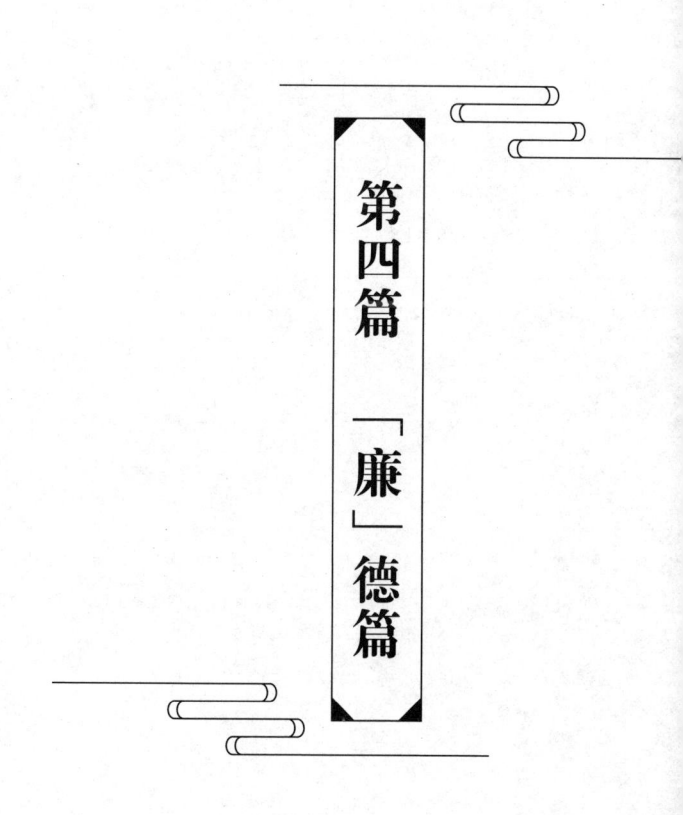

"廉"德是中华传统美德德目的重要组成部分，是促进国家发展、维护社会稳定和提升个人修养的重要因素，既是一种无形的道德约束力，也是一条有形的法律底线。"廉"德源远流长，随着中华民族的发展，"廉"德的重要性逐渐凸显并成为推动历史发展的不竭动力。廉洁政治、廉洁社会风气的培育建设是一个永恒的主题，中华人民共和国成立以来，特别是改革开放以来，倡导廉政、褒扬廉德一直是社会的主旋律。中国在弘扬"廉"德的过程中，总体上取得了重大成效，但廉洁政治、廉洁社会风气的建设是一项长期的使命。在现实实践中，社会廉德教育、重点人员的"廉"德意识的培育和提高、社会廉洁风气的营造和法治建设等方面还有许多工作要做。因此，如何从传统文化中汲取智慧，在当代进一步弘扬传统"廉"文化，加强现代公民的"廉"德教育和"廉"德培育，对于建设风清气正的廉洁政治、廉洁社会具有重要的现实意义。

## 一、"廉"德的起源与历史流变

中华民族走过了五千多年的发展历程，创造了博大精深的中华文明，孕育出了中华民族宝贵的精神财富。中华传统道德作为中华文明不可或缺的一部分，在公民的道德素质建设中起着至关重要的作用。中华传统"廉"德源远流长，经过长期的沉淀、继承、发展和完善，形成了一套内涵日渐丰富的"廉"德体系。

### （一）传统"廉"德的起源

关于"廉"德起源的问题，目前学术界仍存在不同见解，尚未有统一的结论。在此，对这一问题已有的探讨情况先进行初步梳理。

1. "廉"德的起源

根据现存史料的记载，国内大多数学者认为"廉"德最早起源于《周礼》中所记载的"六廉"之说，用于考察官吏的品德和行为。国内学者皮剑龙和姬秦兰在其著作《中国古代的廉政和清官》中说："早在西周时期，著名政治家周公旦便大声疾呼，要以廉政、廉法'弊群臣之治'，可以说，'以廉为本'的廉政思想在中国已经发展了 3 000 多年。"学者杨昶认为"廉"德起源于春秋时期齐国宰相管仲提出的"国之四维"说,管仲将"廉"上升至立国的四大纲要之一。[①] 国内学者唐贤秋在《中国古代廉政思想源流辨——兼与杨昶先生商榷》中反驳道:"廉洁之德是酋长和原始氏族成员的公共道德品质。"[②] 其根据《尚书·皋陶谟》中皋陶谟记载总结所得原始社会舜帝时代的"九德"之说,遂认为"廉"作为一种为政之德的实践活动,早在上古原始社会末期就已出现。并随后在其所著文章中多次强调,"廉"作为一种道德,远远早于文字记载的史料,产生于原始社会末期。[③] 又有学者田旭明针对"廉"德文化的起源问题指出,在唐禹时代,其是尧舜选择后继者时所持的原则,且留下的名言,可以视为中国传统廉洁美德最初的星光。[④]

在翻阅文献以及阅读前辈学者的著作时可以看出,大多数学者认为"廉"德在被文字记载之前,就已作为一种价值取向存在于人们的观念中。在原始社会,人们与他人合作进行着生产劳动来保障自己的生存和生活,在这一过程中,虽然没有语言和文字的交流,但人与人之间存在一定的社会契约关系来平衡利益所得。这时,"廉"德就作为一种实践中所奉行的价值原则,约束着个人的行为,以达到维持人与人之间和谐生产关系的目的。早在原始社会,在人们的生产实践与生活中,"廉"德就已产生,人们虽然没有明确的"何为廉德"的认知,但早已在头脑中产生"廉"德意识,隐含在人们的交往实践中,是人们无意识的行为遵循。因此,可以说,"廉"德在原始社会时期就已产生,并影响着人们的生活和行为方式。

2. "廉"德的基本内涵

"廉"德是中华传统美德德目,也是中国优秀传统文化的重要组成部分。深入挖掘"廉"德的基本内涵,必须首先着手了解"廉"这一字本身的基本内涵要义。

(1)"廉"的基本内涵。廉的第一种释义可以归纳为堂屋的侧边,棱角。

---

① 杨昶."廉"德探源及古代廉吏标准 [J]. 华中师范大学学报(哲学社会科学版),1996(4):68—71.

② 唐贤秋. 中国古代廉政思想源流辨——兼与杨昶先生商榷 [J]. 陕西师范大学学报(哲学社会科学版),2006,35(6):21—26.

③ 唐贤秋. 从传统廉政文化渊源谈为政之德 [J]. 广西民族大学学报(哲学社会科学版),2007,29(2):140—145.

④ 田旭明. 中国传统廉德文化的价值内蕴 [J]. 长春市委党校学报,2014(6):18—20.

许慎在《说文解字》中对"廉"字的解释如下:"廉,仄也。"① 廉,也就是不平、弯曲,"廉"字的部首为"广","广"有房屋的意思,从前厅堂的侧边被称为廉,所以廉字与房屋有密切联系。《仪礼·乡饮礼》中这样提道:"设席于堂廉东上。"即在堂屋的东边摆放席位。成语"廉远堂高"意指皇帝位于文武百官之上,拥有至高无上的地位,出自《汉书·贾谊传》的"故陛九级上,廉远地,则堂高"意为皇帝位于九级高的台阶之上,房屋远离地面,因此堂屋也就高不可及了。《礼记·聘义》提道:"廉而不刿,义也。"② 有棱角但不去伤害别人,便可称之为有道义,在这里廉的含义便是棱角。因此,在第一种含义中,廉作为名词,指房屋的侧面,棱角。

廉的第二种解释为刚正,品行端正。《广雅》中称:"廉,清也。"廉有清正清明之意。《礼记·乐记》:"其敬心感者,其声直以廉。"③ 当虔诚的心有所感应时,发出的声音是刚直而廉正的。"丝声哀,哀以立廉,廉以立志。"④ 琴瑟之声哀怨,哀怨的声音使人清正廉直,清正廉直就会促使人向善。《礼记·乐记》这两处"廉"的含义都是廉直。《庄子》中载道:"人犯其难,我享其利,非廉也。"⑤ 别人因为苦难而困扰,而自己却享受着荣华富贵,这不是一个有德行的人能做得出的。庄子也把廉洁刚正作为自身的道德要求,时刻惦念着百姓的生活,而非只顾及个人的享乐。《后汉书·列女传》中也提道:"廉者不受嗟来之食。"品行刚正的人不会接受他人施舍的东西。《史记·屈原贾生列传》中这样形容屈原:"其行廉。"称屈原的品行清明,有担当。回顾史料记载,"廉"字又作形容词,用来形容一个人的品德端正,为人处世清明正直,为他人着想,绝非只顾自身的利益。

廉的第三种解释为考察。《周礼》中提到的"六廉",即"以听官府之六计弊群吏之治:一曰廉善,二曰廉能,三曰廉敬,四曰廉正,五曰廉法,六曰廉辨"。⑥ 这句话的大致释义为需要用治理官府的六种方法来考察官吏的治理能力,第一种方法是考察官吏的善良品质,第二种方法是考察官吏是否有执行能力,第三种方法是考察官吏是否具有恪尽职守的态度,第四种方法是考察官吏

---

① 许慎.说文解字新订 [M].臧克和,王平,校订.北京:中华书局,2002:616.
② 胡平生,张萌.礼记 [M].北京,中华书局,2017:1125.
③ 胡平生,张萌.礼记 [M].北京,中华书局,2017:713.
④ 胡平生,张萌.礼记 [M].北京,中华书局,2017:745.
⑤ 方勇.庄子 [M].北京:商务印书馆,2018:538.
⑥ 吕友仁,李正辉,孙新梅.周礼 [M].河南:中州古籍出版社,2018:40.

的品性是否端正，第五种方法是考察官吏是否能做到秉公执法，第六种方法是考察官吏是否有明辨是非的能力。如在以上六种考察方式中，官吏表现优秀，此种官吏便可称之为"廉吏"。由此可见在《周礼》中，"廉"一字又作动词，有考察之意。《管子·正世》中提道："人君不廉而变。"① 不对帝王进行考察，帝王就会改变他原有的品行。总结以上我们可得出，廉字除了具有名词和形容词两种词性外，又作动词，具有考察、调查的含义。

总结历史文献记载，"廉"字的基本含义广泛，内容丰富，既可作为名词，又可作为形容词与动词来使用。作为名词，廉有房屋的侧边、角落的含义；作为形容词，廉有廉洁、刚正的释义，可用于形容人的德行端正；作为动词，廉又有考察之意。只有在深刻了解廉字基本含义的基础上，才能深入理解"廉"德的基本含义。

（2）"廉"德的基本内涵。"廉"德由"廉"字和"德"字组合而成，廉字的基本含义大致可以归纳为上文所述三种类型，即作为名词、形容词与动词，且廉字的不同词性含义相差甚远。而德一字，其含义亦深远广泛，需要仔细钻研其蕴含的不同释义。

首先，德可以作为名词，指客观规律、道德、品行。国内有学者在研究德的含义演变过程时，发现在最早时期，德并无常用的道德、品行等含义，而是单指自然界中的客观规律。庄子在其《庄子·天地》篇中提道："故曰：玄古之君天下，无为也，天德而已矣。"② 所以说，远古时期君王能统治天下，并不是由于其有什么作为，只不过是客观规律罢了。这里的德意指客观规律。③ 德与行是一个人的内心和表现出来的行为的统称，在内心的表现称之为德，实际行动称之为行。在《周礼》中，德具体表现为六德，知、仁、圣、义、忠、和，即有涵养、有仁心、博通先知、有义气、有忠心、有善心，因此德可看作一个人内在的道德。行的具体表现在六行，孝、友、睦、姻、任、恤，即孝顺父母、对人友善、与人和睦、对人亲切、对朋友讲诚信、同情和救济贫穷者，因此行可以看作一个人根据内在的道德表现出来的外在的行为，这种行为可称之为有道德的行为。在孟子所著《孟子》中齐宣王发问："德何如则可以王矣？"④

---

① 孙中原. 管子解读[M]. 北京：中国人民大学出版社, 2015:351.

② 方勇. 庄子[M]. 北京：商务印书馆, 2018:196.

③ 汪凤炎. "德"的含义及其对当代中国德育的启示[J]. 华东师范大学学报（教育科学版）, 2006(3):11—20.

④ 方勇. 孟子[M]. 北京：商务印刷馆, 2017:10.

王应该具备什么样的道德呢？这是对帝王个人应具备哪些道德进行的发问。因此，不难总结得出，德作为名词，其含义具有一个演变的过程，即从最开始与道德品行毫无关系演变成指个人的德行。

其次，德可以作为形容词，形容一个人有道德，是有德行之人。《国语·周语下》中提道："吾闻之，国德而邻于不修，必受其福。"我听说，一个国家有道德，那么与这个国家相邻的国家可以不需要修筑围墙来抵御他们的侵略，反而会受到他们的恩泽。这里所说的"国德"由国家的百姓和君王的道德形成，其中的德指有道德。

再次，德可以作为动词，通"得"，指感激、教化，还有登高、上升之意。从德字的组成来看，其偏旁与行走相关，因此引申出来登高的意思。《说文解字》中称："德，升也。"[1] 即德就是上升。左丘明在《左传·成公三年》中写道："然则德我乎？"[2] 这里所用的德就是感激的意思，即王说："那么你感激我吗？"《韩非子·外储说左下》中写道："以功受赏，臣不德君。"[3] 韩非子认为根据功劳接受赏赐，并不感谢君主。从史料记载上看，德作为动词，含义亦纷繁复杂。

"廉"德一词从根本上讲指一种品德和德行，"廉"字在"廉"德中作为形容词，而德字作为名词，因此"廉"德是道德的具体化。"廉"德侧重的是包含"廉"的一系列行为规范，是以"廉"内容为核心的道德，更具指向性和具体性。最早，"廉"字并无道德的含义，单指一个人的行事作风，并不包含"廉"德的意识和"廉"德观念，而主要指一种廉洁行为。相比于"廉"，"廉"德的内涵更为丰富，将"廉"作为一种道德观念，既包括"廉"德意识，也包括外化于行的"廉"德行为，让人们在为人处世中加以奉行，是一种全民的道德。

## （二）"廉"德内涵的历史流变

中华传统"廉"德源远流长，是中华民族宝贵的精神和道德财富。不同的时代面临着不同的际遇，不同时代的社会存在决定了在不同的历史时期有着不同的社会意识。因此，道德作为社会意识的重要组成部分，随着社会历史的更替而呈现不断发展的状态，"廉"德内涵的历史流变亦然。

---

[1] 许慎.说文解字新订[M].臧克和，王平，校订.北京：中华书局,2002:113.
[2] 朱立春.新编说文解字[M].江西：江西美术出版社,2018:183.
[3] 王伏玲,高华平.韩非子[M].北京：商务印书馆,2016:455.

1. 古代"廉"德的内涵

关于"廉"德的起源问题，虽无文字记载，但笔者认为早在原始社会，"廉"德就已经萌芽，并作为一种社会意识影响着人们的生活实践。虽然现存的文献记载没有就原始社会时期"何为廉德"做出解释，但从人们的生活实践中可以看出人们可以意识到"不廉"行为所带来的后果，因此也就意识到了"廉"德意识的重要性，这种意识潜移默化地影响着人们的行为。

原始社会时期，人们为了生存和生活，自发地组织起来，形成一个个集体，共同劳作，通过就地取材的方式维持集体的生存与发展。然而在集体中，人们并不是处于一种混乱的无秩序的状态，而是出现了社会分工，每个人都有自己的位置，各自完成任务，以维持集体的稳定发展。学者罗国杰对这一时期人们的行为这样解释："他们在劳动和交往关系中，表现出一些本能的行为和关系，如合群性、互助性、协作倾向、分食习惯等。这些本能性表现在长期的行为实践中，已逐渐成为行为习惯或原始生活方式。但是，这些行为习惯在本质上，还是在简单求生意识支配下产生的，还不是在自觉意识支配下表现出来的，因此还不是道德行为和道德关系。"[①] 他认为人们自觉遵守集体内部公约规定，自觉完成分工合作是出于本能且无道德的状态，因为在原始社会时期，人们的身体机能还处于一种未被开发的状态，没有接受教育，难以理解什么是道德，更不必说了解什么是"廉"德，但是原始人出于本能和本性来完成集体内部的分工协作，正是由于"廉"德的意识隐含在原始人的头脑中，支撑原始人做出这一系列行为。因此，可以说，在原始社会时期，"廉"德意识已经在原始人头脑中萌芽，具体表现为原始人自觉遵守集体内部的分工任务，完成分工协作，因而逐渐成为调节人们行为的规范。

（1）夏商周时期"廉"德的具体表现。中国古代早期国家的产生，使人们在社会生活之外还拥有了政治生活，因此，"廉"德也逐渐蔓延至早期国家的政治统治中。

夏朝是历史记载中第一个采用王位世袭制的国家，禹帝意欲把帝位让给更具德行的益，但是诸侯却更拥戴禹的儿子启，在禹逝世后启就因此继承了帝位，成了新一代的帝王，而禹眼中更具德行的益却归隐山林，夏朝便由此开始。在官员的选拔上，也就从此写下了世袭制的历史。夏朝的最后一位帝王桀，是一位不折不扣的暴君，终日饮酒作乐，骄奢成性，欺压百姓，民不聊

---

① 罗国杰. 伦理学 [M]. 北京：人民出版社，1989:39.

生。学者张传玺也曾评价桀,说:"夏桀在政治上倒行逆施,近小人,远君子,刚愎自用,听信谗言,统治集团内部矛盾重重,斗争激烈。正直清廉者或遭杀害,或离他而去。夏桀在位数十年,已众叛亲离。"[1]夏王桀荒淫无度,沉溺美色,远离有德行之人,无心朝政,"廉"德之人建言献策却惨遭杀害。因此,在这一时期,由于君主暴政统治,"廉"德被统治者所忽视。

商朝的建立源自商汤灭夏之战。商汤知晓在夏王桀的统治下,政治腐败,民心向背,桀早已众叛亲离,故率兵讨伐夏王,建立了中国历史上第二个朝代——商朝。自商朝建立之后,商汤以桀为鉴,在位期间,能做到亲民、爱民的同时善用有德才之人。首先,在选官上除了任用自己的亲信之外,还会推选出一些具有德行和才能之人,辅佐君主的统治。其次,为了使官员保持清廉的德行,还制定了法律来规范官员的行为,并且一直延续到商朝后期。因此,商朝统治者的"廉"德表现在懂得运用法律制度来规范自己以及官员的行为,并且懂得任用拥有廉洁德行的人,使政治清明,百姓拥戴。

周王朝的到来也是由于商纣王在位时期的暴政统治。商纣王生活极度奢靡,无心朝政,《尚书·泰誓上》中周武王这样描述纣王:"今商王受,弗敬上天,降灾下民。沉湎冒色,敢行暴虐,罪人以族,官人以世。惟宫室、台榭、陂池、侈服,以残害于尔万姓。焚炙忠良,刳剔孕妇。"[2]纣王将忠德贤良之人活活烧死,伤害百姓,因此在与周武王的战役中,由于民心所向,不战而败。商朝的灭亡和夏朝的灭亡有相似性,那便是君王骄淫奢靡,近小人,远离廉德之人,导致国家政治腐败,丧失了民心。周人深知推翻商朝是由于百姓渴望一个更具德行的君主来统治国家。因此,他们认为统治者应该具有德性,应该时刻体恤民情,为百姓考虑,实行德政,否则周朝也会重蹈覆辙,被其他王朝所替代。

(2)春秋战国时期诸子百家论"廉"。春秋战国时期,在文化上形成了百家争鸣的繁荣局面,对于"廉"德的推崇也到了一个鼎盛时期,"廉"德的内涵也得到了进一步的提升和完善。

孔子对周朝文化十分赞同,曾提出:"郁郁乎文哉,吾从周。"[3]鲜明地表达了自身崇尚周朝文化的观点,由此可以看出,孔子所提出的思想在一定程度上受到了周朝崇尚道德和任用"廉"德之人观念的启发和影响,提出"天下为公,

---

[1] 张传玺.从"协和万邦"到"海内一统"先秦的政治文明[M].北京:北京大学出版社,2009:26.
[2] 尚书[M].钱宗武,解读.北京:国家图书馆出版社,2017:230.
[3] 杨伯峻.论语译注[M].北京:中华书局,2015:41.

选贤与能的禅让时代"。① 在禅让制的时代中,"廉"德已经成了统治者必须具备的品质。《论语·阳货》中记载:"古者民有三疾,今也或是之亡也。古之狂也肆,今之狂也荡;古之矜也廉,今之矜也忿戾;古之愚也直,今之愚也诈而已矣。"② 孔子说古代矜持的人棱角分明,今日矜持的人却容易生气,古代的良好品质,却在今日人们的身上消失了,在这里,"廉"的释义为它最初的本义,即棱角。孔子认为应该继承周朝时期所推崇的良好品德,"廉"德便是当时人们良好德行中的一种,应当继续将其发扬光大。

孟子生活在战国后期,这一时期国家局势动荡不安,战火连天,孟子周游列国,极力推行"仁政",值得注意的是,孟子在他的思想主张中已经明确地将"廉"德作为一种道德品质,并且对"廉"德做出了具体的定义。在《孟子·滕文公下》中,匡章向孟子询问陈仲子能不能算得上是"廉士"时,孟子回答道:"于齐国之士,吾必以仲子为巨擘焉。虽然,仲子恶能廉?充仲子之操,则蚓而后可者也。夫蚓,上食槁壤,下饮黄泉。仲子所居之室,伯夷之所筑与?抑亦盗跖之所筑与?所食之粟,伯夷之所树与?抑亦盗跖之所树与?是未可知也。"③ 尽管孟子承认,在齐国的士人之中,陈仲子的品德算得上是首屈一指的,但看陈仲子的为人,其还称不上是廉洁之人。陈仲子因为哥哥家世显赫,逃避哥哥和母亲,另寻住处,只吃妻子做的食物不吃母亲做的,这是算不上廉洁的,除非像蚯蚓一样,自食其力,才能算得上廉洁。首先,孟子认为"可以取,可以无取,取伤廉;可以与,可以无与,与伤惠;可以死,可以无死,死伤勇"。④ 可拿可不拿的东西,拿走了就会伤害廉洁;可给可不给的东西,给了就会伤害恩惠;可死可不死的情况,死了就会伤害勇气。因此,在孟子的观点中,不应该索取过多,只应拿取属于自己的部分,才能保持廉洁的品质。其次,孟子严厉地批评乡愿这类人,这类人平时的行事风格看似非常廉洁,不取不义之物,得到众人的喜爱,但这类人却不能憎恶不廉洁的人,因此也并非具有真正"廉"德的人。反而,像伯夷这样的人,才是廉洁的人。孟子夸赞伯夷:"目不视恶色,耳不听恶声。非其君不事,非其民不使。"⑤ 伯夷具有

---

① 斯维至. 说德 [J]. 人文杂志, 1982(6):74—83.

② 杨伯峻. 论语译注 [M]. 北京:中华书局, 2015:270.

③ 方勇. 孟子 [M]. 北京:商务印书馆, 2017:130.

④ 方勇. 孟子 [M]. 北京:商务印书馆, 2017:169.

⑤ 方勇. 孟子 [M]. 北京:商务印书馆, 2017:205—206.

良好的明辨善恶的能力，百姓"故闻伯夷之风者，顽夫廉，懦夫有立志"。[1] 听闻伯夷的高尚品德，即使是贪心的人也变得廉洁了，软弱的人也有了自己奋斗的目标。总结孟子的观点，可以得出结论：能做到分辨善恶是非，对于身外之物不贪取，并且能用自身的廉洁影响别人积极向廉，便是"廉"德之人了。

荀子主张"性恶论"，提出没有人生来就有道德之说，道德的获得需要后天的教化和学习，因此"廉"德作为一种道德，需要通过后天的学习形成。荀子还认为，百姓若要具备"廉"德，君主需要起到榜样作用，自身要做到不贪图利益，官员和百姓才能做到不贪图钱财。在荀子的观点中，廉洁是君子的品德之一，提出"君子宽而不僈，廉而不刿，辩而不争，察而不激，直立而不胜，坚强而不暴，柔从而不流，恭敬谨慎而容，夫是谓至文"。[2] 这里所提到的"廉"，是作为一种君子身上的良好品德被提及，可以解释为"棱角"的意思，可以引申为正直。由此可见，荀子已经把"廉"德作为一种全民的道德，无论是君主、君子还是百姓，都应该学习并且具备这种正直、不贪图钱财的"廉"德。此外，荀子第一次将"廉"与"耻"相对立，在《荀子》一书中，多次将"廉耻"连用。《荀子·修身》提出："偷儒惮事，无廉耻而嗜乎饮食，则可谓恶少者矣。"[3] 偷懒，懦弱，怕事，没有廉耻之心又贪图享乐，可以称得上是不好的少年了。《荀子·荣辱》提出："今是人之口腹，安知礼义？安知辞让？安知廉耻、隅积？"[4] 现如今，人们只知道吃饱穿暖，怎么会知道礼和义是什么？怎么会知道谦让是什么？怎么会知道廉洁耻辱、事情的整体和局部是什么？荀子在提倡"廉"德为全民道德的基础上，进一步将"廉"与"耻"联系起来，并且警示世人要明确"廉耻"，是"廉"德内涵的一大突破。

老子对"廉"德的看法和荀子有很大的相同之处，都把"廉"理解为棱角，引申出正直的含义，即把"廉"德解释为最原始的含义。《老子》第五十九章提出："方而不割，廉而不刿，直而不肆，光而不耀。"[5] 方正却能不去割伤别人，有棱角却能不去划伤别人，正直却能不放肆，光明却能不夺目。"廉"德是圣人身上良好的品德之一，也是圣人为人处世顾及大局的行为准则之一。

管仲在任齐国宰相之时视"廉"一字为治国要道，将其列入关乎国家生

---

[1] 方勇. 孟子 [M]. 北京：商务印书馆, 2017:206.

[2] 楼宇烈. 荀子新注 [M]. 北京：中华书局, 2018:36.

[3] 楼宇烈. 荀子新注 [M]. 北京：中华书局, 2018:29.

[4] 楼宇烈. 荀子新注 [M]. 北京：中华书局, 2018:56.

[5] 陈剑. 老子译注 [M]. 上海：上海古籍出版社, 2016:200.

死存亡的"国之四维"。《管子·牧民》中载道："何谓四维？一曰礼，二曰义，三曰廉，四曰耻。礼不逾节，义不自进，廉不蔽恶，耻不从枉。故不逾节则上位安，不自进则民无巧诈，不蔽恶则行自全，不从枉则邪事不生。"① 其大意是，国家的兴衰与四个方面息息相关，分别为礼、义、廉、耻。礼能使人注重礼节，不触碰人际交往的底线；义能使人有一颗仁爱之心，在个人的思想行为符合标准的时候却不举荐自己；廉能让人不隐瞒自己所犯的错误；耻能使人明辨是非黑白，不与恶派、邪派同流合污。礼义廉耻是支撑国家的四根柱子，任意一根柱子倾倒，国家的发展都无从谈起。由此，管子呐喊："礼义廉耻，国之四维；四维不张，国乃灭亡。"②

墨子十分注重贤能之士对国家发展所起的作用，将"尚贤"置于思想中的首要地位，提出"是故国有贤良之士众，则国家之治厚；贤良之士寡，则国家之治薄。故大人之务，将在于众贤而已"。③ 一个国家如果有众多的贤良之人，那么国家的实力就会变强；如果国家拥有的贤良之人少，那么这个国家的实力就会非常薄弱。所以大臣当务之急的工作，就是使国家的贤良之人增多罢了。那么何谓"贤良之士"？在墨子的观念中，贤良之士拥有高尚的道德，"廉"德便是其中重要的品德。《墨子》修身篇中提出了君子的为人之道，即"贫则见廉，富则见义，生则见爱，死则见哀，四行者不可虚假，反之身者也"。④ 君子的为人之道，便是身陷贫困却能坚守"廉"德，在富裕时能坚守"义"德，见到生者表现出爱心，看到死者表现出悲伤之情，这是君子所应具备的道德品质，"廉"在这些道德品质中被墨子首先提及，即表明了"廉"在君子道德品质中的首要地位。此外，墨子还提出"是以吏治官府不敢不洁廉"。这里所提的"洁廉"为廉洁之义，主张官吏在治理国家时也应坚守"廉"德，使政治廉洁。因此可以看出，在墨子的思想主张中，"廉"德是君子的良好德行之一，是官府任用贤能之士的标准之一，也是官吏治理国家所应秉持的原则之一。

总结春秋战国时期诸子百家的论述可以看出，由于诸子所处时代以及阶级立场的差异，对"廉"德的具体内涵各有不同的见解，但"廉"德在这一时期已经作为一种道德被推崇，无论是在个人道德层面，还是在治国理政层面，"廉"德都是一种必须具备的品德。

---

① 孙中原. 管子解读 [M]. 北京：中国人民大学出版社, 2015:151.
② 孙中原. 管子解读 [M]. 北京：中国人民大学出版社, 2015:151.
③ 方勇. 墨子 [M]. 北京：商务印书馆, 2018:55.
④ 方勇. 墨子 [M]. 北京：商务印书馆, 2018:12.

（3）秦汉以后"廉"德思想的演变。秦王朝的建立，结束了国家分裂的局面，建立了中国历史上第一个统一的王朝，在全国范围内实行统一的政治、度量衡、文字和思想，并焚烧了诸子百家所著书籍，在思想上结束了百家争鸣的繁盛局面。秦始皇焚书坑儒，不仅给中华文明带来了打击，也给儒学中所蕴含的"廉"德思想的传承带来了毁灭性的损害。在选官制度上，秦王朝推行法家韩非子提出的"推功而爵禄，称能而官事，所举者必有贤，所用者必有能"。[①]思想，崇尚贤能人士，但这类贤能人士与儒家所说的在品德和才能上皆具有高超水准的贤能人士有所不同，法家所推崇的贤能人士，是用对国家所做的贡献作为衡量标准的。但从侧面来看，这一选官制度推选出来的官吏舍弃自身利益，为国家的利益着想，也丰富了"廉"德的内涵，推动了"廉"德内涵的发展。

汉武帝时期，武帝接受了董仲舒提出的"罢黜百家，独尊儒术"的建议，在确立了儒家崇高地位的同时，"廉"德再次被推到一个新的高度。董仲舒推崇以德治国，清正为人，提出"天施之在人者，使人有廉耻，有廉耻者，不生于大辱，大辱莫甚于去南面之位，而束获为虏也。曾子曰：'辱若可避，避之而已；及其不可避，君子视死如归。'谓如顷公者也"。[②] 并认为"廉"德是可以被教化的，提出"天下者无患，然后性可善；性可善，然后清廉之化流；清廉之化流，然后王道举，礼乐兴，其心在此矣"。[③] 举国上下没有忧患，那么百姓的品德中才会有善，清正廉洁的教化才会流行起来；王道也就会实行，礼乐才会兴盛。由此可见，在董仲舒的观点中，清正廉洁的品质是"王道举，礼乐兴"的前提，而若要使百姓保持清正廉洁的德行，需要通过教化才可以实现。

值得一提的是，在汉武帝时期，"廉"德不光是一种个人的品德，还作为一种为官从政者所必备的品德，在选拔官吏时加以考察。汉武帝时期实行的选官制度"察举制"，将"廉"德与政治完美地结合在一起，使之成为从政者必须具备的品德之一。汉武帝时期的察举制从单一考察文史知识转变为考察个人品德，孝廉就是其中重要的考察科目。推荐人才也讲求原则，如在察举中不准举荐商人，不准举荐赃吏子孙，巫家出生和六百石吏员不得举荐。[④] 不仅如此，在被举荐人的年龄、资质以及举荐名额上都有严格规定，此番举措确保了被举

---

① 王凯旋.中国科举制度史[M].沈阳：万卷出版公司,2012:11.

② 张世亮,钟肇鹏.春秋繁露[M].北京：中华书局,2018:62.

③ 张世亮,钟肇鹏.春秋繁露[M].北京：中华书局,2018:155.

④ 王凯旋.中国科举制度史[M].沈阳：万卷出版公司,2012:19.

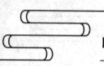

荐人的品德和才干。被成功举荐的"孝廉"之人在"廉"德品行上为百姓和其他官员树立了良好的榜样作用,也从侧面为"何谓廉"做出了具体的说明。

自汉代以后,"廉"德与国家的政治格局结合起来,是衡量国家政治清明的重要维度。首先,在选拔官吏上,从汉代的察举制到魏晋南北朝时期的九品中正制度,再到隋唐时期的科举制度,都将是否具有"廉"德作为重要的考察科目之一。"廉"德的具体内涵没有太大的差异,都是指为人行事清正廉洁。其次,在统治者的政治品德上,是否具有"廉"德是考察统治者的一项重要标准。自夏商周时期以来,沉迷于淫乱骄奢生活的君主不会受到百姓的爱戴,最终只会被其他具有"廉"德、为百姓着想的君主所代替。因此,汉代以后中国古代"廉"德的发展进入了一个新的历史阶段,即"廉"德与政治相结合,不仅作为一种个人的品德在日常生活行事中对人起到一定的约束作用,更在政治生活中作为一种政治品德与国家的发展和稳定相联系。

2. 近代以来"廉"德的际遇

回顾古代社会对"廉"德内涵的丰富和发展,可以看出在古代历史发展过程中,"廉"德一直深受推崇,成为古代道德的重要内容之一。但是在1840年鸦片战争之后,中国的国家性质发生了巨大变革,包括"廉"德在内的中华传统美德德目遭到了前所未有的挑战和冲击。

洋务运动是一场自发式的救国运动,洋务运动主张学习西方先进的科学技术和文化知识,这一主张对中国传统道德产生了一定的冲击。在洋务运动时期,出现了第一个"睁眼看世界"的林则徐,也涌现了一大批先进的知识分子,他们呼吁学习西方的长处来抵御西方列强的侵略。在学习西方的过程中,中国兴办了一大批洋务学堂,并派送了一批儿童去西方留学,无论是国内的儿童还是留学的幼儿,都在接受西式的教育,因此西方的道德观念也在潜移默化地影响着中国人的道德观念和行为。

辛亥革命的胜利结束了中国两千多年的封建帝制,建立起"中华民国",意味着中国传统封建社会的结束。随着中国封建社会的结束,中国人对自身的传统道德观念产生了质疑,出现了传统道德信仰危机。黄兴曾在给当时的总统袁世凯的建议信中提道:"立政必先正名,治国首要饬纪。我中华开化最古,孝弟忠信、礼义廉耻为立国之要素,即为法治之精神。"[①] 黄兴意识到礼义廉耻为国家的道德根本,认为对于孝悌忠信、礼义廉耻等优良的传统道德,必须充满

---

[①] 湖南省社会科学院.黄兴集[M].北京:中华书局,1981:193.

自信，需要每位中国人自觉地传承。

国民党统治时期，作为领导人的蒋介石虽然在思想上崇尚"廉"德，极其憎恶贪污腐败行为，但其在行动上却对贪污腐败行为和现象非常纵容，因此在这一时期"廉"德并没有得到良好的推崇。同时，社会上贪污的风气非但没有得到有效遏制，反倒愈演愈烈。蒋介石家族、宋子文家族、孔祥熙家族和陈立夫家族是这一时期在社会上赫赫有名、享有威望的四大家族，在20世纪上半叶，掌握着控制中国政治和经济命脉的巨大权力，其家族成员利用职责之便，成功地大发国难财，聚敛巨额财富，贪污好财程度远近闻名。在当时，流传着"蒋家天下陈家党，宋家姐妹孔家财"的说法，在蒋、宋、孔、陈四大家族中，孔祥熙是最有钱的。[①] 这四大家族通过垄断行业、滥发钞票、官商不分等多种方式，使自身财富迅速膨胀。但是，由于其丧失"廉"德，加之其腐败的恶行，最终丧失民心，失去了在大陆的政治和经济的统治地位，其家族曾经的辉煌也逐渐消失在历史中。

五四新文化运动期间道德革命产生了，对于传统儒家的三纲五常等道德观念，革命者提出了不同的声音。李大钊对传统儒学道德提出反对意见，认为道德应该与时俱进，随着社会的发展而发展，传统的儒家道德观点显然已经不适合社会的需要，因此提出"新道德既是随着生活的状态和社会的要求发生的，就是随着物质的变动而有变动的，那么物质若是开新，道德亦必跟着开新，物质若是复旧，道德亦必跟着复旧。因为物质欲精神原是一体，断无自相矛盾、自相背驰的道理"。[②] 但是陈独秀对儒家的观点采用辩证的看法，认为儒家的道德观念中有适应社会发展的内容，例如"温良恭俭让信义廉耻及忠恕之道"，但也有不适应的内容，对于不适应发展的内容，必须摒弃。因此"廉"德作为传统儒家道德中适应社会发展的道德之一，在批判中生存着。

自中国共产党成立之日起，纪律严明一直是中国共产党重要的特征，中国共产党人的道德品质中最显要的品格就是坚守"廉"德，敢于舍弃自身的利益，为百姓为国家的发展做贡献。在抗战时期，中国共产党严明的纪律具体表现为党内人士高度的道德自觉，在物资匮乏的年代，尽管抗战者面临着困苦的环境，却依旧能保持自身高尚的"廉"德品质，不拿群众的一针一线，一心一意为人民、为国家的独立奉献自己。抗战胜利后，毛泽东起草了《中国人民解放军总部关于重行颁布三大纪律八项注意的训令》，从政策上确立了中国共产

---

① 华宸.真实的四大家族[M].北京：中共党史出版社,2017:296.

② 李大钊.五四运动文选[M].北京：三联书店,1959:345.

党铁一般不可撼动的纪律,其中就包括"不拿群众一针一线,一切缴获要归公"等三大纪律和"借东西要还"在内的八项注意,从纪律制度上对共产党人的"廉"德品质加以规定,保障了"廉"德品质的弘扬和发展。

### (三)传统"廉"德的基本特点

作为中华民族优秀传统道德的重要组成部分,虽然"廉"德在中国历史上的不同阶段拥有的内涵不尽相同,在发展变化,但其作为中华优秀传统文化的组成部分,还是呈现出了诸多共同的基本特征。

#### 1. 民族性和阶级性的统一

经过了几千年的传承和发展,中华传统"廉"德在历史的发展过程中展现出中华民族独特的民族性和强烈的阶级性,并在此基础上体现了民族性和阶级性的高度统一。

中华传统"廉"德是中华民族历史发展过程中的道德结晶,是中华优秀传统文化的组成部分,更是中华民族一直以来的道德追求,具有中华民族独特的民族性质。中华传统"廉"德通过一系列感人肺腑的人物、典故、诗词歌赋等形式流传至今,告诉中华儿女何为"廉",如何"廉",给人道德上的鼓励和鞭策。从尧舜时期主张将帝位交付给有道德的人,发展到汉代将"廉"德作为选举官吏的考察标准之一,"廉"德成为为官从政者重要的道德之一,并发展成为全民的道德,"廉"德不仅仅作为一种政治道德,更作为中华民族优秀的传统道德被加以弘扬和传承。"廉"德在整个发展历程中,体现了中华民族特有的性质和价值追求,具有独特的民族性。

中华传统"廉"德在历史的发展过程中体现出强烈的阶级性,是古代阶级统治的产物。在中国古代社会,早在夏商周时期,就主张让有"廉"德之人成为统治国家的左膀右臂,尽管朝代历经更替,但是此种观念一直延续。到了汉朝时期,更是将"举孝廉""察举制"等一系列选举制度用于官吏选拔过程中,将是否具有"廉"德作为一项重要的标准明确规定下来,将其作为一种政治品德加以考察。因此,在古代中国老百姓的观念中,"廉"德仅仅是为官从政者须具备的道德品质,体现出了中华传统"廉"德具有强烈的阶级属性,是中国古代社会阶级统治的产物。

## 2. 伦理性和政治性的统一

国内学者田旭明曾在其公开发表的文章中阐述了"廉"德文化的基本特征，指出："中华传统廉德文化的基本特征是注重道德自律、倡导德法相结合，追求伦理政治。"[①] 结合中华传统"廉"德在历史发展过程中体现的特点，可以看出中华传统"廉"德既是人们为人处世的道德约束，也是管理国家的政治需求，需要将这一道德品质用法律的形式加以落实，因此中华传统"廉"德具有强烈的伦理性和政治性。

中华传统"廉"德作为中华传统道德的重要组成部分，强调的是人们在为人处世时自觉为社会和他人服务，是一种廉洁的生活状态，更是一种高度的道德自觉，向来是文人贤士追崇的优秀道德。孔子对自身的道德品质也有严格的要求，说道："不义而富且贵，于我如浮云。"[②] 面对财富和权力，孔子并不是盲目索取，而是将百姓的利益放在第一位。在当代，"廉"德人物和"廉"德故事数不胜数，"廉洁奉公"更是作为传家宝被中国共产党人一代代传承。因此，中华传统"廉"德具有伦理性，是人们在道德上的自我约束。

中华传统"廉"德是全民应奉行的道德，更是国家治理者应严格遵守的道德品质。从历史的经验中得出，若一个国家的统治者没有"廉"德之心，就容易使百姓陷入困苦的生活，从而失去百姓的信赖。正因为意识到国家治理者丧失"廉"德的严重危害，从商朝起就有惩戒不"廉"官员的法律制度，在汉代出现用"举孝廉"的选举方式推选有"廉"之士来参与国家的治理，到了现代，更是形成了一系列反腐倡廉的法律体系，严厉惩治不"廉"官员。在国家的治理上，将"廉"德与法律紧紧结合在一起，鲜明地体现了中华传统"廉"德具有政治性，是国家治理的重要手段。

## 3. 时代性和继承性的统一

中华传统"廉"德从原始社会起就深深植根于人们的思想观念之中，在历史的发展过程中与时俱进，逐渐演变成一种严格的道德标准沿用至今。从这一层面上看，中华传统"廉"德不仅具有时代性，能随着时代的发展而被赋予新的意义，而且具有继承性，能适应不同历史阶段的需求，继续在新时代被大力弘扬。

---

① 田旭明. 中国传统廉德文化的价值内蕴 [J]. 长春市委党校学报,2014(6):18—20.

② 杨伯峻. 论语译注 [M]. 北京：中华书局,2015:41.

中华传统"廉"德作为一种道德标准，其含义简洁易见，但其在历史发展的不同阶段具有不同的具体要求。在中国漫长而又传统的封建时代，"廉"德主要被看作为官从政者所需的道德品质，要求国家的治理者为百姓着想，远离奢靡淫乱的酒肉生活，成为真正的"父母官"，敛聚民心。在当代，国家的治理者意识到了"廉"德在官员道德品质中的重要地位，不仅加强了对官员的"廉"德培养教育，更制定了一系列的法律规定，督促官员时刻敲响"廉"德警钟，做到积极主动向"廉"德靠拢。不同的时代对"廉"德的要求不同，从传统的封建社会对国家统治者"廉"德的殷切期盼，到对当代官员"廉"德的硬性要求，体现了"廉"德的时代特征。

中华传统"廉"德作为一种优秀的道德品质，能适应不同时代社会发展的需要，在历史发展的过程中，被一代代中华儿女继承发扬，更是在新时代成为唱响中华传统道德旋律的重要音符。中华传统"廉"德与百姓的生活息息相关，是百姓对当官者品德的要求。中国共产党深刻了解百姓所需，一直将"廉"德奉为重要的行事准则，积极倡导"廉"德，在全社会营造出"廉洁奉公"的氛围，继承和发扬了中华传统"廉"德。因此，从"廉"德的历史发展过程中可以看出，中华传统"廉"德具有强烈的继承性。

历史的发展证明，中华传统"廉"德是中华传统道德的重要组成部分，更是推动中国历史发展的无形力量，在历史发展过程中展现出了鲜明的特点，即便历史发展到了新阶段，仍需要继续继承和弘扬中华传统"廉"德。

## 二、传统"廉"德的历史作用

中华传统"廉"德贯穿中国历史发展的始终，在中国政治和社会发展的过程中更是起到了极其重要的推动作用，这种推动作用的体现是综合性的，对国家的治理、社会的稳定和个人的道德修养等都具有积极意义。

### （一）"廉"德是君主理政的前提准则

在中国封建社会长达两千多年的发展历程中，曾出现过多次盛世局面，如"文景之治""贞观之治"等。盛世现象的出现不仅得益于君主具有深谋远虑的治国要略，更得益于君主的良好品行，与君主为百姓着想、远离骄奢淫乱的"廉"德品质息息相关。

文景之治指汉文帝和汉景帝统治时期的治世状况，"文景之治"成为中国历史上公认的一大盛世，更是帝制时代的第一盛世，受到了后人以及今人的高度赞扬。① 司马迁在《史记·平准书》中称赞道:"汉兴七十余年之间,国家无事,非遇水旱之灾,民则人给家足,都鄙廪庾尽满,而府库余货财。京师之钱累巨万,贯朽而不可校。太仓之粟陈陈相因,充溢露积于外,至腐败不可食。众庶街巷有马,阡陌之间成群,而乘字牝者傧而不得聚会。守闾阎者食粱肉,为吏者长子孙,居官者以为姓号。故人人自爱而重犯法,先行义而后绌耻辱焉。"② 从时间上推断,汉兴七十余年这一历史阶段,掌握着国家政权的有汉文帝和汉武帝两位皇帝,在这一时期,除了遭遇自然灾害如水灾和旱灾外,国家没有发生什么大事,百姓家中富裕、生活富有,从城市到乡村,粮仓、财物充足,无法计算。即便是寻常百姓家中,也有马匹。百姓在平常日子里也能吃得上高粱肥肉,当官者到死也不改任。每个人都知道自爱,把犯法的事情看得很重,崇尚行义,摒弃做耻辱之事。可以肯定地说,在汉文帝和汉景帝统治时期,百姓懂得区分廉洁与耻辱,主动地选择做遵循"廉"德的事情,廉耻分明。百姓遵循"廉"德的道德自觉与统治者的个人道德与治国理念密不可分且息息相关。汉文帝和汉景帝治国理政的核心可以概括为"轻徭薄赋,休养生息"八个字,减轻徭役,降低税负,促使百姓的生活得以充实富足,两位皇帝个人生活十分节俭,为了降低百姓的税收负担从而减少个人和国家的开支,不接受各地贡献的奢侈之物。因此,在统治者"廉"德行为的带领下,各级官员也纷纷效仿,不敢沉溺奢侈与浪费,造就了政治、军事、经济、文化和社会发展的文景之治。

唐太宗在位统治时期出现了中国历史上开天辟地的盛世——贞观之治。这一时期政治清明,经济稳定发展,文化上也出现了繁荣的景象。在经济发展方面,唐太宗个人节约克制,以农业为本,以民为本,休养生息,体恤百姓;在文化发展方面,唐太宗完善科举等制度,大力奖励有学之士,使更多人接受教育。因此,贞观之治时期,社会发展稳定,社会秩序良好,百姓更是安居乐业。唐太宗的为君之道中,百姓和君主自身的品德处于最重要的地位,能威胁君主统治的事物仅仅在于君主自身一味追求耳鼻口目之快罢了,因而君主应该摒弃贪图享乐的歪念,遵守"廉"德,加强自身的道德修养,以民众为本。唐太宗视"廉"德为理政治国的前提和准则,并将君德视为关乎国家兴盛与否的关键因素,注重自身的道德涵养,克己明德,虚心向其他大臣求谏。其在位初期,时刻以隋炀帝骄奢无度终致隋朝的灭亡为戒,用以提醒自身和告诫大臣要

---

① 王立群. 王立群读《史记》之文景之治 [M]. 郑州:大象出版社,2016:286.

② 司马迁. 史记 [M]. 北京:中华书局,2006:182.

坚守清廉底线，远离腐败。唐太宗深知"廉"德之于君王和大臣的重要性，其自身崇尚"廉"德并深深影响着身边的人。贞观十六年（642年），唐太宗曾告诫大臣："古人云：'鸟栖于林，犹恐其不高，复巢于木末，鱼藏于水，犹恐其不深，复穴于窟下。然而为人所获者，皆由贪饵故也。'今人臣受任，居高位，食厚禄，当须履忠正，蹈公清，则无灾害，长守富贵矣。古人云：'祸福无门，惟人所召。'然陷其身者，皆为贪冒财利，与夫鱼鸟何以异哉？卿等宜思此语为鉴诫。"[①] 唐太宗引用古人的言论，并在此基础上加上自身对为君为臣之道的理解，用以告诫大臣身居国家高位，享受着百姓和国家给予的高额俸禄，就必须要履行职责，对自身严格要求，刚正不阿，为人清廉，不贪图钱财利益，否则，便与鸟鱼无异。

统治者个人奉行"廉"德的坚定态度对国家大局的奠定、社会秩序的稳定、百姓生活的安定都起到了重要的积极作用，"廉"德作为君主治国理政的准则的正确性经得了历史的考验，在"廉"德指引下，各君主创造的盛世局面备受后人赞扬。

### （二）"廉"德是官吏选拔的重要标准

清廉为官的官员能获得百姓的爱戴，成为历史发展过程中灿烂的珍宝，相反，以权谋私的贪官只能背上千古骂名。中国古代选官制度随着历史的发展发生了转变，在中国的历史上，由于在官吏的选拔过程中忽视对"廉"德品质的考察，因为官者不"廉"而导致纲纪废弛、社会动乱最终灭国殃民的例子也不在少数，落后的选官制度如官位世袭制最终被历史淘汰。

自古以来中国就是一个"以德治国"的国家，从中国选官制度的发展历史看，"廉"德起到了独一无二的作用。早在尧舜时期，人们就推崇禅让制，发展到汉代出现了察举制，注重举荐"孝""廉"兼备的人士，逐渐注重被举荐者的德行和才能，再到魏晋南北朝时期出现的九品中正制，为了奠定统治者的政治基础，官吏的选拔制度应运而生，到唐代科举制度的出现，打破了官位世袭的局面，选举了一批德才兼具的官吏。由此可见，"廉"德贯穿了中国历史上官吏任用的整个思想路线，在官吏的选拔任用上起到了重要的作用。

汉代在政治、经济、文化等多个方面都有了较稳定的发展，在官吏的选拔与任用方面也形成了一套行之有效的方法和制度体系，人才辈出，促成了国家统一和社会安定的局面。察举制以举荐"孝""廉"之人被后世熟知，"孝""廉"

---

① 吴兢著，王泽应点校.贞观政要卷六[M].北京：团结出版社,1998:306.

两个科目是当时对人才进行选拔的重要考核科目，这一时期，注重对人才道德与品行的考核，"廉"德作为选拔与任用官吏的标准以考察科目和制度的形式加以确定。汉朝建立初期，汉高祖就十分器重有德行的人才，十分渴望贤德之人来效忠国家。察举制发展到汉武帝时期发生了较大的变化，其一是举贤良对策成为定制；其二是扩大了察举的科目，新增设了举孝廉、举明经等科目；其三是规定举孝廉成为岁举的常行科目。[1] 此举之后，"孝廉"作为察举制的重要考察科目成为选拔官吏的重要途径之一。

魏晋南北朝时期在选官方面采用九品中正制，九品中正制继承了汉代的察举制，从"唯才是举"到初创时期"唯贤是举"。三国时期，诸葛亮作为足智多谋、德行过人的政治家和军事家，高居相位的同时在官吏的选拔和任用方面更是遵守"廉"德，以贤选人，被后世称赞。诸葛亮在识人任人方面提出了自己独特的见解和标准："然知人之道有七焉：一曰，问之以是非而观其志；二曰，穷之以辞辩而观其变；三曰，咨之以计谋而观其识；四曰，告之以祸难而观其勇；五曰，醉之以酒而观其性；六曰，临之以利而观其廉；七曰，期之以事而观其信。"[2] 诸葛亮从"志向、言辞、见识、勇气、品性、廉德、诚信"七个方面考察一个人，这七个方面暗含着他对国家官员的要求。诸葛亮所说的知人之道包含了用利益引诱一个人考察他是否具有廉德，这是在官员任用方面十分重要的考察标准。官员居其位，应当为百姓谋利益，以民心所向为本，如果官员在一点蝇头小利面前就失去自我、丧失廉德，那么便是国家的祸患。因此，诸葛亮在识人，特别是在对官吏的考察上，把是否具有"廉"德作为重要的考察内容。

隋唐时期的科举制度是我国古代最后一种选官制度，这一制度改变了后期九品中正制带来的门阀士族垄断官位的弊端，打击了传统地方形成的门阀势力，对于强化中央集权具有积极的作用。科举制度的选拔对象是社会各个阶层的人才，意在选拔德贤、学优之士，在制度上存在着察举制的影子，德行依旧是人才选拔重要的考察标准，设置了"孝廉科"，用来选拔精通文史经书并具备良好德行的"达于理体者"。

可以看出，在官吏的选拔和任用上，品德越来越被统治者所重视，兼具德行与才识的官员逐渐成为维护中央集权与社会稳定的重要基础，"廉"德也作

---

[1] 房列曙. 中国历史上的人才选拔制度 [M]. 北京：人民出版社, 2005:39.

[2] 戴淑芬, 陈翔.《心书》识人用人学——诸葛亮用人之道 [J]. 北京科技大学学报(社会科学版), 2004(3):93—96.

为官员必备的道德以制度形式加以确立。

## （三）"廉"德是子女尽孝的行为底线

中国是一个坚守孝道的国家，百善孝为先，在中国人的观念中，"尽孝"是为人子女之本。《诗经》中有言："父兮生我，母兮鞠我，抚我畜我，长我育我。"孔子又有言："子生三年，然后免于父母之怀。"由此可见，父母的生养之恩之伟大，因而子女向父母尽孝既是本分也是责任。

那么，何者可以称"孝"？孔子曰："父在，观其志；父没，观其行。三年无改于父之道，可谓孝矣。"[①] 孔子认为判断一个人是否具有孝德，可以看一个人当父亲在世时候的志向；如果父亲去世了，那么就看这个人的言行，在父亲去世三年之后，仍坚持父亲生前那些正确准则，那么可以说这个人具有孝德。当齐景公向孔子问政的时候，孔子回答道："君君，臣臣，父父，子子。"[②] 在孔子的观点中，孝德既是人伦之理，也是君臣应坚守的道德，坚守孝德是为君为臣的前提和基础，虽然孝德与君德臣德的对象不同，但是三者所蕴含的精神是一致的。然后对于为官从政者来说，善事父母，养育子女的保障，恰恰是坚守"廉"德这条行为红线。

汉朝曾经意欲以"举孝廉"的方式为国家和百姓选举出兼具孝德与廉德的官员，在推选和考察时，孝与廉相辅相成，缺一不可。"举孝廉"的推选方式看似很主观，实则不然，被举荐者的"孝"与"廉"须得到百姓的一致认可，推举人才敢举荐，举荐之后再结合考试的形式进行官员的选拔，正如《后汉书》中记载的："选举乖实，俗吏伤人，官职耗乱，刑罚不中，可不忧与……夫乡举里选，必累功劳。今刺史、守相不明真伪，茂才、孝廉岁以百数，既非能显，而当授之以政事，甚无谓也。每寻前世举人贡士，或起甽亩，不系阀阅。敷奏以言，则文章可采；明试以功，则政有异迹。"[③] 如果所荐之人没有达到"孝"与"廉"的要求，那么推举人很可能遭受牢狱之灾。因此，"举孝廉"的选官方式为国家和社会筛选出一批孝廉的官员，但是被举荐者如果不能经受住官场的物欲横流，丧失了自身原有的"廉"德品质，最终也会受到法律的制裁，变成阶下囚，甚至有人为此失去生命，那么也就无从尽孝了。

汉朝时期有一位重要的官员名叫霍光，在早期，霍光为官谨慎，做事情秉

---

[①] 杨伯峻.论语译注[M].北京：中华书局,2015:10.

[②] 杨伯峻.论语译注[M].北京：中华书局,2015:184.

[③] 王凯旋.中国科举制度史[M].辽宁：万卷出版社,2012:18.

公执法，司马光称他："霍光之辅汉室，可谓忠矣。"但是到了后期，随着自身权力不断扩大，霍光逐渐丧失了"廉"德，丧失了自制力，将对父母尽孝、养育子女事宜抛之脑后，在其死后不久，霍氏家族也遭到了灭族之灾。汉武帝死后的一段时间内，国家大小政事曾一度由霍光决策。《汉书·霍光传》中有这样的记载："明日，武帝崩，太子袭尊号，是为孝昭皇帝。帝年八岁，政事一决于光。"[1] 武帝死后，孝昭皇帝年纪尚浅，无法正确把握时政，但身为大将军的霍光并没有像诸葛亮一般，坚守"廉"德，一心辅佐新帝，以民为本，反倒将国家的权力掌握在自己的手中，形成了霍光专权，即便孝昭皇帝成年后，国家权力依旧在霍光手中。霍光早期为政以"廉"，忠心辅佐皇帝，最后却在权势面前大失方寸，丢失了"廉"德，一味地实施自己的专权，漠视了对家庭的责任，忽视了对父母尽孝，教育子女，导致整个霍氏家族受到牵连。

北宋一代贤相寇准，性格刚直，足智多谋，在抗击辽国时促使宋辽两国达成"澶渊之盟"，维护了两国边界的和平，因此深受百姓的爱戴，但是这样一位名相却喜好奢华的生活，一度奢淫成性，丧失"廉"德。《宋史·寇准传》中记载道："（寇）准少年富贵，性豪侈，喜剧饮，每宴宾客，多阖扉脱骖。家未尝爇油灯，虽庖匽所在，必然炬烛。"[2] 寇准每到宴请宾客的时候，都会点燃巨大的蜡烛，使房屋通明犹如白昼，在当时，蜡烛是珍贵之物，寇准却大肆浪费用以炫富，引得众人诟病。寇准自幼丧失双亲，由养母抚养长大，养母见寇准如此铺张浪费，没有廉俭之心，曾在宴会上愤然离席而去，责备寇准忘本。寇准对独自抚养自己成人的养母有着感激和尽孝之心，自此，寇准便不再沉迷奢侈的生活，将节约下来的钱财分发给百姓。由此可见，保持初心，不忘根本，坚守"廉"德才是真正向父母尽孝。

### （四）"廉"德是良好家风的推行动力

家风是一个家庭的道德缩影，换言之，家风集中表达了一个家庭核心的价值观念和道德品质，是家庭成员的行为规范和调节各项利益关系的道德准则，引导家庭成员积极做出符合良好道德标准的行为。良好家风一旦形成，就会成为一种强大的精神力量，不仅能涵养自身品德，还能使家人子弟和后世子孙在耳濡目染和潜移默化中继承其优良品德和优秀传统。[3] 诸葛亮诫子格言、颜氏

---

[1] 班固.汉书[M].北京：中华书局,1962:2932.
[2] 朱熹.五朝名臣言行录[M].上海：上海商务印刷馆,2015:9534.
[3] 田旭明,陈延斌.古代廉吏贪官家风比较之镜鉴[J].中国纪检监察,2015(10):31.

家训、朱子家训等，都是在倡导一种家风。①《礼记·大学》中说："所谓治国必先齐其家者，其家不可教而能教人者，无之。"②廉洁家风的建设是一个社会推行"廉"德的重要成果之一，每一个家庭的廉洁之风又在整个社会中掀起积极倡"廉"的热浪，不仅促进了个人优秀品德的形成，更促进了整个社会和国家的发展。

在中国的历史上，不乏因自身坚守"廉"德而促使整个家庭乃至整个家族形成良好家风的人，他们留下了无数宝贵的家风和家训，熏陶和教育了无数子孙后辈，形成了一个个优良家风故事。在中国的历史上"弘农杨氏"是一个有名望的族氏，可以追溯到东汉时期杨震父子，其家族具有良好的家风，其家族成员以"廉"德著称，并且大多成员身居要职，对政治、经济具有十分重要的影响。

东汉时期的名臣杨震，一生饱读诗书，为官清廉，秉公执法，公正不阿，从来不接受私人之托。杨震年至五十才进入官场，在官场中发挥了自身的余热，为人为官坚守"廉"德品质。在杨震的观念中，给子孙后代留有廉洁、清白官员后代的称号比留给他们丰厚的钱财更有价值。因此，杨震一生坚持自身正确的高尚品德，为家族营造了良好的家风家训，给子孙后代留下了精神和道德上的宝贵财富。杨震"暮夜却金"的故事广为流传，杨震后来被称为"四知先生"，成了坚守"廉"德的典范。《后汉书》中记载了此事，杨震当时出任东莱的太守，途中经过昌邑县，昌邑县的县令王密拜访了杨震。到了晚上，王密拿着十斤金子打算奉献给杨震，并且说道："天色已晚，不会有人知道此事的。"但是杨震却反驳道："天知，神知，我知，子知。怎么能说没有人知道呢？"因此便拒绝了县令王密的十斤金子。这个行为被后人高度赞扬，杨震拒绝接受县令所赠送的钱物，是由于他内心对"廉"德品质的坚守，是一种"廉"德的高度自觉。根据史料记载，杨震为官期间，生活十分简单朴素，粗茶淡饭，出行也往往靠自己步行，为国家节约人力物力，毫不铺张浪费。杨震不仅对自身严格要求，对子孙后代更是严加管教，杨震一生坚守"廉"德也促进了良好家风的养成，为国家的发展培育了具有"廉"德的人才，其子孙后代都是清廉从政、博学多才之人。

杨震的儿子杨秉也是东汉时期著名的官员，受父亲杨震的影响，杨秉一生做人正直，为官清廉，严厉打击贪官污吏。杨秉提出的"三不惑"论断使他被

---

① 习近平.习近平谈治国理政（第二卷）[M].北京：外文出版社,2017:355.

② 胡平生,张萌.礼记[M].北京：中华书局,2017:1168.

后人熟知,"三不惑"论断即"不饮酒、不贪财、不好色",此论断更是体现了杨秉高尚的"廉"德品质。杨秉生来不好饮酒,即便是俸禄也是计算着自己当官的日子拿取,早年丧妻却又不再娶,他自己也曾说过不会被酒、财和美色所迷惑。这三点恰恰最容易使人迷失自己,而身居官位的杨秉却完全不受酒、财和美色的诱惑,保持自身的廉洁作风,实在是难能可贵。值得一提的是杨秉将这一准则贯穿了自己的一生,更因直言进谏最终导致家里贫困。具有"廉"德的家风使杨秉一生清俭为官,从不贪恋钱财美色,其对社会的贡献与其父亲身体力行的榜样效应和良好家风的影响密不可分。

### (五)"廉"德是人际交往的奉行原则

中国古代社会是一个伦理社会,十分注重人与人之间的人伦关系,并且拥有一系列人与人之间交往的基本道德准则和原则,用以规范人的交往行为。因此,人与人之间的交往实质上也是人与人之间个人道德和品性的交往,在交往过程中往往流露出个人的道德主张。在中国古代社会,人际交往间最主要的关系莫过于孟子提出的"五伦",即父子关系、君臣关系、夫妇关系、兄弟关系和朋友关系[①],"廉"德是君臣关系中最重要的道德原则,能为一个家庭营造良好的家风家训,促使父子、夫妇和兄弟之间相处融洽,从而使人结交良友,拥有稳固的朋友关系。故而,"廉"德贯穿于这五类关系,成为联系五类关系的道德纽带,也是一个人在人际交往过程中应奉行的基本道德原则。

在君臣关系中,"廉"德作为一种政治道德,无论是君王还是普通官吏,都应该严格遵守,以民为本,取之有度,为官从政恪守"廉"德不仅能使君臣关系融洽,更能收获百姓的爱戴,促进官民关系的和谐发展。在选拔官吏的过程中,中国历史的发展逐渐趋向注重官吏个人道德,特别是个人"廉"德,君王不"廉"导致亡国殃民的深痛教训也使君王更加重视自身的"廉"德。因此,"廉"德成为维系君臣关系的重要个人道德,也是君臣关系的首要基石。以民为本,为老百姓的生计着想是君臣共同的责任和使命,恪守"廉"德使君臣共同为百姓得以安居乐业而努力,因此在"廉"德的影响下,君王和官吏收获了百姓的爱戴和信任,君民关系也得到了良好的发展。

在父子、夫妇、兄弟关系中,家庭是这三者的纽带。家庭成员成长和生活于同一个家庭中,家庭成员的个人道德展现出相似性,往往受到一个家庭中起主导作用的道德的影响。"廉"德是一个家庭稳定发展的因素,是一个家庭良

---

① 胡阿祥.坚定"文化自信":历史的昭示与地理的依据[J].湖南社会科学,2020(1):133—141.

好家风的重要影响因素，也是一个家庭主导道德的必要组成部分。"廉"德促使家庭中的个人在外廉洁处世、淡泊名利，在内谦逊有礼，怡然自得，使家庭关系中的父子、夫妇、兄弟相处时有礼有节，关系融洽。因此，"廉"德是促进家庭关系良好发展的重要道德，在家庭关系中也应坚守"廉"德这一基本道德原则。

关于朋友关系，曾子曾有过论述，说道："吾日三省吾身，为人谋而不忠乎？与朋友交而不信乎？传不习乎？"① 为他人出谋划策时要做到忠诚，与朋友交往时要做到诚实守信，这是曾子所提倡的与朋友相处之道，这一原则也被后人不断地用于实践。忠诚和守信是与人相处时重要的道德品质，两者有相通之处，即都强调对待他人与朋友要忠于自己的内心，坦诚相见。这两种道德是"廉"德的具体表现形式，"廉"德是这两种道德的前提，"廉"德意为刚正不阿，坚持内心良好的道德品质，对待他人无私奉献，为他人着想，这也是忠诚和守信两种道德品质最根本的含义。孟子提道："居下位而不获于上，民不可得而治也。获于上有道，不信于友，弗获于上矣。"② 处于下级的地位无法获取上级的信任，那么就无法治理好老百姓。获取上级的信任是有办法的，那便是取得朋友的信任，如果无法获取朋友的信任，那么也就无法获取上级的信任。在孟子的观念中，朋友信任的重要性不仅体现在交友的过程中，也体现在社会治理的过程中，而获取朋友信任的有效途径便是坚守扎根于心的"廉"洁道德，故在与朋友交往相处时，要坚守"廉"德。

### （六）"廉"德是个人修身的提升依据

《礼记·大学》对"修身"这一概念进行了系统论述，明确提出："古之欲明明德于天下者，先治其国。欲治其国者，先齐其家，欲齐其家者，先修其身。欲修其身者，先正其心。欲正其心者，先诚其意。欲诚其意者，先致其知。致知在格物。"③ "修身"阶段是一个人将道德转化为个人道德的内化过程，是"平天下"的前提。"廉"德是"修身"过程中重要的道德品质，更是"平天下"的关键道德。因此，"廉"德的内化是个人修身过程中的重要环节，是否具有"廉"德也是评价个人修身成功与否的重要标准之一。在中国的历史上，可以称得上"明明德"者，其自身往往具有高尚的道德，并且能影响他人。

---

① 杨伯峻．论语译注 [M]．北京：中华书局，2015：4．

② 中华文化讲堂．孟子 [M]．北京：团结出版社，2016：135．

③ 胡平生，张萌．礼记 [M]．北京：中华书局，2017：1162．

"廉"德不仅是一种政治道德，更是一种个人道德，需要全社会成员共同遵守，并且需要通过"修身"使"廉"德内化于心、外化于行，成为约束个人行为的道德力量。在全社会弘扬道德离不开个人道德的养成，个人道德的养成是个体道德不断完善和"修身"的过程，而"廉"德对个人道德的养成起着重要的作用。

　　首先，"廉"德有利于个人养成君子道德。在历史上孔子对君子道德的阐述较为丰富，在孔子的观念中，君子道德是个人道德中良好的道德品质之一，也是孔子所追求和倡导的个人道德。《论语》一书对君子的论述十分丰富，使君子的形象跃然于纸上，体现了君子高尚的道德品质和深远的道德境界。在君子道德养成的过程中，"廉"德起着十分重要的作用，在"利"与"义"产生冲突面临取舍时，君子往往选择后者，这是君子"廉"德品质的重要表现。在《论语·里仁》中，孔子说道："君子喻于义，小人喻于利。"[①] 君子能自觉抵制利益的诱惑，坚守自身的道德。《论语·阳货》中，孔子认为："君子义以为上。君子有勇而无义为乱，小人有勇而无义为盗。"[②] 在面对"义"与"利"的选择时，君子将"义"视为首要坚持的原则，面对不义之财的诱惑，君子往往不为所动，能坚定自身的选择。值得一提的是，即便在面对正当的利益时，君子也能做到淡泊名利，"见利思义"。因此，君子道德中十分重要的一个部分就是"廉"德，"廉"德使君子在面临"义""利"选择和取舍时，能够顾全大局，坚定不移地做出正确的选择，这是"廉"德内化的重要成果。

　　其次，"廉"德有助于个人"明明德"目标的实现。"廉"德不仅是个人修身过程中必须习得的重要道德，更是个人在达到"明明德"目标时所需践行和弘扬的道德。"廉"德作为一种社会道德，需要社会全体成员共同遵守，然而"廉"德在个人修身的过程中，会出现个体差异性，不能为所有人掌握。因此，需要仁人游士通过游说、教化等途径，对"廉"德进行有效的弘扬，促进"廉"德的个人内化。孔子一生的游学和教化经历为社会的道德发展带来了巨大的影响，在个人道德方面，孔子对道德进行了良好的内化，个人道德在孔子身上体现得淋漓尽致，并且孔子以此影响他人，希望他人也能具备良好的个人道德。孔子曾用弟子颜回的清贫处世来教导其他弟子，希望其他弟子也能像颜回一般坚守"廉"德。

---

① 杨伯峻.论语译注[M].北京：中华书局,2015:56.

② 杨伯峻.论语译注[M].北京：中华书局,2015:274.

## 三、传统"廉"德现代弘扬的价值分析

中华传统"廉"德是中国传统文化的重要组成部分,伴随着中国社会的发展进步经历了不断的衍变和丰富发展,曾在不同的历史时期对推进中国社会的政治文明、社会文明的发展进步起到了重要作用。历史在前进,时代在发展,但人类社会在任何时期对廉洁政治、廉洁社会、廉德人格都有内在的需求。中华人民共和国的成立是中国共产党领导中国人民破旧立新、改天换地的伟大的胜利成果,社会主义制度的建立为我们建设廉洁政治、廉洁社会提供了重要的政治制度和社会制度基础,但社会主义的廉洁政治、廉洁社会不会因为我们有了这样的一个制度基础而自然生成,必须通过我们的艰苦奋斗、自觉努力才能建成,尤其需要依靠我们自身的努力培养造就一代又一代具有优良综合素质的合格的政治主体、社会主体。充分汲取中华优秀传统文化的智慧,发挥传统"廉"德在建设现代廉洁政治、廉洁社会,特别是塑造廉德人格过程中的作用,是我们充分发掘传统廉德现代弘扬价值的目的所在。传统"廉"德在今天究竟有何继续弘扬的价值?大体分析如下。

### (一)国家德治的重要维度

在国家治理层面,道德和法律都起着重要的作用。一方面,道德弥补了法律无法涉及的领域,使法治更加完善;另一方面,法律是道德的有形载体,使德治更加客观。道德更像一双无形的手,与法律相辅相成、相得益彰,共同推进国家治理的现代化发展。德治可以追溯到我国历史上儒家思想中孔子所言的"为政以德"思想,古代的德治主体是封建君主,德治要求君主凭借自身的良好道德治理国家,无法否认的是创造出盛世局面的古代君主大多崇尚道德,并且能做到以德治国。由此可见,以道德的手段治理国家是科学的决策,用道德治理国家是中华民族智慧的结晶。

"廉"德要求在国家德治过程中把人民的利益和国家的发展放在首位,为了集体而牺牲自身的利益,不计较个人得失。在国家的经济治理上,中国从一穷二白发展成为如今世界第二大经济体,这是国家治理的重要成就。面对成就,中国共产党和中国政府并没有自我满足,而是将人民的生活质量提高作为经济建设和国家治理的目标,深刻认识到我国的经济发展正处于重要的转型阶段,需要根据实际情况调整经济发展模式,制定新的经济发展策略。"廉"德使中国共产党和国家领导人始终将人民群众的生活质量放在经济治理的重要位

置，着眼于每一户家庭的生活情况，只有人民群众富裕起来了，国家的经济治理才能真正地落到实处。

在国家的政治治理上，"廉"德要求一个国家的政治清明，加强廉政建设。廉政建设关系到良好的党内党风和社会风气的形成，廉洁的政治风气使中国共产党和国家领导人在一切事情上远离腐败，保持自身的廉洁性，这是政治生态的核心问题。习近平大力弘扬"廉"德，对腐败问题更是零容忍，在党员以及官员触犯"廉"德底线问题时，严格依法进行惩治，决不姑息。坚定不移地建设廉洁政治，不仅是国家政治治理的要求，也是中国共产党加强自身建设的具体表现和获得人民群众信赖的重要依托，更是广大人民群众的共同期盼。

在国家的文化治理上，"廉"德是中华文明中灿烂的瑰宝，面对中华文化中优秀的组成部分，继承和发展是新时代文化治理的要求。文化软实力是一个国家国际竞争力的重要组成部分，传统文化是文化软实力的重要源泉，繁荣文化市场和文化产业都离不开国家传统文化的支撑。在经济全球化高速发展的今天，世界各国交流日益密切，我国的传统文化也遭受着西方文化的冲击，在继承和发展中受到钳制。而当下，国家间的竞争已经不局限于军事和经济的竞争，更包括了国家文化之间的竞争，因此继承和发展中华传统"廉"德对提升我国文化软实力和增强国家文化自信心具有重要的促进作用。

在国家的社会治理上，我国的社会治理是由执政党领导、政府组织和主导负责，吸纳社会组织和公民等多方面治理主体有序参与，对社会公共事务进行的治理活动。[①] 每个人都生活在社会中，社会事务的治理以及基础设施的建设直接关系到每个人生活的幸福感。"廉"德是中国共产党重要的品质，在社会治理中，为人民群众提供切实便利的社会服务，提高人民群众生活质量是中国共产党廉洁品质的重要表现。在新时期，"廉"德依旧作为中国共产党执政的重要道德，在促进社会治理中切实做到为人民服务。

在国家的生态治理上，中国共产党坚持科学发展观，深知生态治理在国家治理中处于关键地位，生态文明对物质文明和精神文明都产生着积极的影响。在"廉"德的激励下，中国共产党带领全国各族人民始终对大自然保持敬畏的态度，对大自然的财富取之有度，用之有节，采取可持续发展战略，加大对自然环境的保护力度。

---

① 王浦劬.国家治理、政府治理和社会治理的含义及其相互关系[J].国家行政学院学报,2014(3):11—17.

## （二）市场经济的道德约束

自中国共产党第十四次全国代表大会提出走社会主义市场经济道路以来，我国的经济建设取得了举世瞩目的跨越式发展，社会主义主要矛盾也已发生转变，人们的生活水平有了很大的提高，这一系列成就无疑是将市场经济与中国特色社会主义道路相结合的产物。2013年，中国共产党第十八届中央委员会第三次全体会议把市场在资源配置中的基础性作用改为决定性作用，这是中国共产党对市场重新认识的结果，也是中国共产党对社会主义市场规律认识的深化。市场经济在我国发展，其影响是多方面的，市场似一把双刃剑，在提升我国综合国力的同时，动摇了人们的道德信念和道德坚守，使社会在一定程度上出现了道德危机。

首先，市场具有极强的开放性。中国实行改革开放发展战略，积极应对经济全球化带来的机遇与挑战，市场的开放性使世界各国不仅在经济上日益形成一个整体，更使各国的文化和精神文明得到交流和融合。在人们的思想观念向开放化和多元化发展的同时，西方不良的社会思潮也乘虚而入，导致人们在思想道德选择上出现危机，例如诚信危机。在西方资本主义义利观的影响下，部分人一味追求利益，一切向金钱看齐，制造售卖质量不过关的产品，以次充好，从中谋取巨额利润，使大批量的假冒伪劣产品流入市场，损害了集体利益，也冲击了社会道德底线。

其次，市场具有激烈的竞争性。竞争是市场经济的重要特征之一，市场经济的目标就是实现利益的最大化。在市场经济条件下，大中小型企业可以自由参与市场竞争，企业或个人为了在竞争中占据优势位置，必须获取更多的市场资源，通过竞争的方式将同类型或同行业的企业和个人淘汰。在这一过程中，有些企业和个人完全出于自身的利益考虑，被物质利益驱使，排斥同类企业或个人，甚至出现一些恶意竞争现象，严重违背了市场道德，不利于维护集体利益。在恶意竞争下，一些小型企业因此丧失了生命力，逐渐拉大了收入差距，导致两极分化严重。

故此，中国共产党将市场经济与我国的社会主义相结合，坚定不移地走中国特色社会主义发展道路。习近平曾强调，道路问题是关系党的事业兴衰成败第一位的问题，道路就是党的生命。正因为中国共产党坚持发展马克思主义，将马克思主义中国化，中国在世界现代化进程中才表现出典型的"中国气派"

和"中国风格",才形成了独特的中国优势。① 在社会主义市场经济中,为了应对市场经济的弊端,化解市场经济中的道德危机,企业和个人应该提高自身的道德意识,自觉学习和传承中华优秀传统文化,培养正确的竞争意识和集体观念。在社会主义市场经济中,政府应对市场进行有效的干预,充分发挥政府的作用,在给市场发展充分的自由的同时,预防市场中出现的道德危机,加强社会意识形态建设,保证社会主义意识形态领域的健康发展。因此,培育与社会主义市场经济发展相适应的"廉"德品质是国家经济和社会意识形态发展的必然要求,传承和创新中华传统"廉"德,有利于促使人形成正确的竞争意识,自觉遵守市场规则,最终促进国家经济的健康发展。

### (三)廉政文化的创设渊源

廉政就是廉洁政治,政治清明。关于廉政的含义,国内学者展开了积极的讨论。学者张康之认为廉政一词包含着两个方面的内容:"其一,是指政府应当'廉价';其二,是指政府工作人员应当'廉洁'"。② 廉政是社会生活中的重要组成部分,廉政的建设不仅仅依赖国家领导人,更需要社会全体成员的共同努力。历史上因贪污受贿导致君主或官员丧失政治权力的鲜活案例不在少数,以史为鉴,为了达成廉政的目标,领导干部应当以身作则,成为廉洁从政的合格领导人。学者鲁勇认为领导干部在应对纷繁复杂的国际形势、日益繁重的改革发展任务时应讲廉政,讲勤政,更要讲善政。③ 然而影响廉政建设的因素很多,学者肖生福认为应当制定完善的廉政政策,促进廉政建设,但廉政政策的制定不仅受到本国政治、经济、文化和社会环境的影响,还不可避免地受到社会舆论以及利益相关者博弈因素的影响。④ 廉政历来是国家治理中的重要话题,因此关于廉政话题讨论的声音从来没有停滞,无论是在古代中国还是在现代中国,廉政一直是国家政治治理中所追崇的重要目标。在现代,中国的国内、国际形势已经发生了翻天覆地的变化,给廉政带来了新问题和新挑战,为了解决这些问题,领导干部必须迎头而上,深入开展国家廉政建设。

廉政文化是廉政的衍生物。对于廉政文化的定义,刘新华认为:"廉政文

---

① 李志军.中国特色社会主义不是其他什么主义[N].中国青年报,2019-04-15(2).

② 张康之.论"廉政建设"一词的完整内涵[J].中国行政管理,2010(8):21—22.

③ 鲁勇.廉政、勤政与善政[J].红旗文稿,2010(13):23—25.

④ 肖生福.影响廉政政策制定的若干因素探析[J].徐州师范大学学报(哲学社会科学版),2010,36(4):108—112.

化就是关于廉洁从政的先进思想道德观念及其指导影响下形成的廉政制度、组织、体制、机制、社会风气、社会意识形态,包括相关的法律规范在内的总合,廉政文化是与那些极端利己主义和拜金主义价值观为代表的腐败文化格格不入和完全对立的,它是先进文化的重要组成部分。"[1] 学者许国彬指出:"廉政文化是人们关于廉政知识、规范和与之相适应的生活方式、价值取向和社会评价,是廉政建设与文化建设相结合的产物。"[2] 学者蔡娟则认为在学术界关于廉政文化一词有一个较为统一的观点,即廉政文化是人们关于廉政的知识、信仰、规范和与之相适应的生活方式及社会评价的总合,是廉洁从政行为在文化和观念上的反映。[3] 从廉政文化发展史看,廉政文化起源于春秋战国时期"为政以廉"思想,伴随廉政概念在中国历史上的提出和发展,众人对廉政展开了思考和探讨,形成了丰富的具有中国特色的廉政文化。从文化的范畴上看,文化是相对于政治、经济而言的人类全部精神活动及其活动产品。因此,廉政文化是具有中国特色的,是人们关于廉洁政治建设的思考活动及其产品,廉政建设促进了廉政文化的丰富和发展,廉政文化又对廉政建设具有促进作用。

显而易见,无论是在廉政建设还是在廉政文化的创设过程中,"廉"德都起到了突出的引导作用。廉政和廉政文化的核心部分就是"廉"德的内容,紧紧围绕着如何做到"廉"德而展开。廉政文化是社会全体成员共同的精神财富,若摒弃中华传统"廉"德,那么廉政文化也就成了无源之水、无本之木。因此,无论是从政人员还是普通老百姓,都应该继承和发扬中华传统"廉"德,为廉政文化的丰富发展提供源源不断的精神力量。

### (四)和谐风尚的营造动力

2006年10月,中国共产党第十六届中央委员会第六次全体会议首次提出建设社会主义核心价值体系的重要任务,指出:"马克思主义指导思想、中国特色社会主义共同理想、以爱国主义为核心的民族精神和以改革创新为核心的时代精神、社会主义荣辱观,构成社会主义核心价值体系的基本内容。"[4] 社会主

---

[1] 刘新华.廉政文化建设的基本内涵与价值初探[J].宁波大学学报(人文科学版),2005,18(2):147—150.

[2] 许国彬.对廉政文化进校园和大学生廉洁教育的思考[J].国家教育行政学院学报,2005(8):20—23.

[3] 蔡娟.廉政文化建设研究综述[J].山东社会科学,2010(4):164—167.

[4] 本书编写组.《中共中央关于构建社会主义和谐社会若干重大问题的决定》辅导读本[M].北京:人民出版社,2006:32.

义核心价值体系的提出使全社会形成了统一的理想信念和道德规范，使亿万同胞紧紧凝聚在一起。社会主义核心价值体系批判和继承了中国传统伦理道德，以中国传统伦理道德为理论渊源，吸收和借鉴传统伦理道德中的合理成分，并与社会主义建设相结合。其中，中华传统"廉"德为社会主义核心价值体系的构建提供了重要的支撑，渗透在社会主义核心价值体系构建的方方面面，为营造和谐的社会氛围提供了充足的原动力。

中国特色社会主义共同理想是坚持中国共产党的领导，坚定不移地走中国特色社会主义道路，实现中华民族的伟大复兴。这一共同理想的提出说明了只有在中国共产党的领导下，走中国特色社会主义道路才能最终实现中华民族的伟大复兴。这一理想凝聚了社会全体成员的共同期盼，是民心所向，需要中国共产党的正确领导。同时，共同理想为中国共产党的领导提供了努力方向，需要凝聚起社会全体成员的力量，坚定不移地朝着共同的目标不懈奋斗。由此可以看出，中国特色社会主义共同理想从中华传统"廉"德中汲取了"以民为本"的概念，共同理想的实现最终惠及的是社会全体成员，而中国共产党的努力和付出是无私的，一切努力都是以人民为中心，这种精神是"廉"德的重要体现。

实现中华民族的伟大复兴必须弘扬民族精神和时代精神。民族精神是一个民族在长期的历史实践中形成的为本民族成员所认同的价值取向、思维方式和道德规范的总和。中华民族在五千多年的发展历程中形成了具有自身民族特色的民族精神，以爱国主义为核心，被一代代中国人所认同和继承。随着时代的更迭，民族精神的内涵不断丰富和发展，中华民族精神不仅具有中国的民族特色，更吸收和借鉴了其他民族精神中的优秀成分，具有极强的包容性，对新时代中国的发展有着推动作用。中华民族精神是中华民族特有的精神财富，为国家的民族凝聚力提供了稳固的基石，为民族的生存和发展提供了精神动力。时代精神是时代发展的产物，历史每发展到特定的时代都会产生特定时代下的精神。我国的时代精神是以改革创新为核心的，改革创新这一核心精神使中华民族不会故步自封，激励着国家的发展。民族精神与时代精神相互呼应，使中华民族在推动国家发展的同时，永远保持高度的爱国热忱。中华传统"廉"德既蕴含在民族精神中，也蕴含在时代精神中，"廉"德是社会全体成员认可的优秀品质，也在时代的发展中不断被赋予新的内涵，从而丰富和发展了民族精神和时代精神。

社会主义荣辱观是对民族精神的高度提炼，是具有当今时代特色的价值导向。中华民族向来是一个知荣辱、守礼节的民族，知荣辱是明辨是非的前提，是行动的道德标准，荣辱观念一旦丧失，社会道德将被动摇，整个社会风气也将陷入混乱的状态。社会主义荣辱观中的义利观念受到中华传统"廉"德思想的影响，"先义而后利者荣，先利而后义者辱"①是荀子所提出的义利观，这种义利观以"廉"德为前提，"廉"德的一个重要方面就是淡泊利益，支撑着人们在义与利发生冲突时能维护正义，做出正确的判断，这种义利观一直延续至今，在社会主义荣辱观中表现为"以见利忘义为耻"，成为"八耻"中重要的组成部分。

中国共产党第十八次全国代表大会以来，以习近平同志为核心的党中央致力于社会主义核心价值观的建设，意欲在全社会形成良好的道德风尚，使人们在面对经济全球化和市场经济带来的新挑战时能做出正确的价值判断与价值选择。社会主义核心价值观从国家、社会和个人三个角度，提出了不同的价值准则，虽然"廉"德没有以社会主义核心价值观的内容被明确规定，但是"廉"德蕴含在这三个方面的价值准则中，为营造和谐的社会氛围提供动力。

### （五）道德教育的重要内容

在当代，伴随着经济和科技发展的突飞猛进、经济全球化和市场经济的深入愈演愈烈，教育逐渐显示出强烈的功利主义色彩。学校教育是道德教育的重要场所，然而，在面临这种社会趋势时，学校教育却沦为促进经济发展的工具，一味地追求升学率，看重学生的学习成绩而忽视学生道德素质方面的提升。日本学者池田大作早在20世纪就意识到这种情况，愤慨地说道："在现代技术文明的社会中，不能不令人感到教育已成了实利的下贱侍女，成了追逐欲望的工具。"②国内学者鲁洁也提出："在这种功利圈、功利文化中，道德教育当然找不到它的存身之处，因为它与升学无关。"③教育的最终目标应落实到人的自身发展上，只有使教育的目标回归到人的身上，使人在现实生活中形成道德共识，道德教育才能拥有发展的根基。

中华传统道德是道德教育的重要内容，是道德教育无法撼动的根本，在面对开放多元的世界文化格局时，中华传统道德面临着前所未有的冲击与挑战，

---

① 王爱云.社会主义核心价值体系的中国传统文化底蕴[J].学术论坛,2008,31(4):116—119.

② A. J. 汤因比,池田大作.展望21世纪——汤因比与池田大作对话录[M].荀春生,朱继征,陈国梁,译.北京:国际文化出版公司,1985,61.

③ 鲁洁.教育的返本归真——德育之根基所在[J].华东师范大学学报(教育科学版),2001(4):1—6,65.

加之新媒体技术的日益发展，人们的传统道德观念极易受到西方道德观念的撼动，无法得到较好的维护，传统的道德教育也逐渐被人们漠视。因此，促进中华传统道德与当代社会环境相适应，对中华传统道德进行扬弃和创新，是道德教育在当代迎接挑战的转型关键。道德教育的主要对象是青少年和领导干部，青少年和领导干部是促进社会发展的两大重要群体，青少年和领导干部的道德水平更是决定了整个民族的道德水平，这两类群体又各具特色，在对这两类群体实施道德教育时要根据群体特征有目的地进行教育。

首先，作为道德教育的主要群体之一，青少年群体仍处于身体、心理发展的关键时期，青少年时期的道德教育对青少年成年之后的道德养成起着决定性作用。与成人不同的是，青少年的生理正处于发展阶段，具有生动活泼、热血好动、敢于尝试、勇于探索等性格特点，这些特点促使青少年在接受新事物和环境的变化时表现出极强的可接受性，但价值观体系尚未完善。使青少年形成完善的价值道德体系，在面临新事物和新环境时能做出正确的价值选择成为青少年道德教育的重要目标。因此，在青少年道德教育过程中，道德教育的内容覆盖面较为广泛，既要向青少年传递包含"廉"德在内的中华优秀传统道德，又要为青少年在面对新事物时提供正确判断的价值标准，促成青少年社会化和道德素质的全方面成长，确保青少年身心健康发展。其次，道德教育的第二大主要群体是领导干部群体，领导干部是国家和社会发展的牵引力，领导干部的道德水平对国家和社会的发展起着关键作用。中国共产党向来是廉洁的政党，"廉"德是中国共产党重要的道德品质，这是对政党的道德要求，中国共产党以马克思主义为指导思想，"不可收买"与中华传统"廉"德有异曲同工之妙，为了始终保持自身的先进性和纯洁性，理应将"廉"德视作为政的关键道德，全心全意为人民服务。领导干部作为身心发展都较为优秀的群体，在对其实施道德教育时，在教育内容的选择上要有所侧重，应将以"廉"德为中心的为政之德作为侧重点，促进领导干部在政德方面的提升，在面对新的历史时期出现的形形色色利益和诱惑时，始终保持自身高度的警惕性，捍卫廉洁奉公的政治品质。

### （六）廉洁行为的养成关键

在古代，中华传统"廉"德是君子修身养性的自我道德要求，是君主治国、平天下的道德前提，在传统"廉"德的催生下，古代中国出现了管仲、孔子、孟子等廉洁之士，也营造了"成康之治""文景之治""贞观之治"等开明的政治局面，传统"廉"德不仅为为人处世提供了行为规范，更为治国理政提供了行为要求。

在当代，首先，反对腐败行为是国内外各个地区关注的政治、经济和社会问题，在中国更是受到了前所未有的重视。中国共产党成立之初，就把"廉"德作为行动指南，致力于反腐倡廉的伟大实践，以廉洁行为和全心全意为人民服务的初心受到广大人民群众的拥护。中国共产党第十八次全国代表大会以来，以习近平同志为核心的党中央高度重视廉政建设和反腐败斗争，对腐败行为采取零容忍的态度，严厉惩治了一批贪官污吏，有效遏制了腐败之风的蔓延趋势，为中国共产党的行为提供规范。廉洁行为一直是党和国家倡导和重视的行为规范，廉洁行为不仅是对中国共产党的行为要求，更是对社会全体成员的要求。无论是在社会的哪个行业，人们都要以"廉"德为支撑，行为廉洁，遵守正确的行为规范。

其次，企业的健康发展有利于促进社会资源的优化配置，对社会主义经济的发展起着推动作用。企业的健康发展与否，不仅取决于企业内部决策的制定、制度的设立和经济实力的积累等方面，更取决于一个企业是否具有积极向上、健康的企业文化。企业文化是一个企业所特有的文化，企业文化的创设是企业健康发展的前提，有利于维持企业内部的和谐稳定，为企业员工从业行为提供重要的价值导向。企业员工廉洁从业与否直接关系到整个企业的利益和发展前途，企业的一线员工、技术员等在从业时出现不廉洁的行为，如受到个人利益的诱惑，将企业核心信息技术等要点泄露给同类竞争企业，将导致企业出现经济危机，甚至破坏市场稳定。因此，市场的健康发展需要以企业员工廉洁从业的行为为支撑，员工的廉洁行为需要企业廉洁文化的创设，企业廉洁文化的创设离不开以中华传统"廉"德为前提。

再次，学校承担着促进受教育者身心发展的重任，是推动社会发展的关键场所。学校的"廉"德教育是培育廉洁行为的摇篮，从受教育的角度看，大部分受教育者为青少年群体。青少年时期是一个人世界观、人生观和价值观养成的关键时期，这一时期的青少年接受良好的"廉"德教育，有利于促进"廉"德意识在其观念中萌芽发展，外化为青少年在行动上保持廉洁，为青少年步入社会后廉洁从业提供重要保障。从教育者的角度看，教育者对学生实施"廉"德教育的过程也是自身巩固"廉"德品质的过程。教育者自身也在接受着环境中各色各样诱惑的挑战，如有些学生家长为了使自己的孩子在学校里受到教师的特别照顾，对教师进行物质上的收买等，这些学生家长的不良行为时刻考验着教育者的"廉"德意识；还有部分教育者损害"廉"德、违背师德，为了自身的发展，采取不恰当的手段等。教育者不仅是学生廉洁道德的传授者，也是学生廉洁行为的模仿对象，一旦教育者出现损害"廉"德的行为时，学生也会争相模仿，那么"廉"德教育也就不攻自破，无法发挥作用了。因此，教育者应该坚守"廉"德，廉洁从教，在道德和行为上为学生树立廉洁榜样。

## 四、"廉"德的实践现状及原因分析

中华传统"廉"德作为个人道德品质要求和社会价值观，与社会成员的品德素质的养成和国家的政治、经济、文化建设的诸多方面息息相关。当代，在建设中国特色社会主义、实现中华民族伟大复兴的征程上，我们仍然需要坚定不移地继承和发扬中华传统"廉"德。当然，随着历史条件的改变，"廉"德建设在实践中面临着许多新情况和新挑战，需要我们积极面对。

### （一）"廉"德的实践现状

党和政府坚定不移地推进廉政"廉"德建设，取得了许多积极的建设成效，在实践中促进了传统"廉"德的现代弘扬。同时，在这一过程中，不乏一些观念模糊、信念动摇和丧失基本道德原则者，做出有违"廉"德的行为，甚至由此坠落到违法犯罪的深渊，"廉"德建设实践中可谓险象迭生。

#### 1. 廉洁政治建设卓有成效，但干部"廉"德意识仍待提高

历史事实表明，中国共产党一向崇尚"廉"德，重视廉洁政治的建设，自中国共产党成立以来，廉政建设同步跟进。延安时期，中国共产党将党的廉洁政治建设当作重点来抓，加强了党风廉政的法制建设，陕甘宁边区宪法原则除将廉洁政治、肃清贪污腐化作为一项重要的法律原则加以规定外，还先后制定了一系列的条例、规定以及实施办法等[①]，将廉政写进制度。中华人民共和国成立初期，党和国家领导人对国内的官僚主义、贪污腐败和浪费现象进行了强烈的抵制，国内爆发了"三反""五反"运动，制定了一系列反贪污、反浪费、反官僚主义的条例和制度，为社会主义改造奠定了物质基础，肃清了不良风气。改革开放后，中国共产党加强了对党内风气的纠正，重新建立中国共产党中央纪律检查委员会，加强党内纪律与作风建设。中国共产党第十八次全国代表大会召开之后，廉洁政治建设更是被推向了高潮，以习近平同志为核心的党中央

---

① 李资源.论延安时期党风廉政法制建设的基本经验[J].江汉论坛,2011(1):21—25.

立足于实现中华民族伟大复兴的中国梦这一宏伟蓝图,坚持马克思主义和中国特色社会主义理论体系的指导,站在历史发展的新高度,提出"五位一体"的总体布局,并结合"四个全面"战略布局,走出了一条适合中国特色社会主义发展的廉政建设道路。

党的作风建设是中国共产党第十八次全国代表大会以来中国共产党全面从严治党的重要方面,是习近平牢抓不放的关键问题。习近平曾多次在公开场合提及党的作风建设的重要性,在中国共产党第十八届中央委员会第一次全体会议上说道:"党的作风关系党的形象,关系人心向背,关系党的生死存亡。"[①] 2013年6月,在党的群众路线教育实践活动工作会议上,习近平又将作风建设具体到解决党内"四风"问题上,即反对形式主义、官僚主义、享乐主义和奢靡之风,"四风"问题严重违反了传统"廉"德,导致党的执政能力遭受威胁,更违背了党的性质和宗旨。在中国共产党第十九届中央纪律检查委员会第四次全体会议上,习近平强调要坚决贯彻中央八项规定精神,保持定力、寸步不让,防止老问题复燃、新问题萌发、小问题坐大。中央纪检委及各级纪检监察机关采取积极的措施,严厉惩治查处了一批有"四风"问题、违反中央八项规定精神的官员(见表4-1)。

表4-1　全国查处违反中央八项规定精神问题统计表(截至2020年11月)

| 时　期 | 项　目 | 总　计 | 级　别 ||||问题类型||
|---|---|---|---|---|---|---|---|---|
||||省部级|地厅级|县处级|乡科级及以下|形式主义、官僚主义问题|享乐主义、奢靡之风问题|
| 2020年以来 | 查处问题数 | 117 698 | 0 | 481 | 7 249 | 109 968 | 69 355 | 48 343 |
|| 处理人数 | 170 839 | | 581 | 9 359 | 160 899 | 103 472 | 67 367 |
|| 党纪政务处分人数 | 100 323 | 0 | 398 | 5 729 | 94 196 | 53 205 | 47 118 |

资料来源:中共中央纪律检查委员会、中华人民共和国国家监察委员会网站(http://www.ccdi.gov.cn/toutiao/202012/t20201224_232443.html)。

综合2019年度全国查处违反中央八项规定精神问题人数及中国共产党第十九届中央纪律检查委员会第四次全体会议上的工作报告,可以看出,我国对

---

① 习近平.习近平论党的作风建设——十八大以来重要论述摘编[J].党建,2014(8):5.

于"四风"问题一直严抓不怠,始终保持对腐败问题零容忍的态度。赵乐际在报告中指出,全国纪检监察机关共立案审查违反政治纪律案件1.8万件,处分2万人,从数据上说明了我国将铁一般的纪律贯彻到实处,确保廉洁政治的建设。

然而,每一个数据、每一起案件的背后是一个个丧失"廉"德、贪污腐败的活生生的个人。由于"廉"德意识不够牢固,经受不住个人利益的诱惑,这些人将群众的利益抛之脑后,将个人利益视作追求目标,丧失官德,丧失"廉"德。腐败面前无小事,只要越过廉洁这条红线,必将受到严厉的惩罚。

2. 廉洁文化培育初显成效,但全民尚"廉"氛围仍待加强

廉洁文化是具有中国特色的优秀传统文化,关于廉洁文化的定义,学者沈其新从其基本内涵和文化属性的角度出发,指出:"中华廉洁文化是关于廉洁的知识、理论、信仰和与之相适应的表现形式、行为准则、价值取向及其相互关系的文化总和,是中华优良传统文化中的核心要素,是社会主义先进文化的重要内容。"[1]一直以来,中华廉洁文化都是中华优秀传统文化的重要组成部分,是推动中华优秀传统文化丰富和发展的内在动力。中国历史发展到近代,中华廉洁文化更是滋养了中国共产党人为人民服务、廉洁从政的"廉"德高度自觉,是中国共产党战胜一切困难的重要法宝。在当代,廉洁文化更是与时代精神相结合,成为推动社会主义事业发展的先进文化。

习近平十分注重社会主义文化的作用,认为:"没有中华文化繁荣兴盛,就没有中华民族伟大复兴。一个民族的复兴需要强大的物质力量,也需要强大的精神力量。没有先进文化的积极引领,没有人民精神世界的极大丰富,没有民族精神力量的不断增强,一个国家、一个民族不可能屹立于世界民族之林。"[2]廉洁文化对中华民族发展所起的作用是其他中华文化无法比拟的,第一,廉洁文化具有强烈的政治导向性,能提高党内外领导干部对权力的正确认识,引导其做出正确的价值判断。第二,廉洁文化具有高度的内敛性,可以提高人们的凝聚力,促使不同行业的群体产生集体意识和集体观念。第三,廉洁文化具有持久的激励性,"廉"德意识一旦在人们心中生根发芽,就容易对人们的思想观念、行为意识产生深远持久的影响,激励人们在自己的岗位上积极向"廉",乐于奉献。因此,我国现阶段廉洁文化的培育和建设工作正在如火如

---

[1] 沈其新.中华廉洁文化基本理论三题[J].湖南社会科学,2007(5):145—148.

[2] 习近平.坚定文化自信,建设社会主义文化强国[J].奋斗,2019(12):3.

茶地进行，无论是党中央领导人，还是各行各业的领导干部，在意识到廉洁文化作用的基础上，开展了一系列廉洁文化创设工作，在高校、企业、医院等重点部门，以廉洁教育为途径，通过宣传"廉"德、讲述廉洁故事、建立廉洁橱窗、张贴廉洁广告、创作廉洁歌曲等手段，创新廉洁文化的形式，使廉洁文化贴近人们的生活实际，增强了廉洁文化的感染力，提高了人们对廉洁文化的认同感。

为了培育具有地方性特色的廉洁文化，全国各个省市通过多种途径，吸引人们对廉洁文化的关注，提高人们创设廉洁文化的参与度。以浙江省为例，自2006年至今，浙江省已经开展了五届"廉政故事"大奖赛，在第五届比赛中，接收到了逾三千篇廉政故事，这些廉政故事出自不同行业，有学生、教师、医生、农民以及海外知名人士。大赛对参赛者描述的真实事件进行收集和展示，使一个个廉洁人物广为流传，成为人们学习和工作中效仿的楷模，为社会营造了反腐倡廉的廉洁环境，推动了廉洁文化的建设。此外，2018年，浙江省委党史研究室组织编写了《浙江党史上的70个清廉故事》，这些故事皆来自浙江党史上的清廉人物和事例，充分展现了浙江人的廉洁本性，为弘扬廉洁文化提供了重要的资源。

然而，现阶段全民尚"廉"的氛围仍有待加强。随着廉政建设的不断深入，一些党外人士错误地将廉政文化等同于廉洁文化，认为"廉"德只是对中国共产党员甚至是党内干部的要求，与自身道德建设无关，在这部分人身上，不仅看不到"廉"德品质，而且容易出现不"廉"的行为特征。在国家的一些行业内，贪污受贿现象依旧层出不穷，一些企业员工为了获取不良利益，出卖企业机密；一些商家为了获得巨额利润，以次充好，出售虚假产品。这类人不仅不以此为耻，反倒因获取了蝇头小利而沾沾自喜，忽视了自身的行为对社会廉政建设产生的不良影响。因此，对廉洁文化的建设和推广仍需要进一步加强。

3."廉"德传承有序进行，但社会"廉"德教育仍有缺失

习近平对中华优秀传统文化的当代价值进行了深入的阐析，并强调要坚定不移地传承中华优秀传统文化，促进传统文化与时代发展实践的结合，指出："要认真汲取中华优秀传统文化的思想精华和道德精髓，大力弘扬以爱国主义为核心的民族精神和以改革创新为核心的时代精神，深入挖掘和阐发中华优秀传统文化讲仁爱、重民本、守诚信、崇正义、尚和合、求大同的时代价值。"[①]

---

① 习近平. 习近平谈治国理政[M]. 北京：外文出版社，2014:174.

无论在古代社会还是在新时代，中华传统"廉"德对中华民族的发展都起着重要的引领作用，对中华传统"廉"德的继承和发展，是历史发展的必然要求。但是，对中华传统"廉"德的传承，不是僵化地照搬过去的经验，而是创造性地将其与现阶段发展的需要相结合，形成一种无形的道德力量，在人们的观念和行为上产生道德规范，指导人的实践活动。

自2008年起，为了拓宽中华传统"廉"德的传播途径，中共中央纪律检查委员会开启了全国廉政教育基地命名工作，各地区纷纷建立起一批具有"廉"德教育意义的廉政文化教育基地。廉政教育基地的建设促使各地区充分挖掘当地历史上的廉洁人物和"廉"德故事，将其以实物的形式保留下来，给人们直观的"廉"德影响，充实了"廉"德教育的内容，营造了当地特色的廉洁环境，是传承中华传统"廉"德创造性的形式之一，对传统"廉"德的传承具有十分重要的意义。浙江省宁波市的清风园作为全国第一批廉政教育基地，充分整合当代廉洁文化历史遗存，将当地特色的"慈孝文化"与现阶段反腐倡廉建设相结合，向社会大众呈现了百余名当地历史上清廉官员的故事，成了一个富有廉政教育意义的基地。清风园的创建和开放，不仅是对当地特色"廉"德文化的传承，也为现阶段反腐倡廉教育提供了重要的学习场所。自清风园开放以来，每年都会接待来自各地的考察团和学习团，更成了浙江省党员干部接受廉政教育的首选之地，给予党员干部和群众"廉"德的洗礼，促进"廉"德的传承。

党员干部在"廉"德的传承过程中起着先锋模范作用，作为党员干部，一举一动都容易成为其他人效仿的榜样。中国共产党一直坚定不移地继承和发扬中华传统"廉"德，将"廉"德视作自身为人处世最重要的品质，通过不断的学习警示自身践行"廉"德。2012年，中国共产党第十八次全国代表大会报告中明确提出"加强和改进干部教育培训，提高干部素质和能力"的要求，这是对党员干部传承"廉"德品质的督促，促进党员干部开展"廉"德学习，推动传统"廉"德的传承。在学习方式上，各级党组织积极开展"六个一"活动，聆听廉政教育座谈会，集中学习，不断增强廉洁从政的能力。同时，中国共产党中央委员会出台了一系列制度，框定党员干部廉洁从政的行为，为其他群众树立廉洁榜样，使人们在学习党员干部廉洁行为的同时，自觉传承"廉"德。

但是，在组织和开展"廉"教育方面，对"廉"德的教育和传播工作还有待加强。青少年是祖国的未来和希望，青少年也是传承传统"廉"德的中坚力量，但是在学校教育中，并未围绕"廉"德教育展开单独的主题，只是将"廉"德渗透在其他道德中一带而过，并未做到有计划、有目的地实施和开展"廉"

德教育，未在青少年心中形成系统的"廉"德理论。在党员干部群体中，也有部分党员流于在形式上接受"廉"德教育，并未真正做到将"廉"德内化为自身的道德，在行为上依旧出现了贪污、浪费，并未真正将党内"廉"德教育落到实处。

4. "廉"德红线严明划分，但反腐倡廉形势仍然严峻

廉政制度建设是近年来党和国家在党风廉政建设过程中的一项重要的制度创新，对行政权力运用起到规范的作用，同时加强了对行政权力的监督和制约，在预防腐败工作过程中发挥着重要的作用。中国共产党第十八次全国代表大会以来，习近平曾多次在公开场合提到廉政制度建设的重要性，例如在十八届中共中央政治局第五次集体学习时的讲话中习近平提道："制度问题更带有根本性、全局性、稳定性、长期性……关键是要加强权力运行制约和监督，健全权力运行制约和监督体系，把权力关进制度的笼子里，不断形成不敢腐的惩戒制度、不能腐的防范机制、不易腐的保障机制。"[1]

在党和国家领导人的高度重视和引导下，一系列廉政制度逐渐被建立并且日趋完善。首先，在《中华人民共和国刑法》中，有关贪污犯罪的条款就被多次修改，在第八章专章规定了"贪污贿赂罪"，这一罪名的设立给行政行为划分了严明的法律红线，也对贪污腐败行为实行了严格的惩戒处罚制度，《中华人民共和国刑法》规定了根据犯罪情节和贪污贿赂数额不同，可给予拘役、没收财产、有期徒刑、无期徒刑，甚至是死刑的处罚。[2] 其次，改革开放以来，中国共产党为了维持自身的"廉"德品质，制定了一系列制度来规范自身的行为，制定了《中国共产党章程》《中国共产党纪律处分条例》《关于党内政治生活的若干准则》《中国共产党廉洁自律准则》《中国共产党问责条例》等多个党内制度，这一系列制度严格规范了党员的各种行为，保障了中国共产党的纯洁性，同时对党员的不"廉"行为实行严厉的处罚。最后，为了深入治理腐败行为和腐败现象，2018年，第十三届全国人民代表大会第一次会议颁布了《中华人民共和国监察法》，对监察机关的职责等进行了明确的规定，并且利用互联网媒介，使人民群众能主动便捷地监督国家权力的行使，使权力真正在阳光下进行，促进了国家监督体系的完善。

---

[1] 中共中央文献研究室.十八大以来重要文献选编（上）[M].北京：中央文献出版社,2014:136.
[2] 崔英楠,王柏荣.改革开放40年与我国廉政制度建设[J].北京联合大学学报(人文社会科学版),2018(3):39—46.

早在1993年，中国共产党就对反腐败斗争的形势做出了判断，认为党的"反腐败形式是严峻的"；中国共产党第十八次全国代表大会中，中国共产党进一步提高了对反腐败斗争形势的认识，突出强调形势"依旧严峻复杂"；在中国共产党第十九次全国代表大会中，习近平提出了"反腐败斗争形势依然严峻复杂"，中国共产党面临的执政形势是复杂的，因此深入推进反腐败斗争始终走在时代前列。全面从严治党永远在路上，反腐败斗争也永远在路上，即便举国上下对腐败行为持严厉的态度且制定了相应的惩戒制度，顶风犯法的现象依旧存在，腐败方式多样化，腐败形势依旧复杂。

### （二）"廉"德缺失的原因分析

腐败无疑是人类最古老的政治现象，无论西方还是东方，前现代时期所有国家都存在各式各样的腐败，以至于腐败在很大程度上成为王朝更迭的重要根源。[①] 中国共产党领导中国人民取得革命胜利后，在古老的中国建立起了崭新的社会主义制度，在先进的社会制度条件下，以往旧政治条件下的政治腐败现象得以根本铲除，政治风气、社会风气呈现出与以往全然不同的风貌。但这并不意味着，在社会主义制度下，腐败问题得到彻底根除。实际上，伴随着社会环境条件的改变，特别是中国共产党所拥有的长期执政权，权力的行使必然面临种种考验，实际上在促使中国共产党不断加强反腐倡廉建设上的要求，不断加强自我革命。由于中国共产党对此问题保持的高度自觉，反腐工作和廉政建设取得不菲成效，社会倡廉风气在上升，人们的"廉"德意识在提高。但是，这并不意味着当前反腐倡廉的任务比以往减轻了，实际上，此项工作依然任重道远，因为产生腐败问题的土壤条件依然大量存在，并且随着时代的变化不断产生新的特点。更为重要的是，人的"廉"德的培育是一个长期的艰巨的过程，需要做持之以恒的从德治到法治的多方面的长期努力。

#### 1. 市场经济下的价值观畸变

改革开放后，中国经济逐步朝着市场化的方向迈进，邓小平南方谈话和中国共产党第十四次全国代表大会的召开，使中国最终选择确立了社会主义市场经济的改革目标取向，此后中国经济大踏步地朝着市场化方向迈进。2001年成功加入世界贸易组织后，中国牢牢把握经济全球化带来的发展机遇，同时采取了一系列措施灵活应对经济全球化带来的诸多挑战，使中国的市场经济体制在

---

[①] 刘杰.转型期的腐败治理[M].上海：上海社会科学出版社,2014:2.

此后得到了快速的发展，人们的生活生产方式也得到了巨大的变化。但是，市场经济是一把双刃剑，它在给中国的发展创造了机缘的同时，给一系列西方社会思潮入侵中国提供了捷径，例如新自由主义、历史虚无主义、后殖民主义等，尤其是新自由主义和享乐主义思潮，严重动摇了社会大众的传统道德思想，给中国传统"廉"德的继承和发扬带来了严重的冲击。

新自由主义是西方社会思潮中具有代表性的理论，一经产生就受到了西方众多国家的支持和追捧。新自由主义是西方资本主义制度发展的产物，其主要思想观点有二。第一，在经济上强调个人主义和私有制。在新自由主义的观念中个人利益是神圣不可侵犯的，人们有权利追求自己的既得利益并且理应受到保护，同时资本主义经济制度中的私有制能对个人利益起到保障作用，并且能推动经济稳定发展。第二，在政治上反对政府的干预和社会主义制度。在新自由主义的观念中，政府对经济的干预不仅起不到积极作用，反倒会阻碍经济的发展，应该减少政治的干预，实现经济的市场化和自由化发展。而社会主义制度在主张新自由主义的人们眼中只会剥夺其自由的权利，起到奴役人们思想的作用。从新自由主义的观点看，其主张实现人的绝对自由，反对国家和政府对个人的自由和经济的发展的干涉，完全放任经济的市场化。这一系列主张服务于国际垄断资本主义经济的发展，在经济全球化的影响之下，新自由主义和国际垄断资本主义借机影响着中国人的思想观念，与"廉"德思想形成矛盾。"廉"德是以集体利益为目的，以敢于放弃个人利益为出发点的，这与新自由主义强调追求个人利益形成矛盾，中国特色社会主义发展道路和政治经济制度皆与新自由主义主张产生冲突。人们在面对新自由主义的鼓吹时，容易受到个人主义的蒙蔽，违背"廉"德主张，做出损害集体利益的举动。

享乐主义的产生可以追溯至文艺复兴时期，是一种历史悠久的理论。享乐主义的核心思想就在于"享乐"两字，顾名思义便是享受眼前的快乐，这种快乐侧重于个人的物质享受，将追求个人从物质中获得的快乐作为目标和动力。享乐主义同样为促进资本主义的发展服务，资本主义的私有制促使大部分企业一味地追求个人利益，大肆宣传享乐主义，改变人们的消费方式，利用刺激人们物质欲望的手段，促使人过度地进行物质消费，提高人们物质购买能力，进而增强自身的物质财富积累。由享乐主义衍生出来的过度追求物质消费理念伴随着市场经济条件下国际交流日益密切这一大背景涌入中国，不仅影响着中国青少年的理想和追求，甚至改变着社会各界人士的理性消费观念。在享乐主义的影响下，青少年将学习、升学视作自己日后获取金钱的垫脚石，并在学习知识的过程中，出现一些功利主义心理，表现出选择学习利于求职和具有较强变现能力的技能的倾向，而中华传统道德的学习在其眼中与获得更多的物质享受毫无关系，因此漠视中华传统"廉"德的学习。具备一定经济能力的社会人士在享乐主义的熏陶下，将这种影响直接转变为自身的消费价值观，体现在对物质的过度购买和追求上，开始进行物质上的享乐，并且具备高消费能力的社会人群逐渐将购买价格高昂的奢侈品作为消费目标，体现出过度消费的价值理念。这种对物质的强烈欲望和追求的主张，使人们在面对物质诱惑和道德坚守时，极易选择前者，将"廉"德置之不顾，严重阻碍了人们树立理性的消费观和正确的人生理想。

### 2. 权力制约不力的信念动摇

公共权力的基本属性是公共性，即公共权力是服务于社会共同体的利益的。① 但是，行使公共权力的主体由于自身的价值观在市场经济条件下产生，受到了各种各样的利益诱惑，产生利己主义的倾向，再加上在行使公共权力时缺乏有效制约，导致公共权力失去威信，甚至被滥用，最终产生腐败行为。

中国的历史发展和实践现状决定了中国共产党是唯一的执政党，一直以来，中国共产党将"廉洁从政"视作自身的执政目标和道德要求，将实现人民群众的利益视作价值追求，全心全意为人民服务所做出的努力经得起历史和人民的检验。但是，中国幅员辽阔，人口众多，人口总数量目前已经超过了14亿，再加上国家的发展日新月异，新问题接踵而至，这无疑给仅有9 000多万党员的中国共产党的执政提高了难度。在新的历史环境下由于执政经验的欠缺、体制机制的欠完善，中国共产党部分党员在"廉"德的坚守上出现了动摇，给腐败问题的滋生创造了沃土，导致公共权力丧失威严。

首先，权力的过于集中。我国的政党制度是中国共产党领导的多党合作和政治协商制度，中国共产党是唯一的执政党，掌握国家政权，其他民主党派有权力参与民主政治的建设，法律和现实都表明了中国共产党在国家的立法、行政和司法方面拥有绝对领导的权力。对于权力过分集中的问题，邓小平曾经指出："权力过分集中，越来越不能适应社会主义事业的发展。对于这个问题长期没有足够的认识，成为发生'文化大革命'的一个重要原因，使我们付出了沉重的代价。现在再也不能不解决了。"② "权力过于集中"这一现象早在新中国成

---

① 王雄军. 公共权力异化与腐败治理 [J]. 中国监察, 2007(1):56—57.

② 邓小平. 邓小平文选（第二卷）[M]. 北京：人民出版社, 1994:329.

立初期就被现实证明了是对社会主义事业有害的东西，是需要加以防止和努力解决的问题。

其次，党内"一把手"腐败问题频发。从2019年中央纪委国家监委网站上公布的党纪政务处分人员名单上看，被处分的人员大多数是所在单位的一把手，并且从数据上看有80%的人员在党委工作，由此可以见得，随着反腐败的深入开展，党内"一把手"的腐败问题依旧根深蒂固。虽然《中国共产党章程》和党的一系列相关规章制度都对党内"一把手"的权责和权限做出了相关规定，但是在权力的具体实施过程中仍存在制度上未做出规定的模糊区域，缺乏对具体权力行使的制约。因此，一些思想上不坚定的党内人员在使用自身权力时，容易在法律的真空地带出现腐败问题。

### 3. 监督无力下的廉德失范

随着反腐倡廉进程的不断深入，一系列反腐败制度也随之建立并相继完善，中国在反腐败制度的建设上虽取得了一定的成果，但无论是在党内还是在党外，"廉"德失范现象时有发生。因此，在权力的监督体系上仍需要进一步完善，加强监督力度，扩大监督范围，促进人们自觉地遵守法律制度，形成"不敢腐"的思想观念。早在2013年中国共产党第十八届中央纪律委员会第二次全体会议上的讲话中，习近平就指出："要加强对权力运行的制约和监督，把权力关进制度的笼子里。"2020年，在中国共产党第十九届中央纪律委员会第四次全体会议的讲话中，习近平一如既往地提到了权力运行过程中的制约和监督问题，指出："党的十八大以来，我们探索出一条长期执政条件下解决自身问题、跳出历史周期率的成功道路，构建起一套行之有效的权力监督制度和执纪执法体系，这条道路、这套制度必须长期坚持并不断巩固发展。"在这数年间，党和国家一直坚定不移地在权力监督体系上下功夫，但随着时间的推移，新问题不断涌现，在权力监督体系上仍存在着制度上的漏洞，需要在填补"漏洞"上下功夫。

首先，政党之间相互监督力度不足。在国家政治权力的运行和制约上，《中华人民共和国宪法》规定了人民民主专政的国体、人民代表大会制度的政体和中国共产党领导下的多党合作和政治协商制度这一有中国特色的政党制度，在制度的层面上明确了中国共产党是唯一的执政党，拥有领导权，其他党派拥有参政议政权利。这样的制度设计虽然在一定程度上体现了各个政党之间可以进行互相监督，但是在这样的制度框架下，其他民主党派难以有效行使对中国共产党执政权力的监督，虽然有了一系列的基本制度保障条件，但从实际效果角度看，仍有待完善和加强。

其次，人民群众对党员干部监督力度不足。由于党内干部自身权力过大，在使用权力时自由裁量空间过大，因此党员干部在运用权力时缺乏有力的监督制度体系。从理论上看，党员干部职位越高，权力越大，责任越多，越应该受到强有力的监督，而科学有效的监督方式应该是由自上而下、自下而上以及平行监督三者共同组成的多维度监督体系。从现阶段中国在权力运行方面的监督现状来看，自上而下的监督方式在权力的监督过程中较为有效，能有效地纠正党员干部的不廉行为，扼杀不廉动机。但是，自下而上的监督方式就显得软弱无力，尤其是人民群众对党员干部的监督更为薄弱，渠道窄，程序繁杂，难以获得良效。而现实中党员干部中的腐败分子依旧猖狂的原因恰恰在此，对领导干部监督力度不足，甚至在监督上搞形式主义，导致人民群众自下而上的监督显得苍白无效，使一些腐败分子得不到应有的惩治，反而得到职位上的提升，最终损害国家、社会和人民的利益。

4. 教育缺乏下的多维困境

习近平在中国共产党第十九次全国代表大会报告中明确提出要加强思想道德建设，需要"广泛开展理想信念教育，深化中国特色社会主义和中国梦宣传教育，弘扬民族精神和时代精神，加强爱国主义、集体主义、社会主义教育，引导人们树立正确的历史观、民族观、国家观、文化观"。学校"廉"德教育是加强思想道德建设的重要途径，是广泛开展理想信念教育的重要环节，更是帮助新时代青少年树立正确价值观的必要途径。自2007年国家教育部提出在大中小学全面开展廉洁教育的意见至今，学校廉洁教育取得了一系列的进展，但是在现阶段除了学校教育之外，社会各界的"廉"德教育面临着如何深入开展的难题，这一难题尚未得到良好的解决，导致"廉"德教育开展缓慢，尚未取得显著的效果。

第一，学校"廉"德教育体系缺乏下出现"廉"德认识困境。虽然学校正在有序地开展一系列道德教育，但是对"廉"德教育的开展和实施尚未形成一个系统的体系，对于"为什么进行廉德教育""怎样开展廉德教育""确定什么样的廉德目标"等问题尚未统一明确，各个学校之间对此颇具争议，因此在对学生开展"廉"德教育过程中，在"廉"德教育内容的选择和教育方式的选定上，都存在着一定的形式主义现象，致使学生的"廉"德观念模糊。在此种

"廉"德教育趋于形式主义的现象下,学生疏于对"廉"德品质的自觉学习和培养,在大多数学生的观念中,学生无须接受"廉"德教育,认为"廉"德是社会从业者需要具备的道德,与自身无关。正是由于缺乏对"廉"德的正确认识,一些学生往往表现出不廉行为却不自知,譬如在班干部的选拔过程中,一些学生为了在竞争中胜出,使用贿赂班主任、同学等不正当的手段,触碰"廉"德底线。

第二,部分党组织对党员干部的纪律意识和作风建设缺乏系统、科学的教育体系。思想是行动的先导,[1]有什么样的世界观、人生观和价值观,就有什么样的行为方式。党员干部是实现"两个一百年"奋斗目标的领头羊,党员干部拥有正确的"三观"、高尚的道德、无私的行为是实现伟大梦想的重要保障。但是,在现实情况中,一些党员干部出现了思想道德滑坡、廉洁意识动摇、腐败行为层出的现象,对党员干部缺乏系统且科学的"廉"德教育是导致这一现象的重要原因。党员干部的个人道德是一个动态发展的过程,对党员干部的个人道德应该遵循常教常新的理念,持续不断地进行道德教育和防腐败教育,筑牢广大党员干部的思想防线,将腐败行为关押在笼子里。

第三,社会"廉"德教育资金缺乏下出现环境建设困境。无论是何种教育都需要一定的人力和物力的投入,社区"廉"德教育是社会"廉"德教育的重要组成部分,教育对象主要包括全体社区党政工作者、社区的居民等成年人。因此,社区的"廉"德教育不能局限于课堂教育,而应营造社区的整体"廉"德氛围,通过改善环境因素的方式,在潜移默化中促进"廉"德在人们个人道德和行为中的渗入。然而,社区将大多数的资金投放于社区基础条件设施的改善,忽略了社区文化环境和"廉"德氛围的建设,因而出现了"廉"德教育开展遇到资金不足的难题,导致部分社区无条件开展专门的"廉"德教育,也无法为社区营造良好的"廉"德氛围。

## 五、传统"廉"德现代弘扬的原则和实践路径

对传统"廉"德的弘扬与廉德品质的培育既是一个继承借鉴的过程,也是一个创新发展的过程。中国共产党在长期的革命、建设、改革开放实践中积累了丰富的防腐反腐倡廉保廉的经验,新时代以来,党和政府更是积极通过多种途径、运用多项举措,以抓铁有痕的铁腕手段,持之以恒开展反腐倡廉,取得了明显的成效。当然,反腐倡廉,建设廉洁政治、廉洁社会,培育廉洁社会风

---

[1] 范铭武.常教育勤提醒 促使党员干部廉洁自律[J].新长征,2020(9):22—23.

气,需要全社会做长期的共同努力,需要在总结以往历史经验教训的同时,立足于人的"廉"德培育,其中就包含对传统廉德如何实现现代弘扬做认真的研究。

### (一)传统"廉"德现代弘扬的基本原则

传统"廉"德要实现现代弘扬,需要立足现实,尊重教育的基本规律,从实际成效出发,遵循建设性、规范性、激励性和重点突破的原则系统展开。

1. 建设性原则

如前文所述,在新时代中华传统"廉"德对社会发展具有全方位的影响作用,主要体现在为国家德治提供重要的道德维度,为应对市场经济挑战提供道德约束,为国家文化事业的繁荣发展提供传统源泉,为学校道德教育提供重要内容,为个人道德修养提供行为准则。由此可见,"廉"德是全民道德,是社会全体成员都应遵守的道德准则。在"廉"德的现代弘扬过程中,不应将"廉"德视作某一特定群体的道德要求,而是当今社会全体成员需要共同遵守的道德准则,应在全社会营造一种反腐倡廉、崇尚"廉"德的良好社会大环境,为"廉"德弘扬的全面化进程提供环境支撑。在国家层面上,以中国特色社会主义理论为指导,坚定不移地继承和弘扬中华传统"廉"德,建设具有中国特色的弘扬"廉"德体系,走中国特色社会主义反腐倡廉道路。在社会层面上,全面调动各方力量开展"廉"德文化、"廉"政文化建设,发展积极向上的反腐倡廉社会心理,不断营造反腐倡廉工作的良好社会环境。[①] 重视社会公众的参与,在全社会营造尚"廉"、遵"廉"德社会文化氛围,积极引导社会心理,坚定继承和弘扬中华传统"廉"德的信心和决心,实现中华传统"廉"德在新时代的创新发展。在个人层面上,树立"廉"德观念,锤炼自身"廉"德品质,践行"廉"德行为,从自我做起,从身边的小事做起,从守法做起,远离腐败陷阱,勿以恶小而为之,防微杜渐,建立起自己维护"廉"德的坚毅品质。

2. 规范性原则

"廉"德的价值在于其本身内含着规范,这种规范规定着什么样的行为是廉洁的、什么样的行为是不廉洁的,并告诉人们什么是美,什么是丑,什么是善,什么是恶,什么是应该做的,什么是不应该做的,从而为人们的行为方式

---

[①] 辛向阳,陈建波.中国特色反腐倡廉道路研究[M].天津:天津人民出版社,2015:249.

确立了价值尺度和价值标准。[①]"廉"德不仅是为人处世的道德底线,也是国家治理的道德依据,与其他道德相比,"廉"德具有一个显著的特点,即"廉"德拥有一个无法挣脱的道德框架,人们一旦突破这一固定的框架,不仅会给自身的道德修养带来危害,还会给社会的稳定与发展带来毁灭性影响。故在"廉"德的现代弘扬过程中,必须焊死"廉"德框架,守住"廉"德底线,规范"廉"德行为,严厉惩戒破坏"廉"德之人,对其做出的"廉"德失范行为坚决保持零容忍的态度。在当代社会,由于市场经济下西方社会思潮的涌入、学校"廉"德教育的缺乏,部分青少年、党员干部和社会大众对"何谓廉""何以廉"的概念模糊不清,出现道德认知困境,以至于在日常的学习和生活中触碰"廉"德底线却不自知,"廉"德的认知困境直接阻碍了"廉"德的现代弘扬步伐。

3. 激励性原则

激励,即激发和鼓励,在"廉"德的现代弘扬过程中采取激励性原则意在激发社会大众培养"廉"德品质、树立"廉"德观念和牢筑"廉"德意识,鼓励社会大众遵守和践行"廉"德。榜样的建设是在激励性原则指导下弘扬"廉"德的有效方式之一,榜样对人们思想和行为的影响是巨大的,并且通过特殊的方式影响着人们。榜样对人们的教育不需要通过特定的场所进行,而是通过自身的言行指导着人们的言行,使人们通过自觉的观察和学习的方式,积极剔除自身言行中与榜样言行相违背之处。换言之,拥有了榜样,也就意味着人们在生活中拥有了模仿的对象和追求的目标,榜样对人们的言行举止起着引领作用。在"廉"德的现代弘扬过程中,树立"廉"德榜样、宣传"廉"德榜样的优秀事迹是促进"廉"德观念深入人心的重要途径,自 2007 年以来,中共宣传部联合各个部门每隔两年举行一次全国道德模范评选表彰活动,该活动意在树立讲道德、尊道德、守道德的榜样人物,形成全社会崇德向善、见贤思齐、德行天下的良好向善氛围,紧紧围绕着社会公德、职业道德、家庭美德和个人品德四个方面,从普通的社会大众群体中选拔和树立良好的榜样典型,其中"廉"德贯穿在这四大类道德中,是树立榜样时首要考虑的道德基准。拥有"廉"德品质的全国道德榜样人物,在人们的社会生活、职业生涯、家庭和谐和个人修养方面都起着引导和激励作用,促使人们自觉形成"廉"德品质,践行"廉"德原则。因此,在"廉"德的现代弘扬过程中,要坚持激励性原则,通过树立"廉"德榜样人物,激发人们的学习热情和"廉"德自觉。

---

① 邓学源. 廉洁文化价值论 [M]. 北京:中国社会科学出版社,2019:209.

4. 重点突破原则

腐败是政治毒瘤，也是执政党在执政实践中面临的重大危险。[①] 中国共产党党员干部队伍中存在的腐败或违背"廉"德的行为将直接影响着中国共产党全心全意为人民服务的良好形象，影响着中国共产党的执政能力和执政水平，更不利于中国共产党与人民群众保持密不可分的血肉联系。无论时代如何更替发展，对中国共产党的道德要求从未脱离"廉"德品质，在新时代，"廉"德依旧是中国共产党最重要的道德素质，要求党员干部为政以"廉"、刚正不阿。为政以"廉"意味着党员干部要严格遵守廉洁从政的道德底线和法律底线，清清白白为官，不取群众的一分一毫和一针一线；刚正不阿意味着党员干部为人为官要公平公正，理想信念坚定，在大是大非面前拥有正确的判断能力，不盲目、不盲从，一身正气。在新时代筑牢党员的"廉"德思想防线是全面从严治党的重中之重，正如习近平提道："如果管党不力，治党不严，人民群众反映强烈的党内突出问题得不到解决，那我们党迟早会失去执政资格，不可避免被历史淘汰。"[②] 因此，"廉"德的现代弘扬必须加强在党员干部队伍中的实践，提高党员干部的"廉"德意识，促使党员干部对弘扬"廉"德形成强有力的带头作用。

（二）"廉"德现代弘扬的实践路径

"廉"德不仅是一种政治品德，也是社会成员个人品德。不同的时代背景下，"廉"德有不同的内涵要求，因此传统"廉"德的现代弘扬过程必须紧密结合时代要求和当代社会的发展特点，探索传统"廉"德现代弘扬切实有效的实践路径。

1. 坚定传承信念，为弘扬"廉"德提供价值导向

精神的力量是无穷的，道德的力量更是无法估计的。中华民族具有五千多年的发展历史，灿烂的中华文明孕育了中华民族宝贵的精神品格，培养了中华人民不断追求真理的崇高价值追求。自强不息、厚德载物等优秀的道德思想深深地影响着中华民族，使中华民族生生不息、薪火相传，是推动社会主义现代

---

① 田旭明.善制与善德的耦合——论制度反腐与廉洁文化建设的协同[J].理论与改革,2015(2):37—40.

② 中共中央文献研究室.十八大以来重要文献选编（上）[M].北京：中央文献出版社,2014:349.

化建设和实现中国梦的强大的道德和精神支撑。

传统"廉"德作为中华传统文化中的优秀成分，必须在新时代得到继承和发扬，使之成为促进中华民族繁荣昌盛和丰富发展社会主义文化的重要组成部分。在当代，全面从严治党毫无松懈之势，坚持标本兼治，将纪律视作不可触碰的高压防线，将"廉"德视作不可逾越的行为红线，使"廉"德品质一脉相承。中国共产党对"廉"德的传承主要体现在对腐败问题的零容忍上，高压反腐，威慑常在。中国共产党严肃查处一些党员干部包括高级干部严重违纪问题的坚强决心和鲜明态度向全党全社会表明，我们所说的不论什么人，不论其职务多高，只要触犯了党纪国法，都要受到严肃追究和严厉处罚。① 在反腐倡廉建设上，中国共产党坚定有案必查，有腐必反，威慑常在。反腐决心的零容忍，即对违规违纪行为零容忍，对闯雷区、踩红线零容忍，对腐败犯罪行为零容忍，正是这一系列的零容忍，对待腐败行为和腐败分子毫不手软、毫不放松和毫不懈怠，才能使中国共产党以高效的反腐倡廉的实际行动取信于民，确保党内永葆清正廉洁的风气，坚守"廉"德，远离腐败，才能全心全意为人民服务，带领全国各族人民实现中国梦。

从全面从严治党出发，全面从严创建廉洁企业、创建廉洁校园文化、创建廉洁社区文化等创造性地将传统"廉"德与新时代促进社会各方面的发展相结合，促使"廉"德成为推动社会发展的强大的道德力量，是"廉"德现代化转型的重要表现。然而，在社会对"廉"德的极力推崇与对腐败"零容忍"的强压之下，不"廉"行为依旧在社会各行各业出现，并且展现出新的特点和新的形式，面对新时代出现的新问题，首先，必须毫不动摇地继承传统"廉"德。传统"廉"德中蕴含着丰富的内涵，具有维护社会秩序的社会道德思想、治国理政的官德思想、营造和谐家风的家庭美德思想、提升个人修养的个人道德思想。这一系列丰富的思想内涵在新时代对社会和个人的发展依旧具有积极的意义。其次，通过创新性的方式发展传统"廉"德。在强压之下，腐败问题依旧以新的特点和新的形式出现，归根结底，原因还是人们"廉"德意识的丧失，面对原则性问题时，人们的"廉"德意志不坚定。因此，在坚定不移地继承"廉"德的基础上，需要创造性地发展"廉"德，将"廉"德意识深刻地根植在人们的心中，促使人们坚决抵制腐败诱惑，营造良好的社会环境，推动社会的发展。

---

① 本书编委会. 坚定不移反对腐败的思想指南和行动纲领 [M]. 北京：人民出版社, 2018:295.

## 2. 完善法律法规，为弘扬"廉"德提供制度保障

古人云："欲知平直，则必准绳；欲知方圆，则必规矩。"1926年8月4日，中共中央颁发了党史上首个惩治贪污腐化分子的文件《中央扩大会议通告——坚决洗清贪污腐化分子》（以下简称《通告》）。①《通告》的颁布说明了中国共产党在成立之初，对贪污腐败现象及贪污腐败分子就保持着零容忍的态度，并意从制度方面惩治腐败分子，坚决同腐败作斗争。

反腐倡廉相关法律法规所规范的内容是践行"廉"德行为的基本底线，是全面从严治党的制度要求，同时为当代弘扬"廉"德提供制度保障。习近平曾多次强调加强党内防腐倡廉之制度建设的重要性，并在反腐倡廉制度建设过程中形成了自己的一套完整的思想。

在反腐倡廉的制度建设上，第一，要严以用权，就是要坚持用权为民，按规则、按制度行使权力，把权力关进制度的笼子里，任何时候都不搞特权、不以权谋私。严以律己，就是要心存敬畏、手握戒尺，慎独慎微、勤于自省，遵守党纪国法，做到为政清廉。② 中国共产党的各机关党员干部要自觉遵守相关的法律法规，在行使权力时严格遵守行为红线，依法行使手中的权力。

第二，反腐倡廉须"常治"与"长效"相结合，即经常抓、长期抓，建立反腐倡廉有效机制，有腐必反，坚定不移地全面从严治党，对待腐败问题实行零容忍的态度，将"老虎"和"苍蝇"一起打，促使党员同志筑牢"不敢腐不能腐不想腐"的思想防线。中国共产党有着铁一般的纪律，纪律严明是中国共产党长期以来的优势，要想始终维持这份优势，必须警钟长鸣，面临的形势越复杂、任务越艰巨、诱惑越多样，越要严明政治纪律，自觉遵守和维护党章。

第三，在工作作风上自觉落实"八项规定"，全党各级各地区各部门要不折不扣地执行改进工作作风相关规定，自觉接受人民的监督，健全和完善惩治和预防腐败体系建设，健全权力运行制约和监督体系，加强反腐败国家立法，加强反腐倡廉党内法规制度建设，深化腐败问题多发领域和环节的改革，确保国家机关按照法定权限和程序行使权力。③

反腐倡廉制度的建设是弘扬"廉"德的制度诉求，只有不断地健全和完善反腐倡廉制度建设，为反腐倡廉提供长效的制度机制，才能更好地促进"廉"

---

① 人民日报社政治文化部.共产党员应知的党史小故事[M].北京：人民出版社,2019:182.

② 习近平.习近平谈治国理政[M].北京：外文出版社,2014:381.

③ 习近平.习近平谈治国理政[M].北京：外文出版社,2014:388.

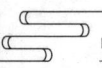

德的当代弘扬。首先，需要推动社会经济、文化、生态等全方位多领域的廉洁制度建设。现阶段，在政治领域内，全面从严治党已经形成了一套较为完善的反腐倡廉体系，"廉"德意识在广大党员群体中深入贯彻，成为党员的行为指南，但"廉"德是一种全民道德，其在当代的弘扬涉及的不仅仅是政治领域，同样涉及社会的经济、文化和生态领域，需要在全社会多领域中建立起廉洁制度，消灭腐败死角，促进"廉"德在社会中的全面发展。其次，建立社会全方位的廉洁行为监督机制。目前，针对官员及领导干部腐败行为的监督机制已被初步建立，并且监督路径趋于多样化，使权力在阳光下运行这一目标得以实现。但是，在社会其他行业和其他群体中，例如在一些企业内部，企业领导人的腐败问题根深蒂固，由于企业领导人掌握着人事任命的绝对权力，在权力的运行时缺乏有效的员工监督，在引进新员工时利用裙带关系随意将他人带入企业入职甚至提拔，这一行为不仅剥夺了企业其他员工平等竞争的机会，降低了员工工作积极性，更不利于企业的长久发展。因此，需要在社会的各行各业建立起行之有效的廉洁行为监督机制，促进"廉"德在社会成员内部的深入发展。

3. 挖掘多元载体，为弘扬"廉"德提供丰富形式

载体是抽象事物的具体表现，将"廉"德通过具体的文化载体的形式加以展现可以对人们理解"廉"德的概念、含义、产生、发展历程和作用等一系列相关理念产生积极作用。传统"廉"德以实物为载体，不仅能使国人深入了解国家的优秀传统道德和传统文化，也为国际社会了解中国的传统文化、传统道德、历史传承和民族特性，宣传中国人的世界观、人生观和价值观提供了重要的途径。

当前，社会在宣传、弘扬"廉"德时大多采用传统的弘扬形式，例如进行"廉"德概念的教育、出版关于"廉"德的书籍、设立"廉"德宣传橱窗等，方式简单，内容单一。然而，"廉"德的传承和发展不能单单寄希望于单方面的思想灌输、事例宣传和价值观念教育，而应立足于当代社会发展的需要和人们的日常生活需求、思维方式、行为举止的转变，针对社会生活中不同群体的需求特征，合理开发、培养和利用各种鲜活的载体，促进"廉"德的当代弘扬。

面对"廉"德传播载体单一的尴尬局面，应当大力研发传播载体，为弘扬"廉"德提供多元途径。首先，加强传统载体在"廉"德弘扬过程中的作用。传统载体在弘扬"廉"德中依旧扮演着重要的角色，这是无法否认的事实，在开展"廉"德教育中可以极大地提高人们对"廉"德的关注度，但值得注意的是，

"廉"德的教育应当在全社会不同群体之间有序开展，"廉"德的教学内容和教材也应根据群体的不同进行有效的选择和调整。因此，第一，需要积极挖掘中华传统文化中的优秀组成部分、挖掘革命文化资源、宣传中国共产党的历史和革命精神，努力建设以中华传统文化为基础，综合红色文化资源开发利用的新型智库。从历史中汲取经验，以史为鉴，才能更好地向前发展。第二，需要充分利用革命历史纪念地、旧址（旧居）和纪念馆、博物馆、档案馆、图书馆等已有的文化资源，深入挖掘、系统整理有关材料，建立优秀精神与文化资源专题网站、资料库和数据库。[①]第三，搜集历史发展过程中关于"廉"德的小故事，组织编写通俗易懂的"廉"德知识普及读物，如浙江省将"红船精神"与浙江的发展相结合，并形成了一系列的研究成果，不仅为弘扬红船精神提供了重要的文化载体，也促使了人们践行开天辟地、敢为人先的首创精神，坚定理想、百折不挠的奋斗精神，立党为公、忠诚为民的奉献精神。[②]

其次，有效利用互联网充当"廉"德传承的新型平台。互联网技术的发展使社会呈现出网络化、信息化的发展态势，互联网的出现极大地改变了人们交往和交流的方式，成为人们日常搜集和接收信息的重要平台，通过互联网，人们足不出户便可掌握社会发展的最新动态。互联网等现代传媒在现代人的日常生活中扮演着越来越重要的角色，网络和媒体已经成为意识形态宣传的重要工具，极大地影响着社会的政治、经济、文化的发展和人民的日常生活。因此，占据互联网这片宣传"廉"德的高地，是推动全社会积极主动尊"廉"德、循"廉"德的重要途径。第一，网络和媒体作为意识形态传播的有力工具，对社会稳定发挥着黏合剂的作用，在统一社会成员的思想方面发挥着不可替代的重要作用。[③]在利用互联网作为弘扬"廉"德的载体时，要极大地发挥互联网的效能，诸如建设"廉"德教育专题栏目，及时发布最新的相关政策、"廉"德案例，宣传优秀榜样事迹，同时上传"廉"德主题影片，等等，不断创新"廉"德的内容。第二，移动互联网的发展使手机成为年轻人日常生活的必需品，年轻人获取信息的渠道不再局限于电视和电脑，取而代之的是通过手机 App 利用碎片化时间随时随地了解社会信息。因此，针对社会发展出现的新现象，在进行"廉"德的弘扬中要将新时代的媒体平台融入进来，开发如"学习强国"App 等具有宣传和教育意义的软件，随时随地为人们提供便捷的学习平台。

---

① 杨河.中国共产党革命精神史读本——社会主义革命与建设篇[M].北京：人民出版社,2015:5.
② 习近平.弘扬"红船精神"走在时代前列[N].人民日报,2017-12-01(2).
③ 于华.中国共产党意识形态领导权研究[M].北京：人民出版社,2017:139.

### 4. 加强重点人群教育，让"廉"德建设落到实处

中华传统"廉"德的发展经历了漫长而又繁杂的过程，涵盖了社会建设与发展的多个方面，在当今社会发展中，"廉"德依旧在社会的各个领域起着独特的推动作用。因此，在推动"廉"德的当代弘扬进程中，需要社会全体成员共同努力，尤其要发挥社会重点人群的领头羊作用，在自身"廉"德品质的培养、促进"廉"德在社会中的弘扬等方面起到关键作用，推动社会积极营造"尚廉"氛围。在"廉"德的弘扬过程中，社会重点人群主要包括中国共产党党员、青少年以及学校教师这三大类。

从严管党治党，是中国共产党长期以来加强自身建设的宝贵经验和重要优势，也是加强和改进新形势下党的建设必须始终坚持的根本方针。[①] 中国共产党的作风代表着中国共产党的精神面貌和形象，党作风的好与坏直接关系到党的执政能力与办事效率，广大中国共产党党员特别是机关党员干部在思想、行动、学习、工作和生活等各方面的作风影响着中国共产党的作风建设，因此要高度重视党的作风建设，积极开展且稳步推进党员干部的"廉"德教育。中国共产党历来是中华传统"廉"德的忠实弘扬者和践行者，中国共产党的产生、发展和壮大离不开一代代中国共产党人对中华传统"廉"德忠贞不渝的传承。中国共产党第十八次全国代表大会以来，以习近平同志为核心的党中央加强作风建设，实施八项规定，部署开展了党的群众路线教育实践活动、"三严三实"专题教育[②]、"不忘初心，牢记使命"主题教育，保证中国共产党各级领导干部清正廉洁，锤炼党员忠诚干净有担当的政治品格，深入推进党风廉政建设，切实发挥了中国共产党在实现中国梦道路中的引领和主体作用。然而，我们也应当清楚地意识到，党的作风建设不是一蹴而就的，党风廉政建设和反腐败斗争形势依旧复杂。因此，需要在实践过程中不断深入，继续推进，开展多种形式的廉政教育，弘扬中国共产党在革命、改革和建设过程中孕育而成的精神，包括红船精神、井冈山精神、长征精神、延安精神、西柏坡精神等伟大的革命精神，雷锋精神、焦裕禄精神、"两弹一星"精神等热爱党、热爱人民、热爱社会主义的坚定信念，培养党员干部的政治意识、大局意识、核心意识、看齐意

---

① 中共中央国家机关工作委员会.学习习近平同志关于机关党建重要论述[M].北京：党建读物出版社,2016:60.

② 中共中央国家机关工作委员会.学习习近平同志关于机关党建重要论述[M].北京：党建读物出版社,2016:154.

识，培养守纪律、讲规矩、尊"廉"德的全心全意为人民服务的党员干部，从而坚定不移地推进廉政建设，且自觉地同腐败作斗争。

青少年是道德教育的首要受众群体，在文化多元化发展的浪潮中，由于青少年自身发展的特点，他们不但对优秀的文化思想和道德行为具有快速学习和模仿的能力，而且面对腐朽的文化思想和损害道德的行为同样展现出较强的接受能力。优秀的文化和良好的道德可以帮助青少年树立良好的价值观，促进青少年的身心发展，推动青少年成人成才，反之，腐朽的文化和不良的道德阻碍青少年的发展。因此，在开展学校教育时要大力加强中华优秀传统文化教育、宣传党的历史和革命精神、培养和弘扬社会主义核心价值观，充分利用中国共产党的宝贵资源和精神营养的巨大优势，并把这种优势转化为丰富的教学资源、育人平台和科研高地，努力培养德智体美劳全面发展的社会主义建设者和接班人。[①] 一方面，在开展"廉"德教育时，要针对青少年自身发展的特点，找出青少年群体中出现的不"廉"行为问题的根源并寻求解决办法，培养青少年的"廉"德品质，帮助其树立正确的价值观念，在大是大非和社会的不良风气面前有辨别是非的能力。另一方面，青少年自身要在生活中自觉地养成好的品德，要从自己做起、从身边做起、从小事做起，一点一滴积累，养成好思想、好品德。[②]

教师在道德的发展和弘扬中起到基础性作用，在青少年的道德观念养成中发挥着建树作用。教师的教学对象是青少年，青少年是中国特色社会主义事业的建设者和接班人，教师的"廉"德行为深刻地影响着青少年的"廉"德观念和行为的养成。因此，教师需要严格要求自身的道德水平以及严格规范自身的道德行为，为青少年树立可学可行的道德榜样。通常情况下，教师的道德水平高于一般人群，但在现实生活中，一些教师对自身的"廉"德品质培养有所懈怠，出现了一系列学术造假、接受学生家长贿赂等"廉"德失范行为，对学校环境造成了毁灭性影响，不利于学生的道德习惯养成。因此，需要加强教师自身"廉"德教育，使教师坚定不移地践行"廉"德和师德；同时，教师要发挥自身立德树人的育人功能，以培养人才为己任，以哲学社会科学繁荣为依托，有效地整合研究力量[③]，加强青少年的中华优秀传统文化教育、思想政治教育与"廉"德教育，努力培养青少年成为社会主义可靠的建设者和合格的接班人。

---

① 杨河. 中国共产党革命精神史读本——社会主义革命与建设篇[M]. 北京：人民出版社，2015:2.
② 习近平. 习近平谈治国理政（第二卷）[M]. 北京：外文出版社，2017:183.
③ 杨河. 中国共产党革命精神史读本——社会主义革命与建设篇[M]. 北京：人民出版社，2015:3.

5.融进核心价值观,促使"廉"德文化深入人心

中国共产党第十六届中央委员会第六次全体会议《中共中央关于构建社会主义和谐社会若干重大问题的决定》第一次明确提出建设社会主义核心价值体系的战略任务,并把其基本精神内容概括为马克思主义指导思想、中国特色社会主义共同理想、以爱国主义为核心的民族精神和以改革创新为核心的时代精神,以及以"八荣八耻"为主要内容的社会主义荣辱观四个方面。① 中国共产党第十八次全国代表大会提出,要加强社会主义核心价值体系建设,全面提高公民道德素质,弘扬中华传统美德,丰富人民精神文化生活,积极培育和践行社会主义核心价值观。十八届中央政治局第十二次集体学习时,习近平强调,提升国家文化软实力,要努力夯实国家文化软实力的根基。要坚持走中国特色社会主义文化发展道路,深化文化体制改革,深入开展社会主义核心价值体系学习教育,要继承和弘扬我国人民在长期实践中培育和形成的传统美德,坚持古为今用、推陈出新,努力实现中华传统美德的创造性转化、创新性发展。② 习近平多次强调培育核心价值观要从中华优秀传统文化中汲取养分。十八届中央政治局第十三次集体学习时,习近平提出培育和弘扬社会主义核心价值观必须立足中华优秀传统文化。牢固的核心价值观,都有其固有的根本。抛弃传统、丢掉根本,就等于割断了自己的精神命脉。博大精深的中华优秀传统文化是我们在世界文化激荡中站稳脚跟的根基。③ 在北京大学师生座谈会上,习近平再次强调,今天我们提倡和弘扬社会主义核心价值观,必须从中华优秀传统文化中汲取丰富营养,否则就不会有生命力和影响力。④

党中央高度重视社会主义核心价值体系的建设,而中华传统"廉"德作为中华民族优秀的传统道德是社会主义核心价值体系内在精神和外在表现的有机统一。从内在精神上看,继承和弘扬传统"廉"德是坚持马克思主义指导思想的本质要求,是实现中国特色社会主义共同理想的思想保障;从外在表现上看,继承和弘扬传统"廉"德是坚定践行民族精神和时代精神、坚持社会主义荣辱观的深刻表现。中华传统"廉"德与社会主义核心价值体系具有高度的统一性,可以说中华传统"廉"德是社会主义核心价值体系的重要组成部分,是

---

① 沈其新,尹世尤.廉洁奉公与社会主义核心价值体系建设[J].湖湘论坛,2009(5):28—31.

② 习近平.习近平谈治国理政[M].北京:外文出版社,2014:160.

③ 习近平.习近平谈治国理政[M].北京:外文出版社,2014:163—164.

④ 习近平.习近平谈治国理政[M].北京:外文出版社,2014:170.

涵养核心价值观的重要源泉。首先，坚持马克思主义指导思想必须坚定不移地践行"廉"德。马克思主义具有强烈的科学性和阶级性，始终将无产阶级的根本利益作为自身的价值追求，马克思主义的最终目标是实现人类自由而全面的发展。马克思主义的这一鲜明的阶级属性决定了中国共产党是中国工人阶级的政党，以马克思主义作为党的指导思想，而马克思主义这一阶级属性必然决定了中国共产党始终代表着最广大人民的根本利益，同时决定了社会主义核心价值体系的建设和弘扬必然以"廉"德作为出发点，全心全意为人民服务。

其次，实现中国特色社会主义共同理想必须以"廉"德作为思想保障。共同理想涉及全国各族人民的福祉，建设富强、民主、文明、和谐、美丽的社会主义现代化强国是每位中国人民的殷切期盼，在这一共同目标的指引下，社会主义核心价值体系是团结全国各族人民的精神纽带，凝聚了全社会的精神力量。为实现共同理想，全国各族人民必须坚守"廉"德。广大党员作为共同理想事业的领导核心，党员干部自身的"廉"德品质是实现共同理想的关键。社会各行各业人士只有在"廉"德品质的指引下，自觉遵守社会道德、大公无私、敢于奉献，才能为实现共同理想注入源源不断的力量。

再次，"廉"德是民族精神和时代精神的重要组成部分。一方面，从"廉"德起源上看，"廉"德在中华民族的发展历程中始终扮演着重要角色，具有中华民族的特性，带有强烈的民族性，与爱国主义有着高度的一致性。另一方面，从"廉"德的发展过程上看，"廉"德的基本内涵和表现形式随着时代的发展而不断变革，在发展中不断适应社会发展的需要，为改革创新提供价值目标。

最后，"廉"德是社会主义荣辱观的生动表现。社会主义荣辱观体现着人们社会生活中的价值取向，涵盖了社会生活的各个领域。继承和弘扬"廉"德，要求社会全体成员热爱祖国、服务人民、崇尚科学、辛勤劳动、团结互助、诚实守信、遵纪守法和艰苦奋斗。由此可以得出，在当代弘扬"廉"德与践行社会主义荣辱观具有高度一致的内容和目标。因此，社会全体成员需要自觉弘扬"廉"德。

因此，将"廉"德融进社会主义核心价值观建设具有科学合理性，中华传统"廉"德及中华优秀传统思想和理念具有鲜明的民族特色，无论是在古代还是在现代，都具有永不褪色的时代价值，这些优秀的传统道德、思想和理念既与时俱进又具有连续性和稳定性，形成了百姓日用而不觉的价值观。将中华传统"廉"德融入社会主义核心价值观，是繁荣文化事业和文化市场的重要力量，是坚持"四个自信"的道德支撑，是坚持中国特色社会主义道路的价值需求。

# 第五篇 「恥」德篇

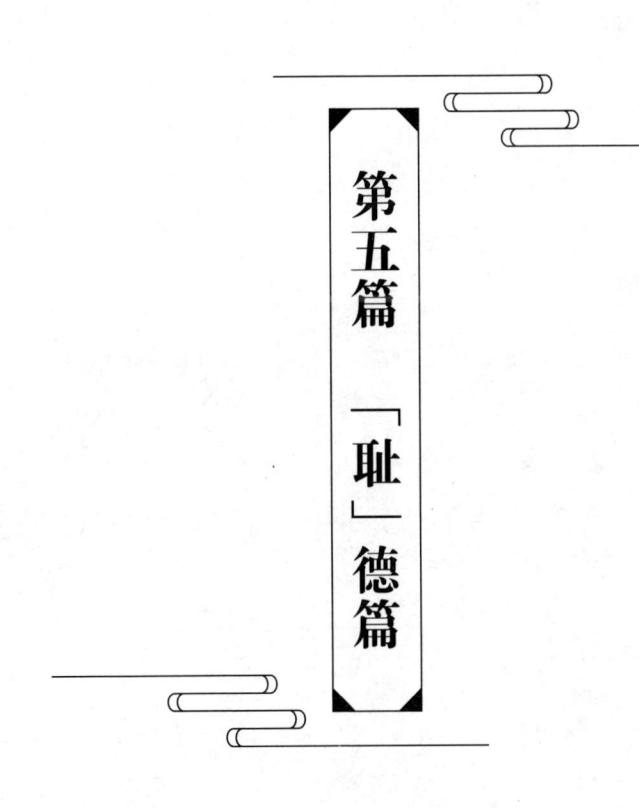

"耻"德是中国传统道德的重要组成部分，作为底线伦理构成了人之为人的根本以及维系社会良性运行的基础与底线，是推动人的本质实现与德性提升、维护社会公平正义与和谐稳定的重要道德品质和精神财富。自殷商时期萌芽至今，历经千年发展沉淀的"耻"德拥有深厚的历史底蕴，其道德价值不仅体现于"国之四维""养民知耻"的古代治国方略中，贯穿于道德自我完善、理想人格塑造的修身方法与目标中，对当下社会道德建设、主流价值观的建构与传播也具有重大现实意义。但传统"耻"德的内涵与价值在社会的快速发展中似乎逐渐被忘却甚至丢失，"耻"德的缺失是社会道德危机出现的标志，也是中国传统美德遭受轻视和侵蚀的现实缩影。因此，如何引起人们对"耻"德建设的重视并推动"耻"德建设走上正轨，实现其与新时代发展相适应，使其在推进社会主义和谐社会建设中焕发出新的光彩与价值，是当代社会道德建设重要的题中之义。

## 一、"耻"德的起源与历史流变

了解与研究"耻"的概念、历史流变、本质、功能等问题，不仅是探讨中华传统"耻"德、穷尽其根本的逻辑起点，也是厘清"耻"德价值内涵、探索"耻"德重建及现代转型路径的理论基石。通过回答"什么是耻"的问题，能为耻感伦理建设、社会主义道德体系建设提供科学、合理、正确的方向指引与理论支持。

### （一）"耻"德的起源

"耻"自产生以来，原是作为一种感受、情绪而内存于心，多需要外力的刺激而形成于人的意识层面，鲜少对行为产生影响。但随着社会的发展，它渐渐成为一种指导、约束个体道德发展的重要道德品质，内化于心并外化为行，在推动人的德性发展上有着极为重要的作用。

1. "耻"字的含义及演变

关于"耻（恥）"字的含义，我国许多古代典籍中都有记载。《说文解字》

曰："耻，辱也。从耳，心声。"①《六书总要》曰："耻，从心耳，会意，取闻过自愧之意。凡人心惭，则耳热面赤，是其验也。"《广韵》曰："耻，惭也。"② 由此可见，"耻"的含义多指一种由耳到心，令人感觉羞愧、可耻的内心感受。同时，在古代汉语中，多将"耻"与辱、惭、羞、愧等含义相近的词联系在一起，有些甚至可以相互替代使用，但即便如此，也并不能将"耻"与这些词完全等同。"耻"作为人的一种心理状态，其产生、发展及表现形式都是复杂多变的，并不是羞、惭、辱等能完全概括的，它是一种独立的社会情感体验。除此之外，"耻"的含义也会随着用法的不同而有所变化。当"耻"作为名词而存在时，指耻辱、可耻的事情，或是人的羞耻心、羞耻感；当"耻"作为形容词而存在时，指某人具备羞耻之心或羞耻之感；当"耻"作为动词而存在时，指羞辱、侮辱，或是某人替自己或他人感到可耻、羞耻。因此，对于"耻"字的理解和研究不能一概而论，只有从多方面、多角度考量它，才能真正了解它的内在含义。

"耻"字在漫长的历史发展过程中有过一次字形上的变化，其在汉代以前一直写作"恥"，自汉代以后才出现"耻"字，渐渐沿用至今。从耳心结构的"恥"演变为耳止结构的"耻"，使"耻"字在含义表达上也有了一些新的内容。耳心结构的"恥"，从耳从心，主要指人们在听到外界对自身过错的评价和谴责后，在心中产生了可耻的感觉。此时的"恥"较为强调个体耻感意识的形成，意指人们听到过错后，通过心的觉知思虑也认识到这是过错，进而以此为"耻"。③ 这是一种观念上的转变，也是客体作用于主体的结果。而耳止结构的"耻"，从耳从止，有两种解释：一是指人们因外界评价而感到羞耻时，随即停止自身不正确或不恰当的行为；二是指人们将不愿意听到的言行视为"耻"。在现代汉语中，第一种解释被广泛接受和采用，从中也可以看出耳止结构的"耻"相较于前者更为强调耻感意识形成后的行为。通过"耻"字的演变可以发现，人们对于"耻"的重视已从内在的意识形态层面上升至外在的道德行为层面，个体在具备内在耻感意识的基础上，还要在行为上体现出来，这样才能真正做到知耻而止。总体而言，"耻"字的含义是个体因外界评价而意识到错误并深感可耻，从而停止自身的错误行为，它是一种带有自我否定性质的社会心理与道德情感。

---

① 许慎.说文解字彩图馆[M].付改兰，编.北京：中国华侨出版社,2015:295.

② 沈兼士.广韵声系（下册）[M].北京：中华书局,1985:1093.

③ 吴根友，熊健.传统社会的道德耻感论[J].伦理学研究,2017(6):31—38.

2. "耻"德的萌芽

"耻"德作为中华传统德目，有着悠久的发展历史，耻感意识作为"耻"德形成的基础，在中国古代也早已被重视和培养，最早可追溯至夏商周时期。在殷商时期，"耻"已经与人的礼仪、行为以及社会风气有着密切的联系，是个体行为举止和价值观念的重要表征。《礼记·表记》曰："殷人尊神，率民以事神，先鬼而后礼，先罚而后赏，尊而不亲。其民之敝，荡而不静，胜而无耻。"[1] 从中可以看出，商朝过分尊崇鬼神，巫术盛行，对礼仪的轻视与对刑罚的注重致使民众好胜却没有羞耻心。羞耻心的缺乏令商朝民众行事放荡不安分，对整个社会的风气也产生了恶劣影响。由此可见，耻感意识在指导和约束个体行为以及建立正确价值观上的重要作用在那时已有初步显现。历史上著名的"伊尹放太甲"的故事也说明了耻感意识之于人的重要性。《尚书·说命》载："（伊尹）乃曰：'予弗克俾厥后惟尧舜，其心愧耻，若挞于市。'"[2] 伊尹认为自己没有让太甲成为尧舜一般的君王，心中万分惭愧，倍感耻辱，就像在闹市受到鞭打一般。未尽责的行为与内心期许之间的落差促使伊尹产生强烈的耻辱之感，也正是这种耻感推动着伊尹做出放逐太甲的决定，最终使其成长并继承伟业。

周朝时期，"耻"更是直接指向社会伦理与道德品质范畴，成为指导人们立身行事的重要道德情感，如"以圜土聚教罢民。凡害人者，置之圜土而施职事焉，以明刑耻之。其能改者，反于中国，不齿三年。其不能改而出圜土者，杀"。[3] 这段话体现了周代的狱政思想，其中"以明刑耻之"是教化不良游民的方式之一，通过明书其罪于背的方式，让这些人心生耻辱，从而改过自新。这种方式的产生说明了"耻"的教化作用在那时已被重视，并积极应用于社会治理。此外，《诗经·国风·相鼠》载："相鼠有皮，人而无仪；人而无仪，不死何为？相鼠有齿，人而无止；人而无止，不死何俟？相鼠有体，人而无礼；人而无礼，胡不遄死？"[4] 这首诗充斥着人民对统治阶级的愤怒与不满，他们认为连老鼠都皮毛俱全，但统治者却无德无耻，连老鼠都不如，这样活着还有何意义？"耻"在此时的地位和价值已经不仅仅局限于对个体行为的指导与约束，

---

[1] 胡平生,张萌.礼记[M].北京：中华书局,2017:1056—1057.
[2] 王世舜,王翠叶.尚书[M].北京：中华书局,2012:425.
[3] 杨天宇.周礼译注[M].上海：上海古籍出版社,2004:508—509.
[4] 孔丘.诗经[M].吕丽丽,韩婷,注译.西安：三秦出版社,2012:44.

它已经成为人之为人的基本底线,是人区别于动物的重要特征。从商朝到周朝,可以看出知耻的重要性在不断提升,社会已经意识到"耻"在道德领域所发挥的重要作用。它不只是一种道德情感,更是一种道德品质,是每个人都应该努力培养和追求的目标,中华传统"耻"德就此开始萌芽。

### (二)"耻"德的历史流变

"耻"德的存在源远流长,数千年的中华文明见证着它的形成与发展过程,其价值内涵也随着历史的推进与时代的潮流不断变迁,对不同时代的人们进行不同层面的价值导向与行为指导,在不同的社会环境中呈现出富有地区特色、时代特征的不同内容和形态。

#### 1. 春秋战国时期——初步形成

春秋战国时期是社会大变革的时期,也是各类思想空前活跃的时期。"耻"在此时已不仅仅停留于人们的日常言语、行动上,也开始出现在各派思想家的理论中,成为道德领域的重要内容。[①] 各学派对"耻"都有自己独到的见解和主张,其中又以"儒、道、法、墨"四大家的理论最为深刻且影响深远,不仅赋予了"耻"更为丰富的道德内涵与伦理价值,也为"耻"德的进一步发展提供了强大助力。

儒家思想作为中国传统文化的主流思想,对"耻"德有极为深厚的认识。儒学创始人孔子一直强调"以德治国"的重要性,他认为道德在国家治理中有着极为重要的地位,只有施行"德治",才能做到"养民知耻";只有人人知耻,才能做到普遍的自觉、自律,最终实现社会和谐,国家安定。正如"道之以政,齐之以刑,民免而无耻。道之以德,齐之以礼,有耻且格"。[②] 对于何为"耻"的问题,孔子主要从是否合乎"仁""礼"出发来判断,一切违背"仁""礼"的行为都是可耻的。所谓"恭近于礼,远耻辱也"[③],只要行为恭敬合乎礼节,就能远离耻辱。"礼"是"仁"的外化,是立身之本,也是知耻的外在表现。推行礼制,可以使民众懂礼守礼,自觉遵守社会规范,从而促进社会关系的良性发展和社会秩序的稳定运行,降低可耻行为发生的概率。但是要真正做到知耻而止,还需要达到"仁"的境界。"仁"是孔子思想体系的核心,也是形成

---

[①] 刘致丞. 耻的道德意蕴[M]. 上海:上海人民出版社,2015:28.

[②] 杨伯峻. 论语译注[M]. 北京:中华书局,2015:17.

[③] 杨伯峻. 论语译注[M]. 北京:中华书局,2015:11.

"耻"德的重要一环。孔子认为"君子去仁,恶乎成名?君子无终食之间违仁,造次必于是,颠沛必于是"。[1] 只有时刻致力于仁的修养,守住本心,修身养性,才是一名真正的君子。"仁"是最高的德性,具备仁则会内省慎独,行事合乎道义,做到"行己有耻"。孔子认为"古者言之不出,耻躬之不逮也"[2] "君子耻其言而过其行"[3],言行不一、言过其实都是对"仁"的背离,对"耻"的纵容。一个人的言行举止都应以"仁"为核心,以"礼"为规范,避免"巧言、令色、足恭"[4],努力知耻向善,才能远离耻辱,提升修养,最终成就自我。可见,在孔子的道德体系中,"知耻"既是意识形态即认知形态的德性,也是意志形态即行为形态的德性。[5]

　　孟子的"耻"思想更为注重"耻"之于个体德性养成的重要性,在孔子"耻"思想的基础上有进一步的深化和发展。首先,孟子认为"羞恶之心,人皆有之"[6] "无羞恶之心,非人也"[7],羞耻之心是每个人与生俱来的,是人的本性,是人之为人的基本依据,没有羞耻心的人甚至不能称之为人。孟子十分重视羞耻心的作用,认为"羞恶之心,义之端也"[8],人天生就有的羞耻之心是道德之端,是施行义的开始。将这种善端存养扩充,达到真正的"义",做到"无为其所不为,无欲其所不欲,如此而已矣"[9],这便是"耻"存在的意义与目的。其次,孟子更为明确地提出了辨别"耻"的标准,即"仁则荣,不仁则辱"[10]。这与孔子的观点是一脉相承的,都将"仁"与"不仁"作为区分荣耻的道德评价标准。孟子认为"仁"与"耻"有着直接的联系,统治者不仁,则无法得天下;从政者不仁,则无法保社稷;士、庶人不仁,则无法保四体,种种不仁的结果都是一种耻辱。"苟不志于仁,终身忧辱,以陷于死亡"[11],无论处于哪一

---

[1] 杨伯峻.论语译注[M].北京:中华书局,2015:51.

[2] 杨伯峻.论语译注[M].北京:中华书局,2015:58.

[3] 杨伯峻.论语译注[M].北京:中华书局,2015:223.

[4] 杨伯峻.论语译注[M].北京:中华书局,2015:75.

[5] 樊浩.耻感与道德体系[J].道德与文明,2007(2):23—28.

[6] 方勇.孟子[M].北京:商务印书馆,2017:233.

[7] 方勇.孟子[M].北京:商务印书馆,2017:60.

[8] 方勇.孟子[M].北京:商务印书馆,2017:60.

[9] 方勇.孟子[M].北京:商务印书馆,2017:279.

[10] 方勇.孟子[M].北京:商务印书馆,2017:57.

[11] 方勇.孟子[M].北京:商务印书馆,2017:145.

个阶级,都应有求仁之心、行仁之志,只有这样才会自觉知耻向善,真正避免耻辱。

荀子在继承孔孟二人的"耻"思想的基础上,对何为"耻"的问题有进一步的认识。与孔孟二人不同,在区分荣耻时,荀子更为强调"义"的重要性,主要以对义利关系的处理作为评判标准。"先义而后利者荣,先利而后义者辱"[1],荀子认为将道义放在私利的前面是光荣的,而把私利放在道义的前面则是可耻的,对"义"和"利"的选择其实就是"荣"和"辱"的体现。但荀子也肯定人们对利的追求,"先义后利"的选择并非对利的完全否定,而是反对在背离义的基础上追求利,保证义的优先性是远离"耻"的前提和基础。人们应该正确、合理地对待义利关系,将两者统一起来,做到义利两有、以义制利,从而达到趋荣避辱的结果。此外,荀子从产生原因出发,将辱细分为"义辱"和"势辱",前者指因自身品行、修养不足而导致的耻辱,后者指遭受外部恶劣伤害而形成的耻辱。荀子认为出现"义辱"的严重性要远远高于"势辱","君子可以有势辱,而不可以有义辱……有势辱无害为尧"[2],因为"义辱"源于道德主体自身,而"势辱"源于外部世界。道德主体自身品行高尚、德性坚定,那么即使出现"势辱"也并不会对其造成严重影响,但如果自身素质低下、行为恶劣,那么耻辱的发生自是再正常不过的。理性对待"势辱",努力避免"义辱",既是君子的主要任务,也是君子的重要特征。

道家以"道"为核心理念,崇尚自然,主张清静无为,其淡泊名利、返璞归真的态度在对荣耻的认识上也体现得淋漓尽致。老子认为"祸莫大于不知足,咎莫大于欲得"[3],庄子认为"荣辱立,然后睹所病"[4],一切祸患、耻辱的发生多来源于人们对欲望的不满足,过分执着于名利及荣辱,禁锢了人的自由,使人陷于利益的漩涡中难以自拔,从而伤身伤心,丧失自我。道家认为世间万事万物都有其自身的规律,我们应该顺应自然而为,保持事物的本性,做到"无为而无不为"[5]。沉迷物欲、计较得失都是对人自然本性的违背,是一种妄为,既有损人的身心健康,也会引起社会纷争,破坏社会和谐。与儒家不同,道家对荣耻并不十分看重,他们认为这些都是身外之物,最终都会化为虚无,人们

---

[1] 楼宇烈.荀子新注[M].北京:中华书局,2018:51—52.

[2] 楼宇烈.荀子新注[M].北京:中华书局,2018:369.

[3] 陈剑.老子译注[M].上海:上海古籍出版社,2016:161.

[4] 方勇.庄子[M].北京:商务印书馆,2018:479.

[5] 陈剑.老子译注[M].上海:上海古籍出版社,2016:165.

应跳出世俗的认知局限,知荣守辱,少私寡欲,懂得知足。正如"知其荣,守其辱,为天下谷。为天下谷,常德乃足,复归于朴"[1],真正的荣耻只在于自己的内心而非外界评价,做到内心宁静而不被荣耻所扰,方能顺从本性,合乎于道。

在法家早期的"耻"思想中,最具有代表性的便是管仲的"国之四维"理论,将"耻"的地位提升到了关乎国家兴亡的重要高度。管仲认为"守国之度,在饰四维……四维不张,国乃灭亡"[2],以"礼、义、廉、耻"为主要内容的"国之四维"是治国安邦的重要方略,"耻"作为四维中的基本底线更是国家安定、社会和谐的根本道德保障。守不住"耻"的底线,则四维难以发扬,影响国家的生存与发展。管仲十分重视"耻"在道德教化中的重要作用,因为"耻不从枉"[3],人们知耻就不会屈从邪恶而做出有违德性的事,行为规范有序自然邪事不生,生活安宁。但与此同时,管仲也看到物质基础之于"耻"德教育的重要性。"仓廪实,则知礼节;衣食足,则知荣辱"[4],人民物质生活上的满足是施行德治的基础和前提,只有爱民、富民,让人民不再受困于衣食需求,方能顺民心、去民恶,让人民知礼节、明荣辱。管仲"德法共治"的治国方略让"耻"思想在早期的法家中备受重视,但到了中后期,法家更为推崇"以法为本"的治国主张,"耻"的作用也逐渐由道德教化转为政治工具,重要性被逐渐削弱。商鞅是法家中极为重视刑罚的代表人物之一,他认为"趋荣避辱"是人的本性,用重刑治理国家可以达到"以刑去刑"的目的。"治民羞辱以刑,战则战"[5],通过刑法教会民众何为羞辱,才能让民众真正遵从政令,效忠国家。韩非也提出"毁莫如恶,使民耻之"[6],用恶毒的贬斥令民众引以为耻,从而懂得趋利避害,依统治者的心意行事。总体而言,这时的"耻"多用于惩戒民众以巩固中央集权,其德育价值已鲜少被注意和重视。

墨家是一个代表小生产者利益的学派,以"兼爱"为思想核心,同时提出"非攻""非命""尚贤""尚同"等主张,有强烈的救世治国理想和道德实践精神。在墨家的荣辱观中,社会上的混乱、个体的耻辱都源于人与人之间的不相

---

[1] 陈剑.老子译注[M].上海:上海古籍出版社,2016:100.

[2] 李山,轩新丽.管子[M].北京:中华书局,2019:2.

[3] 李山,轩新丽.管子[M].北京:中华书局,2019:5.

[4] 李山,轩新丽.管子[M].北京:中华书局,2019:2.

[5] 周晓露.商君书译注[M].上海:上海三联书店,2014:184.

[6] 王伏玲,高华平.韩非子[M].北京:商务印书馆,2016:719.

爱，每个人都只爱自己，不爱别人，因此通过互相伤害来获利，导致社会的不安宁。真正的仁者应该以"兴天下之利，除天下之害"[①]为己任，做到"兼相爱，交相利"[②]，从而使社会形成和谐的人际关系与伦理环境。同时，墨家主张"非命"，认为命定论是颠覆道义之论，是天下的大害。因为"强必荣，不强必辱"[③]"赖其力者生，不赖其力者不生"[④]，如果人们只相信所谓的"命"而不自力更生、自强不息，那么迟早会陷入耻辱、窘迫的境地。从这两点可以看出墨家的荣辱观带有明显的功利主义倾向，只是这种功利主义并非为了一己之私，而是为了广大劳动人民的利益，对于当时的社会治理有着重要的借鉴意义。此外，对于如何获得荣誉、避免耻辱，墨家提出"善无主于心者不留，行莫辩于身者不立；名不可简而成也，誉不可巧而立也，君子以身戴行者也"[⑤]，只有时刻致力于自身品性的修养，经常反省、审察自己，方能坚守道义，促进良好德性的养成。

从儒家对"德治"及个体耻感意识培养的重视，到道家顺应自然而为，对人民应该知荣守辱的提倡，再到法家对"耻"的教化功能及政治工具作用的开发，最后到墨家对命定论的反对及"强必荣，不强必辱"的强调，都使夏商周时期初步萌发的"耻"思想在春秋战国时期逐步丰富，各学派关于"耻"的理论也使"耻"的道德价值被逐渐发觉及重视，使其在伦理道德领域中的地位和作用逐渐凸显、提升。

### 2. 秦汉至明清——逐渐成熟

从秦汉至明清，随着朝代的更迭，不同的国家治理理念与社会发展政策出现了，不同的社会文化与道德标准也随之产生，"耻"德作为一种道德品质与道德规范在不同时期里呈现出不同的发展状态。先秦儒家的"耻"思想是我国传统"耻"德的主要思想来源和重要组成部分，秦朝时期对儒家的打压使"耻"德的发展受到了严重的破坏，但自汉武帝实行"独尊儒术"以来，儒家思想在受到重视的同时带领着"耻"德在这千年时光里开始了漫长的发展之路，逐渐突显出重要性，走向成熟与稳定。

---

① 方勇.墨子[M].北京：商务印书馆,2018:153.

② 方勇.墨子[M].北京：商务印书馆,2018:158.

③ 方勇.墨子[M].北京：商务印书馆,2018:325.

④ 方勇.墨子[M].北京：商务印书馆,2018:295.

⑤ 方勇.墨子[M].北京：商务印书馆,2018:12.

汉唐以来，儒家思想开始在中国传统社会中占据统治地位，"三纲五常"作为儒家伦理文化中的重要思想在社会中广为流传，成为维护社会伦理道德的基本准则。"三纲五常"令人们在行为上坚持以道德和正义为标准，是否坚守道义成为是否具备"耻"德的试金石。王符就曾提出"行善不多，申道不明，节志不立，德义不彰，君子耻焉"[1]，德义是一个人的立身之本，不修德性、无视志节和道义则是一个人最大的耻辱。同时，社会生产力与经济的发展促使天下皆为利而往来，利益观念的加深使人们的荣辱观有了新的变化，过分追名逐利并以此为荣的行为被认为是一种可耻的行为。董仲舒认为"人甚有利而大无义，虽甚富，则羞辱大恶"[2]，具备财富、追求利益并不可耻，真正可耻的是在抛弃道义的基础上盲目以利为荣，只顾自身私利而不顾社会大义。正如陆贾的"贱而好德者尊，贫而有义者荣"[3]，以及刘向的"卑贱贫穷，非士之耻也"[4]所道出的，不必因贫穷或地位低下而感到自卑、羞耻，只要心怀正义便是光荣且令人尊敬的。受到儒家尚耻精神的影响，此时的人们也十分强调知耻的重要性，王通认为"痛莫大于不闻过，辱莫大于不知耻"[5]，一个人最大的羞辱便是恬不知耻，没有羞耻心只会令人一错再错，做出更多令人心痛、无法挽回的错事。齐己更是将"耻"与天下大义结合在一起，认为"荣必为天下荣，耻必为天下耻"[6]，君子应心怀天下、志向宏大，将天下的荣耻作为自身的荣耻，努力为国奉献，并积极引导更多的人民树立正确的荣辱观，培养"耻"德以提升自我修养。

宋明以来，越来越多的思想家注意到"耻"德之于个体道德修养及理想人格塑造的重要价值，都大力提倡人们有耻、知耻，以涵养德性，挽救自五代以来的社会道德危机。心学的开创者陆九渊将"耻"与本心联系在一起，认为知耻是"发明本心"的内在基础，"耻存则心存，耻忘则心忘"[7]。在他的理论中，每个人天生就具有道德理性，任何不道德行为的产生皆赖于人的本心受到蒙蔽，而羞恶之心的存在正是良心发现、找回本心的关键。因此，每个人都应

---

[1] 马世年.潜夫论[M].北京：中华书局,2018:34.

[2] 张世亮,钟肇鹏,周桂钿.春秋繁露[M].北京：中华书局,2012:330.

[3] 李振宏.新语[M].郑州：河南大学出版社,2016:199.

[4] 王天海,杨秀岚.说苑[M].北京：中华书局,2019:168.

[5] 张沛.中说译注[M].上海：上海古籍出版社,2011:248.

[6] 齐己.齐己诗注[M].潘定武,张小明,朱大银,校注.合肥：黄山书社,2014:516.

[7] 陆九渊.陆九渊集[M].钟哲,点校.北京：中华书局,1980:273.

该知耻而行,从而依理性行事,以本心待人,成就君子人格。朱熹也十分肯定"耻"的作用,提出"民耻于不善,而又有以至于善也"①。他认为一个人只有具备羞耻心,并耻于行不善之事,才能从对不善的规避中明晰何为善,至此找到向善的方向和动力。"耻"德的作用不仅仅在于外在的行为约束,更在于它能将这种约束化为人自觉的内心向善,令人主动见贤思齐,好学向上。正如王夫之提出的"学之不好,行之不力,皆不知耻而耻其所不足耻者乱之也"②,不知应该为何事而羞耻或将并不应该羞耻的事情当作耻辱,才是学习不好、行动无力的主要原因,只有正确理解"耻",并将知耻意识牵引至合理位置,才能最大限度发挥"耻"之于学习和行动的重要价值。顾炎武从士大夫的廉耻问题出发,进一步强调了"耻"之于国家政权稳定、社会安定的重要性,认为"士大夫之无耻,是谓国耻"③。龚自珍也认为"士皆知有耻,则国家永无耻矣。士不知耻,为国之大耻"④。不同于普通人缺少羞耻心对社会造成的危害,士大夫与士人的无耻意识会直接关系到国家的生死存亡,造成政治失序、腐败滋生、犯罪猖獗等种种问题,影响恶劣且巨大。因此,在致力于整顿道德、振兴国家之前,应当"教之耻为先"⑤,令各阶层都能识荣辱、辨是非,形成全社会范围内的知耻向善。

总体而言,在这一阶段中,"耻"德的价值已经被大众所认知,并形成较为稳定的发展趋势。其发展也多与当时的社会环境、时代特征相联系,具有明显的社会性。同时,这一时期关于"耻"德的理论在强调其个体价值的基础上,更深入地拓展了"耻"的社会价值,赋予了"耻"更多的道德内涵,为"耻"德的成熟奠定了重要基础。

### 3. 近代以来——曲折发展

自鸦片战争以来,帝国主义列强的不断侵略对中国造成了极大的破坏,领土主权受到侵犯,大量财富被剥夺,全国人民也陷入了水深火热的境地。从一个独立的泱泱大国变为半殖民地半封建社会,巨大的落差使一些知识分子生出了强烈的耻辱感,一系列不平等条约的签订,尤其是中日甲午战争后《马关条

---

① 黎靖德. 朱子语类(二)[M]. 北京:中华书局,1999:549.

② 王夫之. 俟解[M]. 北京:中华书局,1983:16.

③ 郑若萍. 日知录[M]. 武汉:崇文书局,2017:112.

④ 孙钦善. 龚自珍选集[M]. 北京:人民出版社,2004:222.

⑤ 孙钦善. 龚自珍选集[M]. 北京:人民出版社,2004:221.

约》的签订，更是引起了全国人民的愤慨，被认为是奇耻大辱。在清政府的腐败无能与西方列强的肆无忌惮下，人民的耻感日渐浓厚，最终形成强烈的"国耻"意识，许多仁人志士开始探索救国之路，势要为国雪耻。

为国雪耻的前提和基础是教人知耻，康有为认为"人必有耻而后能向上，故设胜不胜以致其争心"①，知耻心是能促使人因感到羞耻而奋进向上、努力求胜的强大动力，只有当更多的人为此时的国耻感到不甘、痛心时，才能凝聚起一股强大的力量，为挽救民族危机提供助力。章太炎在提出其革命道德思想时，也将知耻放在了首要位置。他认为国民道德的沦丧是造成国家落后挨打局面的重要原因，要想通过革命实现救国救民，重中之重便是提升革命者的道德素养，因为"人人皆不道德，则唯有道德者可以获胜"②，而知耻是提升道德素养的先决条件。知耻心能最大限度地激发革命者的爱国之情，增强他们的革命斗志，使他们勇担拯救民族国家的重任，从而为革命的胜利进行坚持不懈的斗争。毛泽东在其青年时期也已经注意到知耻的重要性，1915年，当他听闻袁世凯接受日本旨在灭亡中国而提出的"二十一条"时，愤然在《明耻篇》的封面上写道："五月七日，民国奇耻。何以报仇？在我学子！"青年学子是国家的未来，毛泽东希望广大爱国青年能牢记此次的耻辱，积极承担起为国雪耻的重任，为实现民族自强而努力奋斗。在此之后，1931年"九一八"事变、1937年"七七"事变以及"南京大屠杀"的发生，更是激起了全国人民的抗日怒潮，为挽救民族危机而奋勇斗争。"九一八"事变作为十四年抗战的开端，因其"政府不抵抗"的莫大耻辱，也成了全国人民心中永远无法抹掉的痛，9月18日也成了一定意义上的"中国国耻日"。

知耻心是推动人们牢记国耻的重要基础，而耻感教育是增强人们国耻意识的主要途径。1933年，惨遭日军轰炸的商务印书馆推出全新的"复兴教科书"来启蒙国民"勿忘国耻"，激励国民"共赴国难"，为民族的独立、国家的复兴而英勇抗敌、浴血奋战。③ 由此可见，耻感教育的重要性在那时已经被社会普遍认知，耻感教育有了较为成熟的发展。"国耻"意识的形成、稳定与发展是"耻"德在近代发展过程中最鲜明的特点，此时的人们已不仅仅重视个体"耻"德的培育与发展，更是将耻感与社会状况、国家形势紧密结合起来，使"耻"

---

① 康有为. 论语注[M]. 桂林：广西师范大学出版社, 2016:85.

② 朱维铮, 姜义华. 章太炎选集[M]. 上海：上海人民出版社, 1981:298.

③ 吴小鸥, 徐加慧. "复兴教科书"的抗战救亡启蒙[J]. 湖南师范大学教育科学学报, 2015(4): 18—24.

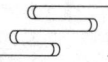

德的内涵与导向更为明确，其社会价值相较于近代之前，也得到了更大范围的认可，并在"耻"德实践过程中逐渐实现了个体性与社会性的有机统一。

### 4. 中华人民共和国成立后——在曲折中重唤传统

中华人民共和国成立后，在中国共产党的领导下，伴随着对革命道德的继承与弘扬，以及破除封建迷信、陈规陋习的重大变革，社会主义道德建设稳步推进，爱国主义、集体主义等价值观念深入人心，良好社会风气逐渐形成，"耻"德发展呈现出积极向上的良好态势。但在社会主义建设过程中，"大跃进""文化大革命"等阻碍了社会主义道德的健康发展。

改革开放作为一把双刃剑，一方面党中央通过一系列拨乱反正、正本清源的工作，将人们从错误思想的束缚中解放出来，使社会道德面貌逐渐好转，"耻"德的发展再次步入正轨；另一方面带来了中西方文化的激烈碰撞，拜金主义、个人主义等现象的出现开始对社会主义道德建设提出新的挑战，"耻"德发展也陷入标准不一、评价混乱的不稳定局面。及至2006年，胡锦涛提出以"八荣八耻"为主要内容的社会主义荣辱观后，耻感文化就成了全社会学习和关注的重点。"八荣八耻"将荣誉与耻辱这一基本范畴总结为八个方面的内容，"其内容体现着人的世界观、人生观、价值观，而归于个人的荣耻则是对体现三观的每个人的良心的激发。这种良心的激发，按照中国传统道德的理解，可以集中到一点，就是'知耻'……是使人摆脱狭隘心地，再次内心自省，达到更高道德境界的深层点拨。"[①]"八荣八耻"以简明直观的标准和形式为公民道德建设指引方向、凝聚力量，也成了维系传统美德与社会主义道德、民族精神与时代精神的重要纽带与精神动力。

中国共产党第十八次全国代表大会以来，我国高度重视对中国传统文化的保护与发展，充分认识社会精神文明建设的重要性，强调要从传统道德中汲取营养，在社会各领域推动"政德""公德"等品德的普及与养成，使道德领域焕发新的光彩。"耻"德作为中华传统美德，历时千年却依旧焕发生机，以其深刻的价值内涵启迪人的良知，提升人的德性，为道德建设持续发力，是我国的重要道德瑰宝。即使在未来，它仍然会是我国精神文明建设中的重要一环，为国家的道德建设与发展贡献出重要力量。

---

① 宋希仁."八荣八耻"的道德哲学[J].伦理学研究,2007(1):19—23,33.

## （三）"耻"德的本质与功能

"耻"德是中国传统道德中的重要德目，是人类社会性的本质体现，既作为一种基础德性构成了"人之为人"的根本，也作为一种道德目标指引着人们前进的方向，具有丰富深刻的价值意蕴和多方面的社会功能。

### 1. "耻"德的本质

（1）"耻"是人之为人的底线伦理。"底线伦理"，即道德"底线"或基本规范，相对于较高的人生理想和价值观念而言，乃是维系人之所以为人的特性最起码的伦理道德，是人类社会最后的屏障。[①]在中国古代，诸多思想家都十分强调"耻"在伦理道德中的基础性地位，认为"耻"不仅是一切德性的根源，更是人之为人的内在规定性，是成人的重要标志。在孟子的道德思想中，"人之所以异于禽兽者几希，庶民去之，君子存之"[②]"人之有道也，饱食、暖衣、逸居而无教，则近于禽兽"[③]。同样作为生物，人类正是因为具备德性，懂得依照道德原则为人处世，方有别于动物而成为"人"。孟子认为，人天生就具有的恻隐、羞恶、辞让、是非之心是人性中的四个善端，是道德的源头，"仁、义、礼、智"四德皆发端于此，而作为羞恶之心的"耻"正是"四端"之一，是道德底线，在人的德性形成与发展过程中起着至关重要的作用。朱熹和陆九渊对于"耻"与"成人"之间的关系也有所论述，前者提出"耻者，吾所固有羞恶之心也。有之则进于圣贤，失之则入于禽兽，故所系甚大"[④]，后者提出"夫人之患莫大乎无耻。人而无耻，果何以以为人哉？"[⑤]两者都将"耻"作为人禽之间的界限，认为知耻则成为人，不知耻则无异于禽兽，失去做人的资格。"耻"是最为基础、最低层次的道德，只有守住知耻的底线，才能守住做人的底线。

人的耻感具有存在论价值，它体现了生活在世俗世界的人相对于自身本质、相对于理想存在所欠缺的自觉意识。人拥有了耻感，就拥有了人的本质和

---

[①] 章越松.社会转型下的耻感伦理研究[M].北京：中国社会科学出版社,2016:62.

[②] 方勇.孟子[M].北京：商务印书馆,2017:167.

[③] 方勇.孟子[M].北京：商务印书馆,2017:101.

[④] 朱熹.四书章句集注[M].合肥：安徽教育出版社,2001:415.

[⑤] 陆九渊.陆九渊集[M].钟哲,点校.北京：中华书局,1980:376.

做人的资格，这样的人也才能作为自由存在者而存在。① 耻感以否定的形式为道德主体行为的善恶性划出了一条明确的界线，通过激发主体内心强烈的羞耻感或负疚感来规范主体行为以符合社会道德准则，从而促使主体在成人过程中积极求荣避耻，存心养性，努力成为一个真正的人。耻感之于道德主体的这种自我约束是从心到身、由内而外的，它在人们内心深处建立了一种最低限度的道德共识，从意识层面为人们的行为设下了标准、划定了界限，将人们的思想行为都限定在适宜的道德范围内，是一种根植于心的道德律令。通过这种道德律令，人们才能在社会生活中坚守道德底线，真正脱离于禽兽的范围，维持住做人的最后屏障。

（2）"耻"是道德他律和自律的统一。"耻"德作为一种伦理道德，具有他律性和自律性，是道德他律与自律的统一。"耻"他律指"个体只有在意识到外界对自身素养或言行表现上存在的欠缺进行谴责或批评时，其羞耻心或羞耻感才能被激发或唤醒"②，即道德主体支配道德行为的道德意志不由自身理性和内心想法出发，而是受制于外部必然性。处于道德他律阶段的个体，其耻感意识的产生皆来源于外界的规则或刺激，他们难以自主意识到自身行为的善恶性质，只有当他们发觉这一行为被外界所否定时，才会有所触动并萌生耻感，停止错误行为。处于这一阶段的道德主体，其"耻"德水平还有较大的发展空间。"耻"自律指道德主体在内化社会道德准则、认同社会道德义务的基础上，自觉自愿遵循社会道德要求以避免可耻行为的发生，即道德主体支配道德行为的道德意志完全由自身理性和内心想法出发，不受制于任何外部必然性。处于道德自律阶段的个体，拥有稳定的道德自觉，无论是否有外人在场，都会对自身的不道德观念和行为产生羞耻感，并及时避免或停止这种想法和行为，即使已经做了违背道德的事，也会立即进行补救以求得他人原谅及内心的安宁。处于这一阶段的道德主体，已经具备成熟的"耻"德及较高的道德修养，可以自主调节内心意志来达到对善的追求。

"耻"德的养成必然要经历由道德他律到道德自律的发展阶段，最终才能达到他律与自律的统一，实现道德义务与道德良心的统一。在道德他律时期，人们所有的知耻行为都来自对法律、规则、约定俗成的遵守，并非出自内心准则，多是为了达到维护自身道德形象的目的。"面子文化"是中国传统文化的

---

① 高春花,刘俊娥.论耻感的道德价值——以中国传统道德文化为例[J].河北大学学报(哲学社会科学版),2007(4):94—98.

② 刘致丞.耻的道德意蕴[M].上海：上海人民出版社,2015:86.

重要组成部分，许多人宁愿舍弃生命也不愿丢失脸面，可见"体面"二字对中国人来说是极其重要的。对于面子的重视直接推动了人们耻感意识的提高，因为由不知耻所引发的任何不道德行为都会对个人形象造成极其恶劣的影响，所以只有知耻而行，方能在社会、在他人面前树立一个良好的道德形象，也能享受由良好形象所带来的各方面便利。虽然人们在他律时期所具备的道德意志并非源自内心的自觉自律，但依旧对个体道德素养的提高有一定推动作用，为道德自律的形成打下坚实的基础。在道德自律时期，个体的道德行为均来自内心的道德信念，即使在没有任何外力、个人独处的情况下，也能严于律己，修身养性，防止错误观念、不良欲念对自身思想的侵袭。在此时，社会道德规范所带来的外在约束已经被道德主体内化于心，成为思想中的一部分，无须任何外部监督就能发挥祛恶扬善的作用。但是，自律的达到并不意味着他律的结束，个体道德的发展依赖于对社会道德准则的把握，只有不断将客观的规则变为自身的法则，才能实现高度的自律。因此，在培育"耻"德的过程中，既要重视他律，也要做到自律，实现道德他律与道德自律的统一。

（3）"耻"是导人向善的内在推动力。"耻"能导人向善，主要指羞耻心具有激发和维持个体的善心与善行的功能。① 清代文人石成金曾说："耻之一字，乃人生第一要事。如知耻，则洁己励行，思学正人，所为皆光明正大。凡污贱淫恶，不肖下流之事，决不肯为。如不知耻，则事事反是"②。"羞耻心是所有品德的源泉"③，是推动人们觉醒良知、求善求荣的关键，在引导人们趋善避恶、求荣避耻上有着极为重要的作用。"知耻、明耻是主体基于特定的善恶、是非、荣耻标准对自身思想、行为所形成的特殊内心体验"④，继而映射到行为上使人明确有所为而有所不为。这实际上就为人们的思想和行为建立起了强有力的内在约束，对于减少或消除可耻行为的发生有直接效用。正确的道德判断是培育良知、导人向善的根本前提，道德主体只有先明确何为善、何为恶，知道应该做什么、不应该做什么，才能在未来的社会生活中自觉约束自身行为，努力做到"行己有耻"。"耻"德作为中华传统德目，正是个体道德发展路上的重要引路人，不断教导人们坚守道德底线，把握道德规范，做到以善为荣、以恶为耻，最终在提升道德修养水平的道路上实现对善的追求。

---

① 汪凤炎.论羞耻心的心理机制、特点与功能[J].江西教育科研,2006(10):34—37.

② 石成金.传家宝[M].张惠民,校点.郑州：中州古籍出版社,2000:52.

③ 刘玉瑛.干部实用名言词典[M].北京：中央党校出版社,1999:820.

④ 刘致丞.耻的道德意蕴[M].上海：上海人民出版社,2015:124.

道德主体向善的动力与耻感意识的强弱程度是呈正比的，人们的知耻心越强，对善恶的态度越明确，其向善的决心和动力也会随之增强。在现代社会中，所有不道德观念及行为的产生皆来源于人们耻感意识的淡薄，或者说完全丢失了知耻心，丢失了作为一个人最基本的人性和良知，在此基础上自然无视任何规则与道德，无所不为，且毫无羞耻之心或愧疚之感。一个人一旦具备了耻感，他在做任何行为之前便会对行为的对错有所判断和思考，尤其注重行为带来的后果，以避免对自身形象、名誉等造成伤害。这种层面上的耻感虽然依靠外物维系道德主体的行为之善，但依旧制约了不良观念的产生和发展，是向善的起点。随着耻感意识逐渐浓厚，"耻"德也渐渐形成并稳定于人们的内心深处。此时的人们对于善的追求和对恶的厌恶会越来越明显，会发自内心认同和接受社会准则，自觉调节自身行为以符合道德规范，并主动与假恶丑作斗争，求得更多的真善美。这时的向善之举完全出自道德主体的真心，与任何外物都不相干，止于至善的价值目标也已经被道德主体内化为自身的终身追求，时时刻刻提醒主体坚守本心，修身养性，去达到更高的道德境界。

2. "耻"德的功能

（1）警示功能。当一个具备耻感的个体想要做或即将做某一行为时，耻感就会在意识层面对这一行为的道德性质做出判断和审视，一旦此类行为具有违背道德以及法律的倾向，就会及时对个体进行警示，以阻止错误和耻辱的发生，这就是"耻"德的重要功能之一——警示功能。警示作用的发挥主要针对道德主体行为发生前的观念和想法，通过引导主体对该行为的性质和后果进行评判，对任何会使主体产生耻感的错误行为进行抵制，从而阻止道德主体做出任何有违社会规范的行为。这一功能的最大优点在于能提前做出预判，将错误的苗头扼杀在摇篮之中，在对个体行为的引导和约束上有极大的前瞻性，所谓防患于未然，正是这个道理。但这一功能的发挥都基于主体的自觉、自律，只有具备道德自律的主体才会在意识到耻感对自己的警示后，自觉约束自身行为，主动规避恶行恶言、不仁不义之举，在行事前做出正确的选择。对于没有高度道德自觉的个体，即使耻感给予了警示，他们也依旧无法摆脱恶劣想法的影响，无法因羞耻感而改变他们想要为恶的心理。道德行为选择是个人的，而且只有个人意志才能最终做出抉择，这种能力和权利是别人所不能代替、不能剥夺的。[①] 因此，只有当主体具备强烈耻感和自我约束能力后，才能使"耻"

---

① 宋希仁."八荣八耻"的道德哲学[J].伦理学研究,2007(1):19—23,33.

德的警示功能发挥出最强大的功效。

（2）规范功能。"耻"德的规范功能主要指它能对道德主体的思想观念和行为方式进行一定程度、一定范围内的规范、调节，使主体在行为过程中坚守道德规范，以良好的言行来表现自身的道德素养，不断塑造及维持自身的良好形象。一旦道德主体的思想和行为偏离了社会伦理道德，违背了社会荣辱标准，耻感就会促使主体及时做出改正以弥补自身犯下的错误。与预警功能不同，规范功能的发挥主要体现在主体的行为过程中，通过约束主体的具体行为来表现对社会规则的遵循，以帮助主体更好地适应社会和调节人际关系。"耻"德的存在能最大限度地激发主体对外在形象的重视，因为一个人的仪容仪表、言行举止等外在表现会直接影响社会对他的评价，任何违背道德的不良行为都会有损主体的颜面，从而引发主体强烈的羞耻感和痛苦感。在这种情况下，规范功能的约束和调节作用就能加强主体行为的规范度和谨慎度，无论是在公共场合还是独处休闲时，都能时刻注意自身形象，保持良好的行为习惯，对内对外都表现出最佳的状态。当社会上所有的人都能在"耻"德的规范下自觉根据社会的荣辱标准行事，以礼待人，即使言行出错也能在耻感的引导下尽力弥补过失，那么社会上就会形成一股道德之气、和谐之风，不仅能创造出良好的社会伦理环境，也能加深人际间的友好交流，增强民族凝聚力。

（3）激励功能。儒家倡导"知耻近乎勇"[①]，意思是当一个人懂得羞耻，并勇于改正自身的错误时，那这便是"勇敢"的表现了。儒家将知耻与勇敢联系起来，认为只有具备羞耻心的人才有勇气面对自身的问题并主动改正，知耻既是唤醒主体良知的基础，也是激发主体力量的源泉，对于帮助主体慎独内省、奋发图强有着极为重要的推动作用。"耻"作为一种道德情感，尤其是对道德主体的道德认知和道德行为有强大影响力的道德情感，能激发和调动人们的积极性，促使人们朝着更高、更远的目标努力奋斗，不断实现自我完善与自我提高，这就是"耻"德的激励功能。与荣誉对个体的正向激励不同，"耻"德主要通过刺激个体的强烈耻感来达到反向的激励作用，以对耻辱的难以忍受来加深个体对善的认知和追求，从而达到近善远恶的目标。激励功能的发挥必须建立在道德主体已经感受到耻感的基础上，激励的力量也会随着耻感的强弱发生改变，主体越是难以接受耻辱的发生，就越是懂得自省、自检，以更高的标准要求自己，有更大的动力、更坚定的信念塑造理想人格，追求理想人生。除去由自身的耻辱所引发的力求上进，国耻对人们的激励作用也有不可小觑的力量。

---

[①] 曾参,子思.大学、中庸[M].中华文化讲堂,注译.北京:团结出版社,2016:76.

马克思曾指出："羞耻就是一种内向的愤怒。如果整个国家真正感到了羞耻，那它就会像一只蜷伏下来的狮子，准备向前扑去。"[1] 当人们将己耻与国耻联系在一起，以天下之耻为耻时，就能产生强烈的社会责任感与使命感，为国家的发展和进步拼搏奋斗，从而实现民族、国家的繁荣富强。

## 二、传统"耻"德的历史作用

"耻"在中国传统道德体系中占据重要地位，被视为个体最基本、最重要的德性之一。在我国古代社会中，随着耻感意识的萌芽与发展，以及耻感文化的形成与成熟，"耻"作为一种特殊的社会意识形态既在把握社会存在的基础上不断实现阶段性发展，也在潜移默化地影响着历史的发展进程以及存于该社会中的每一个个体，对我国伦理道德的发展产生重要影响。

### （一）国家兴衰成败的根本道德防线

在中国古代，一个朝代的兴衰多与治国方略、统治者和被统治者的德性修养有关，正如孔子提出的"道之以政，齐之以刑，民免而无耻；道之以德，齐之以礼，有耻且格"中所蕴含的道理，与冰冷的政令和严峻的刑罚相比，只有实行"德治"，用道德教化和引导民众，促使他们在言行上知礼守矩，在内心中有耻且格，才能真正维护好国家的政治统治，促进社会的稳定发展。历史上许多朝代的灭亡，均与统治者的失德和阶级矛盾的激化有关，例如夏、商和西周三朝都是因为最后一任君王昏庸无道、残忍暴虐，致使民不聊生、社会动乱，最终才导致朝代灭亡。与之相比，西汉时期的文景二帝重视"以德化民"，促使社会安定、人民富足，最终开创了"文景之治"的辉煌；唐代初年的唐太宗坚持"为政以德"，主张以民为本，促使政治清明、社会和谐、人民安定，最终开创了"贞观之治"的盛世。这些都说明了具备"德性"和实行"德治"的重要性，而"耻"作为底线伦理，既是一切德性发展的起点，也是进行道德教化的前提和基础，是国家兴衰成败的根本道德防线。统治者知耻，才能以身作则，做到"修己以安百姓"[2]；民众知耻，才能向善远恶，做到诚心归服，为社会的和谐有序发展献策献力。

管仲在其提出的"国之四维"理论中进一步阐述了"耻"之于治国的重要

---

[1] 卡尔·马克思，弗里德里希·恩格斯. 马克思恩格斯文集（第1卷）[M]. 中共中央马克思恩格斯列宁斯大林著作编译局，译. 北京：人民出版社，2009:407.

[2] 杨伯峻. 论语译注 [M]. 北京：中华书局，2015:229.

价值。他认为"国有四维,一维绝则倾,二维绝则危,三维绝则覆,四维绝则灭"[①],礼、义、廉、耻作为治国的根本准则,是支撑国家发展的重要支柱,如果不发扬这四维,国家就会走向灭亡。在这四维中,"耻"是基础和底线,礼、义、廉是建立在知耻基础上的道德要求,是更高的德性发展,如果"耻"德崩塌,那也意味着"礼、义、廉"三德的崩溃,继而就会导致国家的倾覆。"养民知耻"是发扬"国之四维"的出发点,人们内心知耻,便会在耻感的约束下不屈从于恶,不随意妄为,自觉依据社会准则而言行有度,即遵"礼";也会在羞耻心不断刺激良知的过程中行正义之事,不妄自求进,不巧谋欺诈,即守"义";更会在耻感的提醒下洁身自好、坚守节义,绝不贪慕私利、不掩饰过错,即立"廉"。遵礼能促进社会的有序运行,守义能推进人际的和谐交流,立廉能保障官场的风清气正,知耻能加强个体的德性修养。当一个国家的人民都能在知耻的前提下做到遵礼、守义、立廉时,也意味着这个国家的发展有了坚实的基础和强大的保障,既不会因内部矛盾而危机频发、社会混乱,也不会因外部侵略而四分五裂、轻易灭亡。由此可知,知耻方能心正,心正方能国治,只有守住了"耻"的底线,才能真正守护住国家安危的界限。

## (二)民族知耻后勇的强大道德力量

孔子赞扬"知耻近乎勇",认为懂得羞耻并积极改正错误就接近于勇敢了,将"耻"与勇敢紧密地联系在一起。孟子在孔子的基础上,进一步提出"知耻而后勇",认为人们在经历过耻辱、体会到耻感之后,会产生极大的决心和勇气来使自己摆脱耻辱,有所作为。从本质上说,"知耻而后勇"指向的是一种由耻感而引发的积极向上、奋发进取的精神状态,是即使遭受百般阻挠、万般磨难,也依旧毫不气馁、迎难而上的重要品质,是激励个体成长、推动民族发展的强大道德力量。"卧薪尝胆"作为我国历史上著名的典故,极大地证明了"知耻"具备使人奋发图强的重要价值。春秋时期,因为越国在吴越交战中失败,越王勾践不得已成为吴王夫差的奴仆,每天忙于服侍夫差直至讨得他的欢心,得到他的信任,才被释放回国。在回国之后,越王勾践牢记在吴国所受到的苦难和耻辱,通过每日品尝苦胆和每晚躺于柴铺时刻提醒自己,经过十年的努力最终带领越国打败吴国,得以报仇雪恨。正是强烈的耻感所带来的激励,才使勾践能忍受住长期的折磨,以坚定的决心和毅力达到自己的目标。不甘受辱的情绪体验是连接"耻"与"勇"的重要媒介,只有基于对"耻"的正确认

---

① 李山,轩新丽.管子[M].北京:中华书局,2019:4.

识，基于面对耻辱不退缩的积极心态，人们才能在感受到耻辱后生出勇气而奋发向上，否则只会在耻辱加身的心理压力下，走向故步自封的错误道路。

中华文明之所以能延续五千年而不断，中华民族之所以能历经磨难而走向复兴，耻感意识的激励作用是重要原因之一。近代以来，面对帝国主义列强对中国肆意侵略的耻辱，面对被迫签订一系列不平等条约的耻辱，面对清政府腐败无能勾结外来势力的耻辱，中国人民以其不屈不挠的斗志与势要为国雪耻的决心，展开了一次又一次的爱国救亡运动，为挽救民族危机，实现民族独立和国家富强而坚持不懈地奋斗。中国的近代史虽然充斥着磨难和耻辱，但也闪耀着中华民族强烈的爱国之心和强大的凝聚力，显示出中华民族知耻而后勇的坚定信念。为国雪耻的决心源于"知耻"意识下的痛苦和不甘，国家的落后和生活的艰难使人们感受到自己的人格尊严受到了极大的侮辱，精神上的痛苦催生了人们求荣避辱的意志，不断激励人们勇于进取、勇于抗争。拥有强烈耻感的个体会将国耻与己耻紧密联系在一起，将国家的荣辱视为自身的荣辱，继而在社会责任感的推动下以自身的发展为国家的发展助力，以自身的荣誉为国家的荣誉添砖加瓦，为消除国耻而积极作为。知耻是上进的源头，耻于落后方能不怕磨难，勇于前进，任何基于"无耻"观念上的努力，都是对自身和社会的伤害，以"耻"为界，才能化"勇"为力。

## （三）官员清正廉洁的内在道德规约

从政者是国家治理过程中的中流砥柱，其行为是否清正廉洁，与国家的兴衰成败有着紧密联系，正如"大臣不廉，无以率下，则小臣必污；小臣不廉，无以治民，则风俗必坏"[①]，一旦从政者的行为越过了"廉"的界限，就会对统治者的权威和社会风气造成极为恶劣的影响。在中国历史上出现的多数贪官污吏，例如梁冀、李义府、蔡京、和珅等，他们以权谋私、胡作非为，致使政治失序、社会混乱，皆是因为丧失了以"廉"为本的仕者之德，陷于对欲望的贪求而无法自拔，从而失去节操、忘却责任，为利益所驱使。但从本质而言，由失"廉"所引起的这一系列败坏官德、损害社会的行为，又源于从政者对"耻"的背离。官员"无耻"，就会失去对善恶、荣辱的正确判断以及抵御杂念、慎独内省的自我约束力，极易在权力所赋予的利益诱惑下为谋求私利而不择手段，在欲望膨胀下腐化堕落，即使所作所为毫无道德底线，也依旧不知悔改，且无丝毫羞耻之感。顾炎武有感于此，提出"人之不廉而至于悖礼犯义，其原

---

① 乔立君.官箴[M].北京：九州出版社,2004:277.

皆生于无耻也"①，任何因不廉而造成的对礼、义的违背，其源头皆为"无耻"。"廉"作为指向官员施政行为的一种道德规范，其本质是对"贪"的否定，而"耻"作为普遍性的伦理道德，是"廉"存在及发展的根本依据。为官者只有以"廉"为本，以"贪"为耻，将"廉耻"作为从政的道德要求，方能真正履行好自己的职责，维护好国家政权。

知耻则明廉，无耻则寡廉，"耻"是引导官员树立正确价值观、坚持克己自律的重要道德范畴，是保证官员清正廉洁的内在道德规约，只有在知耻的基础上，官员才懂得克制欲望，约束行为，从而达到廉洁从政的目标。"耻"德之于官员廉洁自律的养成主要在于两方面，其一是帮助官员将欲求控制在合理范围内，消除因贪欲而引起的失廉腐败。因为"人臣之欺君误国，必自其贪于货赂也"②，对钱财、地位、权力等私欲的过分追求是导致失廉的重要原因之一，而知耻则可以从意志层面克制官员的贪欲。官员一旦知耻，就会依据道义而行，自足于应有的正当利益，不妄求于不属于自身的外物，更不会因求取不义之财而悖礼犯义。其二是引导官员修身养性、匡正自身言行，为百姓树立良好的榜样。真正知耻、知廉的官员会时刻修养自身德性，遵礼而行，守义而为，将国家利益放于自身利益之前，为追求政治清明而奉献终身；也会时刻牢记以民为本，在其位谋其政，将天下苍生的幸福系于心上，担起从政者应有的社会责任。正所谓为政之道在于为官之德，而为官之德在于廉洁，相较于普通百姓，官员更应坚守"耻"德底线，在廉洁从政中成为教化民众知耻的攻坚力量。

## （四）社会公平正义的重要道德保障

人们对"义"的正确认知与积极实践是促进社会公平正义的原动力，内心坚守道义，行为合于道义，自然推动着各方利益的相互协调与各处矛盾的有效消解，公平与正义也自然得以实现。人们对"义"的追求源于"耻"的存在与发展，孟子提出"羞恶之心，义之端也"，认为羞耻心的存在是发展"义"的起点，人们具备耻感就会主动求荣避辱、知仁明义，以实现道德人格上的完善。《中庸》写道："义者，宜也"③，将"义"解释为适宜，在言行上的体现就是言语合适恰当，行为得体有礼，乃应然之意。孟子认为"人皆有所不为，达

---

① 郑若萍. 日知录[M]. 武汉：崇文书局,2017:112.

② 郑若萍. 日知录[M]. 武汉：崇文书局,2017:127.

③ 曾参, 子思. 大学、中庸[M]. 中华文化讲堂, 注译. 北京：团结出版社,2016:73.

之于其所为，义也"①，每个人若能将自身的有所不为推及于其所为上，那便是达到"义"了，也是言行应当适宜之意。"耻"作为知荣辱、明是非、分善恶的根本道德标准，是引导人们在思想上崇德向善，在行为上规范有礼的重要道德内容，是实现个体言行合适、恰当的源泉。知耻则有所为而有所不为，在知耻的基础上进一步存养扩充，将有所不为扩充至有所为皆合其宜，就能真正实现个体道德修养上的"义"，以此达到社会的公平正义。

"义"与"利"之间的矛盾是导致社会出现不公平、非正义现象的重要原因。"好利而恶害，是人之所生而有也"②，欲利是人之本性，其存有其合理性，遵循道义也并不排斥对物质利益的追求，但当物质利益被无限放大并前置于社会道义之时，无论是对个体的道德修养，还是对社会的有序发展，都会造成严重的不良影响。董仲舒提出"义之养生人大于利"③，他认为利可养体，义可养心，但修养心性比修养身体更重要，所以"义"重于"利"，培养道义精神才是修养身心的根本。孔子认为"君子喻于义，小人喻于利"④，向君子靠拢的人在行事时"义以为质"，重视内心的正义，而像小人一般的道德低下者在行事时"以利为本"，更重视自身的私利，计较外在的得失。因此，在德性发展过程中，拥有正确的义利观也是极为重要的。"耻"作为"义"的发展之端以及个体培养"君子人格"的重要基础，可以增强个体对"义"的重视与培养，帮助个体树立正确的义利观，坚持在遵循道义的基础上追求合理的个人利益，以实现义与利之间的平衡。"先义而后利者荣，先利而后义者辱"，个体内心知耻就会将"义"放置在最高位置，耻于不顾道义只为私利的恶劣行径，并积极践行见利思义、以义制利的价值观，推进个体"义"德的修养以及社会正义之风的形成。知耻既是德性发展底线，也是德性发展目标，是基于内心向善与言行合宜的精神升华，具备耻感就意味着"义"的存在与发展，"义"所指向的应然、适宜之意也皆以道德上的耻感为导向。因此，重视"耻"德的发展才能为维持社会公平正义提供重要道德保障。

---

① 方勇.孟子[M].北京：商务印刷馆,2017:312.

② 楼宇烈.荀子新注[M].北京：中华书局,2018:70.

③ 张世亮,钟肇鹏,周桂钿.春秋繁露[M].北京：中华书局,2012:330.

④ 杨伯峻.论语译注[M].北京：中华书局,2015:56.

## （五）个体立身行事的基本道德规范

"大学之道，在明明德，在亲民，在止于至善"①。在中国传统社会中，追求道德人格上的自我完善，以达到至善的理想境界，是个体最高的价值目标与精神追求。任何致力于提升道德修养的行为和努力，也皆是为了实现"止于至善"。追求"至善"的过程就是不断祛恶向善、求荣避耻的过程，对善恶的正确判断和深刻把握是向善的起点，而教人知耻又是引人向善的基础和前提。荣由善而生，耻由恶而来，把握善才能感受荣，否定恶才能避免耻，认知善恶方能知荣明耻。"没有人能够否认，凡理解善的一切生灵都追求善，并且急于把握住善，并以善随身，而不关心求得任何不带来善的东西了。"②耻感形成于自我意识到自身与善的差距，意识到自身世俗活动中的恶③，是一种自我呈现、自我评价。由耻感形成的应然与实然、理想与现实之间的巨大落差能推动个体及时进行自我评判，清楚认知自身的恶与耻，继而进入知耻改过的过程，在求荣向善中实现自我的不断完善。个体形成耻感，养成"耻"德，其意义不仅在于祛恶，更在于通过祛恶积极践行善。只有经过建立在耻感基础上的对自我的深刻考量，才能更为明确地把握善与恶、荣与耻，真正明白在社会中的立身行事之道。

"自天子以至于庶人，壹是皆以修身为本"④，修身是传统社会提倡的达到"至善"的重要方法，也是个体立身行事之根本。在儒家思想中，欲修其身者必先做到格物、致知、诚意、正心，只有从探究事物道理出发，坚持义理并懂得克制欲望，才能不受外界纷扰的影响，做到意念真诚、心思端正，最终为修身养性奠定良好基础。"耻"德既是个体德性发展的起点，也是践行修身的起点与根本。个体知耻，方能分清善恶是非，注重探究事物的原理而免于被外物牵制、被物欲影响，做到以本心识物并获得感悟与智慧，即"格物致知"。耻感的产生会促使个体强调荣耻意识，主动求善求荣，以道德上的完善与理想人格的塑造为目标，不断提升自我德性，正视自身问题并及时改正，做到"正心诚意"。当知耻意识稳定于个体内心深处后，自然能把握修身之道，向善而行，知耻而止，最终达到"至善"境界。

---

① 曾参，子思. 大学、中庸 [M]. 中华文化讲堂，注译. 北京：团结出版社，2016:3.
② 魏英敏. 新伦理学教程 [M]. 北京：北京大学出版社，1993:433.
③ 高兆明. 耻感与存在 [J]. 伦理学研究，2006(3):1—5.
④ 曾参，子思. 大学、中庸 [M]. 中华文化讲堂，注译. 北京：团结出版社，2016:6.

## 三、传统"耻"德现代弘扬的价值分析

在中华民族数千年的历史长河中,中华传统"耻"德对国家治理、社会伦理道德建设以及个体的道德完善都发挥着非常重要的作用。如今,历经时代淘洗与沉淀,经过理论与实践不断积累、检验的传统"耻"德,依旧饱含丰厚的伦理价值和重大的实践意义,能为社会主义荣辱观的发展与弘扬、社会主义核心价值观的培育与践行提供强大的理论支撑和精神动力。

### (一)"耻德教育"是个体德性培育发展的基础

亚里士多德认为:"我们的伦理德性没有一种是自然生成的,因为没有一种自然存在的东西能够被习惯改变。"[①]他将伦理德性的形成归因于风俗习惯的熏陶,即并非由本性生成,而是在理性认识与良好道德习惯的共同作用下成熟并发展的。良好道德习惯的养成既需要良善的社会风气,也需要道德教育的引导,其中教育是关键。道德教育是提升个体道德修养的重要途径,尤其是家庭和学校的道德教育,更是贯穿于个体世界观、人生观、价值观发展及定型的关键时期,对个体的道德认识、道德情感、道德意志、道德信念等有重要影响,良好的道德教育能直接推动个体德性的完善与发展。

"知耻作为传统道德的基础性规范,乃是人的德性和人格的基本要求或前提"[②],由耻感形成的内在约束是个体德性培育发展的基础,诸如诚信、友善、爱国、正义等道德品质的形成及稳固皆需要耻感的引导和保障,才能真正深入个体内心,成为稳定的道德习惯。在各种思想观念相互激荡、相互碰撞的当代社会,个体难免受到一些不良观念的侵袭,致使价值观混乱、荣耻不分,做出有违国家法律或社会道德规范的行为,对个体的健康发展及社会的和谐稳定造成不良影响。因此,道德教育应该以耻感文化为基础,从培养耻感意识出发,让人们知耻、明耻,这应该是道德教育的逻辑起点,也是耻感文化之于道德教育的内在要求。[③]通过加强知耻教育,以对"耻"的深刻认知来提升个体对"善"和"荣"的追求,以耻感来引导个体将遵循社会道德规范的应然行为上升至自觉自主的实然行为,最终消除个体在思想观念上的摇摆不定,推动个体洁己励行,坚定向善并享受于行善,在善心、善行和善举中实现人生价值。

---

① 亚里士多德.尼各马可伦理学[M].苗力田,译.北京:中国社会科学出版社,1990:25.

② 刘锡钧.论"耻"[J].道德与文明,2001(4):43—46.

③ 郭聪惠.中国传统耻感文化的当代道德教育价值解读[J].青海社会科学,2008(4):11—14.

道德教育的出发点在于人的德性发展，但其落脚点不仅仅在于人，更在于通过人的完善与全面发展来推动社会的更好发展。将知耻教育融入家庭、学校、社会教育的全过程，能够全方位引导个体实现道德社会化，以社会道德要求为标准来认识和处理各种社会关系，自觉履行道德义务，承担道德责任，将自身发展与社会发展联系起来，以提升自身道德素养来带动社会的道德进步。在耻感的引导下，个体能顺利、有效地适应和融入社会，实现与社会的良性互动，成为德育所致力于培养的有理想、有道德、有文化、有纪律的"四有"公民。

## （二）"行己有耻"是实现社会人际和谐的先导

人与人之间的关系是一切社会关系的起点，只有处理好人与人之间的关系，实现人际和谐，才能进一步为人与社会、人与自然的和谐发展夯实基础。儒家以"仁"为内核的"耻"思想，提倡人与人之间要和睦相处，将"和为贵"的原则贯穿于人际交往的全过程，为当代社会和谐人际关系的构建提供了重要价值引导。儒家思想的核心是"仁"，仁即爱人，强调人际交往中对他人的爱，是一种推己及人的待人心理和交往方式。其中，"忠恕之道"是践行"仁爱"思想的一以贯之的基本原则，也是对"和为贵"目标的重要体现。"忠"的本意是尽心竭力，即尽心为人之意，具体指"己欲立而立人，己欲达而达人"[1]，做到"忠"，便能言行忠于道义，时刻忠诚待人；"恕"的含义是如人之心，有设身处地、将心比心之意，具体指"己所不欲，勿施于人"[2]，做到"恕"，便能具备宽容良善之心，时刻做到换位思考。坚持"忠恕之道"，就能将己之所欲与不欲推及至他人的所欲与不欲上，通过对自身言行的规范和限制来消解人际交往中对私己的执着，实现以仁爱之心待人，正确处理好自己与他人之间的关系。

在当代社会，人与人之间的矛盾多数源于个体不同的利益诉求与价值取向，只有对利益关系进行有效协调，并积极引导个体以和谐的态度与方式进行人际交往，才能妥善处理人际矛盾，形成相互尊重、和睦相处的人际关系。传统"耻"德中蕴含的关于忠恕、仁爱、和谐的内容对个体树立正确荣辱观、提升道德素养有重要价值，通过引导个体知荣辱，以互帮互助、团结友爱等行为为荣，以自私自利、斤斤计较等行为为耻，促使与人为善、以和为贵的思想内化为思维方式，外化为行为习惯，从而推动社会的人际和谐。利益群体的多元

---

[1] 杨伯峻. 论语译注 [M]. 北京：中华书局, 2015: 95.

[2] 杨伯峻. 论语译注 [M]. 北京：中华书局, 2015: 242.

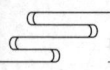

化与利益诉求的多样化是社会发展的必然结果,"耻"德对人际交往的引导和调节作用也并不是完全消灭利益差别的,而是在换位思考基础上的利益协调和与人为善基础上的利益共享,是以化解矛盾冲突、调和人际关系为主要目标的道德功用。深刻领会"耻"德内涵,培养"行己有耻"的道德自觉;努力把握仁爱原则,保持真诚友善的交际心理,就能做到既成己又成人,实现尽己待人与推己及人的和谐统一,不断促进人际和谐的形成及社会的和谐发展。

### (三)"荣耻规范"是构建现代良序社会的要件

"社会生活的有序运行离不开对越轨行为的控制。在道德的视阈内,要抑制社会失序,除了运用规范的力量作用于外在公共领域之外,还要利用德性的力量作用于个体的内在意识层面。"[①] 因为规范的力量是外部的、强制的、暂时的,它虽然能保证社会在一定时期、一定范围内的稳定运行,但依旧无法完全消除社会治理过程中的各种不安定因素。个体意识层面上的自觉、自律、自制才是推动社会有序运转、促进社会和谐稳定的关键。"耻"德作为调节个体行为及社会关系的基本道德准则,能从教会个体了解和践行"荣耻规范"的角度推动秩序稳定、风气良好的良序社会的构建。

其一,"耻"德能有效维持社会秩序的和谐稳定。社会秩序指社会系统内部各种关系之间正常的条理性与次序性,是社会生活的一种有序、平衡的状态,对社会规则的普遍遵从是良好社会秩序得以实现的基础,依赖于社会成员共同的意愿与努力。对个体而言,耻感的形成是对自身言行的一种警示,可以促使个体通过自我约束避免做出会导致耻感产生的行为,并引导个体积极履行社会义务、承担社会责任,最终实现个人利益与社会利益、个人权利与社会责任的有机统一。培育"耻"德的重要目标之一便是使个体养成"以遵规为荣,以违规为耻"的价值观念,继而依靠避"耻"的道德心理使个体主动遵从社会规则,从不敢违反到不能违反,再到自觉地不想违反,最终形成稳定的心理倾向,不断推动社会秩序的和谐稳定。

其二,"耻"德能不断营造崇德向善的社会风气。社会风气是对社会总体价值观念的重要体现。"耻"德通过帮助个体树立正确的荣辱观和价值观,引导个体将社会道德规范内化为自身的德性与德行,自觉摒弃陈规陋习,使求荣向善成为一种习惯,继而形成良性的价值导向,在全社会范围内营造出健康向

---

① 高春花,刘俊娥.论耻感的道德价值——以中国传统道德文化为例 [J]. 河北大学学报(哲学社会科学版),2007,32(4):94—98.

上的社会风气。领导干部知耻，利于优化政治风气；各行各业知耻，利于优化市场风气；网民知耻，利于优化网络风气，当知耻成为全社会的共识，良风美俗的形成自然水到渠成。耻感对个体言行的道德评价时刻规范着个体的道德观念及行为，也时刻潜移默化地将正确的价值观植入个体内心，促使个体在规避可耻行径的同时找到未来发展的应然方向，在落实荣辱观的步调中不断影响、感染周边的人，最终切实有效地推动人与社会的和谐共生。

### （四）"知耻后勇"是协调人与自然关系的关键

随着社会生产力的快速发展，生态环境保护与社会经济发展之间的矛盾日益显著，生态环境的日益恶化以及由此而导致的一系列生态问题也使全社会都意识到了生态环境保护的重要性。从本质而言，生态问题源于人的问题，主要是由人们片面追求经济发展而忽视自然环境，过度干涉、破坏自然而导致的，"在中国这样的发展中国家，经济增长与环境损害的关系非常消极"。[①] 因此，只有引导人们树立正确的生态意识，担起应有的生态责任，才是解决生态问题，实现人与自然和谐相处的根本途径。正确生态意识的形成依赖于耻感的产生，担起生态责任的行动也依赖于耻感的推动，只有在形成耻感的基础上深刻反思自身破坏生态环境的错误性质及恶劣程度，才能真正推动个体做到尊重自然、顺应自然和保护自然。

当前社会中有许多针对生态环境保护的法律法规，旨在通过严格的法律制度，利用法律的强大约束力减少和阻止人们破坏生态环境的行为，但任何的外在约束只有与内在约束相互呼应，真正落实到个体的内心，才能发挥出重要效用。社会中多数破坏生态环境的行为都是源于生态意识的淡薄而导致的"无意识"行为，这种"无意识"建立在个体凌驾于自然之上的错误观念的基础上，致使人们根本无法意识到自身的行为是错误的、可耻的，并且理所当然地将利益、发展、享受等因素作为正当理由而肆无忌惮地破坏环境。例如，企业为了节省成本而随意排放废气废水，民众为了贪图方便而随意乱扔垃圾，渔民为了眼前利益而过度捕捞等，这种种行为皆是源于人们对生态环境的轻视，缺乏对生态重要性的深刻认知，以及耻感意识淡薄下的对个人私利的过分追求，致使社会发展与环境保护之间的矛盾愈发显著，使加强生态文明建设迫在眉睫。

思想是行为的先导，具备正确的生态观念才能实践正确的生态文明行为；

---

[①] 罗伯特·艾尔斯.转折点：增长范式的终结[M].戴星翼,黄文芳,译.上海：上海译文出版社,2001:236.

耻感是行为的反馈，具备知耻之心方能约束自身言行，耻于任何破坏生态的想法和行为。当耻感稳定地架起个体言行与生态环境之间的和谐之桥，就能有效达到个体对于生态保护的不令而行，对于生态破坏的不禁而止，继而实现人与自然之间的和谐相处。因此，要以培育人们的耻感意识为起点，促使人们形成以"保护环境为荣，破坏环境为耻"的生态观和价值观，以生态荣辱意识带动生态文明行为，使对生态问题的耻感成为造就生态公民的动力，最终为生态文明建设凝聚起强大力量。

### （五）"明荣知耻"是全国人民奋进新时代的动力

耻感的本质是建立在道德自律基础上的自我激励，既是推动个体自强不息、知难而进的内在力量，也是激励民族奋进、实现国家繁荣富强的强大动力。近代以来，中华民族在耻感的激励下实现了一次又一次的飞跃，创造了一个又一个的成果，以崭新的姿态屹立于世界民族之林。如今，中国特色社会主义进入新时代，站在新的历史方位上，更应积极运用"耻"德的力量，推动全国各族人民知耻而后勇，知不足而奋进，为实现中华民族伟大复兴的中国梦而努力。

奋进是奋发进取、奋勇向前之意，其本质是对荣誉与最高善的追求，是不断取得新的发展进步的精神动力。每个个体之所以为荣誉而拼搏努力、为达到最高善而奋发进取，皆是为了满足自身的利益与诉求，寻求自身的完善与发展，这是生而于世必须承担起的自我发展的责任。此外，履行社会角色所赋予的道德义务又是个体生存与发展的必然要求，两者的践行都是产生荣辱评价的根源。无论是对自身发展，还是对他人和社会发展的义务与责任，履行得当就是对荣的践行，对善的追求；履行不当就是耻的发生，恶的体现。因此，只有在正确荣辱观的引导下，才能将个体的义务选择引向正确的方向，让所有人追求的善和荣归于同一个轨道，以己之所利服务于他人或社会之利，从而汇聚起蓬勃的民族奋进之力。

以"八荣八耻"为主要内容的社会主义荣辱观作为传统荣辱观与时代发展要求有机结合的创新性成果，将以"爱国主义"为核心的民族精神与以"改革创新"为核心的时代精神全面融入公民道德建设的全过程，既为全体公民的立身处世提供正确的价值导向和行为准则，也为当代社会的发展指明了奋斗方向和目标，不断推动着全国人民以昂扬的姿态奋进新时代。个体的道德认知和道德行为是相互统一、相互作用的，社会主义荣辱观引导下的每一个个体的进取之心是激励民族奋进的力量之源,只有基于共同荣辱观而产生的知耻求荣意识才能实现所有个体在善恶、是非、荣辱认知上的一致性,对"耻"的共同感受和对"荣"的共同追求能激发所有个体的奋发图强之心,最终凝聚起推动国家富强、民族振兴的强大力量。

## 四、"耻"德的实践现状及原因分析

中华民族历来就有"崇尚德义"的优良传统,该优良传统伴随着社会的发展进步一直流淌在民族的血液之中,成为中华民族最基本的文化基因。但在社会转型背景下,生活方式与思想意识的转变致使整个社会的价值取向多样化,既存在"尚德明礼"的良善行为,也存在不断冲击着社会道德底线的诸多"无耻"现象,"耻"德发展正陷入困境之中。辩证看待"耻"德实践现状,全面客观地分析其产生原因,是研究"耻"德发展路径的重要一环。

### (一)"耻"德的实践现状

改革开放是中国社会道德领域发生重大变革,道德建设走向新方向、进入新阶段的重要历史性节点。在改革开放前,中华人民共和国成立初期时,落后的社会经济与低下的生产力发展水平,使道德建设与社会价值取向以"集体主义"为核心,社会进入倡导集体利益至上的"集体主义"时代。在当时的社会历史条件下,对集体主义原则的坚持确实激励着国民为改变国家"一穷二白"的落后面貌而奋发进取,极大地推进了社会主义建设,实现了一场广泛而深刻的社会变革。但伴随着传统集体观念的影响以及对公有制与个人利益的误解,尤其是"文化大革命"的进行,使"集体主义"的概念被扭曲,走向"畸形"的发展轨道。"公"与"私"、"集体利益"与"个人利益"中间被划出一道巨大的鸿沟,任何对个人利益的追求,即使是正当利益,都被打上耻辱的标签,人全部的价值与自由皆被限定于集体之中。在道德领域,对集体的"忠"取代了"孝""义"等德目而成为社会最为推崇的重要德性,"耻"德的价值体现也多集中于对这种"抽象"的集体主义的遵循与实践,处于片面发展状态。

改革开放以来,在坚持解放思想、实事求是的思想路线的基础上,我国的道德建设不断发展推进,走上了良性发展轨道。但与此同时,面对道德标准新旧交替、中西文化交流碰撞、道德体系亟待完善的社会现状,社会伦理道德发展也呈现出良莠并存的复杂态势。由章越松主持的教育部人文社科研究项目"社会转型下的耻感伦理研究"的调研数据指出,改革开放三十多年以来,只有 27.42% 的人认为耻感伦理状况"提高了",认为"没有变化"和"降低了"的人达到 72.58%,与改革开放前三十年相比,耻感伦理存在倒退现象。[①] 人们对耻感伦理状况评价不高,既有道德教育、社会体制不完善等外部客观因素,也有个体道德意识淡薄、人性自私等主观因素,多因素相互作用导致"耻"德发展停滞不前。但这并不意味着社会伦理道德的巨大滑坡,而是社会转型必然要经历的道德标准、价值观念的调整与重建,道德发展的总体态势依旧是积极向上的。

基于国家社会科学基金重大项目"改革开放 40 年中国伦理道德数据库建设研究"数据表明,相较于 2007 年与 2013 年,2017 年的全国调查显示,中国社会大众对伦理道德现状满意度较高并且持续上升,对伦理道德的未来发展持乐观态度。在关于"你觉得今后中国社会的道德状况会变成怎样"的调查中,近 15 000 份样本中有 71.2% 的受访者认为"将越来越好",只有 5.6% 的受访者觉得会"越来越差",信心指数或乐观指数超过 70%。[②] 由此可见,当前社会大众对道德环境满意度较高,对伦理道德的未来发展充满信心,道德文化共识已经形成。当然,在保持社会道德正向发展的基础上,也不能忽视仍然存在于社会中的贪污腐败、见利忘义等可耻现象,要客观审视当下的耻感伦理现状,积极解决存在的问题,加快推动新时代的公民道德建设,及早实现全民族的文化自觉、自立、自强。

1. "耻"德认知有所提升,但仍存知行脱节现象

2006 年,胡锦涛提出以"八荣八耻"为主要内容的社会主义荣辱观,通过概括总结具体的荣耻标准,以更具时代性的理念和更为明确的方式为人们的道德认知和道德行为提供正确导向。中国共产党第十八次全国代表大会以来,中央高度重视培育和践行社会主义核心价值观,从国家、社会、个人三个层面出发,为人的全面发展、社会的全面进步巩固共同思想基础。2019 年,中共中央、国务院印发《新时代公民道德建设实施纲要》,进一步明确新时代公民道德建设的任务要求,为解决道德领域突出问题,提升全民道德素质和社会文明程度提供理论指导和制度保障。伴随着对道德建设的高度重视和深入推进,与 21 世纪之初相比,新时代的社会整体道德水平有了巨大的提升,人们的羞耻意识和

---

① 章越松.社会转型下的耻感伦理研究 [M].北京:中国社会科学出版社,2016:114.

② 樊浩.中国社会大众伦理道德发展的文化共识——基于改革开放 40 年持续调查的数据 [J].中国社会科学,2019(8):24—44.

荣辱观念不断增强，在认知与行为中也更重视对"善"的追求，期望在求荣避耻的过程中实现自我价值。

人们"耻"德认知的提升多是体现在其待人处事的态度与方式上，也大多会对他人或社会带来积极的影响。例如，由生态环境部环境与经济政策研究中心发布的《公民生态环境行为调查报告（2020年）》显示，与2019年相比，公众绿色生活方式总体有所提升，更多的受访者认为呵护自然生态、关注生态环境信息、践行绿色消费等行为对保护环境很重要，人数占比提高了10%-20%；[①] 2020年全国社会心态调查综合分析报告显示，"遇事找法"成为人们普遍选择，当自己或家人遇到不公平时，选择"通过法律渠道解决"的居第一位，比2016年提升3.7%；[②]《中国大学生社会责任感调查报告（2020）》显示，受测大学生的社会责任感总体得分为83.79分，高于上一年度的3.03分，达到6年以来的最高水平，大学生的社会责任行动、社会责任认同较上一年度分别提高了3.43分和3.12分[③]。从这些报告中可以看出，人们在思考问题、做出选择时已经有了很明显的"行己有耻"的倾向，人们耻于破坏环境的行为从而积极践行绿色生活方式，耻于用无理方式解决问题从而养成法治观念，耻于毫无责任感的行为从而积极承担起社会责任。对"耻"的正确认知促使人们改掉了原有的观念上的错误，不断养成良好的道德习惯，这不仅有利于个体德性的健康发展，也会逐渐感染社会中的其他人，推动社会整体"耻"德修养的深入发展。

但在当前社会，"耻"德认知的提升并没有获得相应的实效，知行脱节现象的存在是阻碍"耻"德发展的一大问题。知行脱节的主要表现分为三方面。其一是知而不行，人们清楚知道自己应该做什么，但并未积极落实于行。例如，对于遇到突发事件时"扶不扶""救不救"等社会道德问题，大多数人的选择依旧是明哲保身，多一事不如少一事。这一选择的背后并不是道德认知的浅薄，而是为己谋利的观念和冲动压倒了道德良心的点拨，最终造成知易行难的局面。其二是知而错行，人们清楚知道行为应当合法、合理，但依旧做出有违礼法的行为，诸如贪污受贿、酒驾、吸毒、嫖娼等行为皆是知法犯法，明知可耻却依旧执迷不悟的错行。其三是知而他行，人们了解、认同"耻"德，但却

---

① 生态环境部环境与经济政策研究中心.《公民生态环境行为调查报告（2020年）》发布[J]. 中国环境监察,2020(7):4.

② 张胜,靳昊.社会心态积极健康,民心民意基础牢固[N].光明日报,2021-02-03(1).

③ 光明日报.《中国大学生社会责任感调查报告（2020）》显示：我国大学生社会责任感总体处于较高水平[EB/OL].(2020-11-09)[2021-03-31].https://edu.gmw.cn/2020/11/09/content_34353024.htm.

将"耻"德规范冠以他身而非己身,重道德评价轻道德自觉是突出表现。社会中有一部分人,习惯于站在道德制高点对他人的非道德行为进行批评与谴责,用圣人的标准为他人套上道德枷锁,却未用同样的标准要求自己,忽视了自身的道德自觉,容易陷入自感良好却无法得到社会认同的价值观困境,缺乏自我约束能力是导致此问题的重要原因。无论是知而不行、知而错行,抑或知而他行,都是对"耻"德的错误践行,极易将个体困于知耻却被动生"耻"的不良局面。因此,只有实现认知与行为的有机统一,才能真正推动"耻"德的培育与践行。

2. "尚荣知耻"风气渐开,但仍存以耻为荣现象

近年来,在全国各地涌现的一批又一批的道德模范、最美人物、先进个人等道德典型,将崇德向善的正向价值观传递至全国人民的眼中、心中,不断激励着人们向善向上,使全社会都充盈着"尚荣知耻"的良好风气。由中央文明办主办,中国文明网承办的"我推荐我评议身边好人"活动是依托网络平台,利用网络优势,发动全国人民在日常生活中发现、推荐好人,再通过网民集中投票、评议选出"中国好人"的道德实践活动。自2008年开展以来,就得到了社会的强烈反响和公众的广泛参与,为弘扬中华传统美德和"好人精神",以及推动社会主义精神文明建设提供强大助推力。

依据"我推荐我评议身边好人"活动的数据显示,从2008年至2013年6月,全国各地共推荐好人好事16万件,中国文明网分批展示候选人24 702名,评出"中国好人榜"53期,已有5 498名身边好人荣登"中国好人榜";[①] 在2016年,广大网民和各地群众共推荐好人好事线索980万条,集中展示10 000余名身边好人,经网友评议产生1 289位"中国好人",全年参与推荐、点赞、跟帖、评议和各种交流活动的网民超过10.8亿人次;[②] 在2019年,共收到网友举荐的好人好事线索超过2 000万条,重点展示了身边好人事迹3 454个,共有1 249人(组)荣登"中国好人榜",参与活动推荐评议、点赞留言、交流互动的网友累计超过20亿人次;[③] 截至2020年12月,已有14 713人登上了"中国好人榜"。通过这些数据可以发现,"中国好人"的数量在快速增加,这些好人通过助人为乐、见义勇为、敬业奉献等良善行为,成为文明风尚的领跑

---

① 邓然. "中国好人"传递社会正能量 [N]. 光明日报, 2013-08-10(11).

② 朱丽莉. 中央文明办发布十二月"中国好人榜" [N]. 光明日报, 2016-12-31(3).

③ 侯文坤. 中央文明办发布12月"中国好人榜" [N]. 光明日报, 2019-12-29(3).

者，不断向全国人民展现"善"的魅力，凸显道德的力量，也在一定程度上引领着人们知荣而行，知耻而止。同时，社会公众对好人好事的关注度也在逐年提高，越来越多的人乐于发现善，善于追求荣，这里包含的不仅是对好人的赞美以及对美好生活的向往，更体现出人们对可耻行为的厌恶和排斥，致力于成为"善"的传播者以达到扼制社会可耻行径的目的。这些数据不只是由一组组数字而组成的对客观事实的描述，其中蕴含着"善"的种子，在不断告诉全社会，普通也可见伟大，微小也可聚能量，追求善并不难，只要内心愿意并付诸行动，就能达到对耻辱的远离，实现求荣向善的目标。

但由道德典型的不断涌现而带来的良善风气，并未影响到社会中的每一个人，可耻事件依然时而发生，甚至出现以耻为荣现象。例如，2018年发生的高铁"霸座"事件，一位博士生公然霸占他人座位并将此作为炫耀的资本，丝毫不知羞耻；2019年的"翟天临学术门"事件，当事人通过学术造假获得博士身份并打造学霸人设，完全没有羞愧之心；2020年新型冠状病毒肺炎疫情发生以来，在全国各地出现通过散布谣言、囤积居奇、哄抬物价、制假售假等来牟取暴利、大发国难财的行为，做出这些行为的人完全无视法律，毫无羞耻之感。这些事件都是当前社会道德伦理方面存在问题的缩影，虽然它们发生的原因各有不同，但可以发现它们都拥有一个共同点，便是做出可耻行为的个体皆是将个人私利摆在社会利益之前，执着于满足个人欲求而忽视、逃避社会责任，以至于给他人和社会带来了恶劣的影响。这些人并非缺乏对"耻"的了解，部分人甚至十分清楚自己的行为是错误的，但以"自我""私利"为中心的心理推动着他们抛却羞耻心，忽视法律、道德规范的约束，沉浸于由可耻行为带来的自我享受与满足之中。这些由义利失衡所导致的道德问题正是当代社会诸多可耻现象产生的重要原因，如果不加以重视，就会逐渐破坏"尚荣知耻"风气在全社会范围内的形成与稳定，影响新时代公民道德建设的推进与发展。量变是质变的必要准备，质变是量变的必然结果，由一个又一个的良善行为凝聚而成的和谐风气也会受到一件又一件的可耻事件的影响和破坏。因此，要坚持积善成德，化恶为善，使"尚荣知耻"的风气充盈于全社会，早日建成美好社会。

3."可耻行为"举报有力，但仍存失实诬告现象

近年来，社会公众的法治意识逐步提高，维权意识逐渐增强，这不仅体现于他们对自身言行合理性、正当性的重视，以及依法维护自身正当利益的决心，也体现在他们致力于发现非道德行为，善用举报手段阻止恶行、维护社

会和谐稳定的行动之中。例如，2020年，全国纪检监察机关共接收信访举报322.9万件次，处置问题线索170.3万件，谈话函询36.4万件次，立案61.8万件，处分60.4万人[①]，有力推进了党风廉政建设和反腐败斗争；全国消协组织共受理消费者投诉982 249件，全年接待消费者来访和咨询125万人次[②]，有效处置了虚假宣传、假冒伪劣、售后不当等问题。同时，随着举报手段现代化、举报平台智能化，网络举报也成了人们表达诉求、开展监督的重要渠道。中共中央网络安全和信息化委员会办公室举报中心数据显示，2020年，全国各级网络举报部门受理举报1.63亿件，同比增长17.4%。其中，中共中央网络安全和信息化委员会办公室（国家互联网信息办公室）违法和不良信息举报中心受理举报228.8万件，各地网信办举报部门受理举报1 596.2万件，全国主要网站受理举报1.45亿件，同比增长26.1%。[③] 通过网络举报，诸如故意传播淫秽色情和暴恐血腥画面、故意制造和散布虚假信息等违法违规行为皆得到了及时、有效的处理，为维护网络良好生态、营造网络清朗空间夯实基础。

　　举报内涵的衍化、举报技术的革新以及举报法规的完善，这一系列的变迁将举报原始固有的权力制约功能延展更替为"合作治理"语境所下放的权利。[④] 人们已经能正确理解举报的含义，不再将"举报"与"告密"混为一谈，而是善用举报权利维护自身利益、参与社会治理，为发现、惩治可耻行为提供助力。但是，随着举报常态化，因举报而产生的舆论纠纷也逐渐增多，其缘由大多与举报权利使用不当有关，从一定程度上反映出举报依旧存在一些问题，例如举报权利滥用、举报权利与言论自由的矛盾等。举报权利滥用是其中的主要问题，多体现为举报失实和恶意举报。例如，近年来，全国以"打假""维权"为名发起的"职业索赔"恶意投诉举报每年超100万件，不仅严重影响和破坏营商环境，也挤占了有限的行政资源和司法资源。[⑤] 恶意举报是把权利的使用作为满足个人私欲的工具，不顾事实、理法而故意夸大、捏造、歪曲信息以打

---

① 中央纪委国家监委网站.中央纪委国家监委通报2020年全国纪检监察机关监督检查、审查调查情况[EB/OL].(2021-01-26)[2021-03-24]. http://www.ccdi.gov.cn/toutiao/202101/t20210125_234753.html.

② 中国消费者协会.2020年全国消协组织受理投诉情况分析[EB/OL]. (2021-02-03)[2021-03-24]. http://www.cca.org.cn/tsdh/detail/29923.html.

③ 中央网信办举报中心.2020年全国网络举报受理情况[EB/OL]. (2021-01-18)[2021-03-24]. https://www.12377.cn/tzgg/2021/c93838d1_web.html.

④ 尹嘉希,王霁霞.网络信息举报的规范逻辑与权利边界[J].北京警察学院学报,2020(3):16—23.

⑤ 张维.职业索赔何以人人喊打[N].法制日报,2019-09-05(8).

击他人，并从中获利的可耻行为。恶意举报不仅会让信息的真伪受到质疑，形成大范围的谣言，有时甚至会引发严重的网络暴力，也会削弱举报工作在公众心中的公信力，最终造成举报权力的异化。

合理使用举报权利是知耻的重要表现，但当举报目的功利化、举报权力工具化之后，就会演变为可耻的举报权利滥用行为，这既会对公共利益造成严重危害，最终也会使自己遭受反噬，承担应有的责任。举报权利的滥用既与匿名举报制度的实施、恶意举报界定难、违法成本低等外在因素相关联，也与举报人自身道德水平低下、法律意识淡薄等内在因素相联系。因此，要以提升个体德性为重点，辅之以相关机制、法规等外部规范，才能为举报权利构建一个由内而外的"保护罩"，推动举报环境的健康发展。

4."耻"德宣传形式多样，但仍存流于形式现象

随着社会道德建设的不断推进，"耻"德宣传形式呈现多样化的发展趋势，已不仅仅局限于宣传标语、宣传册、城市墙绘等常见形式，而是将"耻"德与戏曲、电影、讲座、知识竞赛等形式相结合，以人民群众更喜闻乐见的方式引导人们注重自身德性修养，提高人们知耻的意识和积极性。例如，近年来，《湄公河行动》《红海行动》《八佰》等一大批爱国主义电影盛行，这些电影通过对真实事件的改编，使处于和平年代的人们在观影的过程中了解历史，感受当时的民族大义，并由此增强爱国意识，将"勿忘国耻"铭记于心；全国各级各类学校开展的"戏曲进校园"活动，令广大师生在观看《红灯记》《朝阳沟》《沙家浜》等经典剧目选段表演时，既能增进对戏曲的了解、感受戏曲的魅力，也能从中受到明礼诚信、忠贞报国等思想教育；在全国各地，好人公园、好人广场、公民道德馆、全国道德模范纪念馆等道德宣传阵地的建成，有力提升了人们接受"耻"德教育的便利性和选择性，人们可以自由选择时间、地点，根据自身安排聆听道德故事、感受道德力量、接受道德洗礼；随着人脸识别系统的广泛应用，"闯红灯抓拍系统"应运而生，这个系统通过实时抓拍并曝光行人、非机动车的交通违法行为，既让闯红灯者直面自身错误并引以为耻，也在持续不断地教育社会公众要"以遵守交通规则为荣，以违反交通规则为耻"。"耻"德宣传形式的多样化是推动道德教育发展与社会道德建设的客观要求，不仅能有效突破传统宣传形式的局限性，使"耻"文化贴近实际、贴近生活、贴近人民群众，也能逐步改善社会"耻"德教育成效不高的局面，积极调动人们了解"耻"德、培养"耻"德的积极性，为提升公民耻感意识，遏制社会可耻行为提

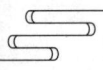

供重要动力。

然而，在"耻"德宣传过程中，也存在重形式轻内容、重宣传轻效果的不良现象，使"耻"德宣传的意义只流于表面，而没有相应的效果。例如，2020年，习近平做出重要指示，强调坚决制止餐饮浪费行为，要在全社会营造"浪费可耻、节约为荣"的良好氛围。为此，全国各地纷纷发起了"光盘行动"来切实抵制餐桌浪费，但与此同时，形式主义也悄然而生。国务院教育督导委员会办公室曾发文表示，个别地方和学校认识不准确、理解不到位，出现了要求学生"背诵餐歌打卡""浪费一粒米做一道选择题"等形式主义做法，未从根本上解决校园餐饮浪费问题。[①] 习近平对厉行节约、反对浪费的倡导，是为了让全社会都真正养成勤俭节约的良好品质，将以浪费为耻的念头内化于心、外化于行，而不是仅仅做到"光盘"，或是将"光盘"作为炫耀的资本和政绩的体现，这些行为都是对原有目的的背离，有时甚至会产生负面效应。在当今社会，形式主义问题在很多领域都时有发生，是恶化社会风气、阻碍社会发展的"毒瘤"，只有杜绝形式主义，才能真正实现有效的"耻"德宣传，继而提升社会整体"耻"德水平，推动新时代社会道德建设。

### （二）"耻"德当代缺失的原因分析

一个人的德性养成是在教育、环境、自身努力程度等多方面因素共同作用下实现的，是一个复杂、渐进的过程；同理，德性的缺失也并非由一己之力、在一夕之间而引起的。"耻"德作为传承千年的基础德性，其缺失既与时代发展而带来的文化交流碰撞、生活方式变迁等客观条件相联系，也与道德主体新的思维方式、生活需求等主观因素相关联，是由多方面因素所造成的，需要从多方位、多角度思考和寻找原因。

#### 1. 价值失范下的"耻"德冲击

全球化趋势下物质和精神产品的全球化流动，尤其是人员的跨国界流动，不仅带来了世界各国在密切交流、信息共享、友好合作、优势互补基础上的共同发展，也为中西方价值观念的剧烈冲突，以及各种不良思潮在中国社会的传播与发展埋下隐患。每个国家因不同的历史背景、社会环境、语言体系等因素

---

① 教育部.国务院教育督导委员会办公室提示：制止校园餐饮浪费防止走偏[EB/OL].(2020-10-10)[2021-03-26].http://www.moe.gov.cn/jyb_xwfb/gzdt_gzdt/s5987/202010/t20201010_493833.html.

而具有独属于自身的文化，中西方在思维模式、生活方式、行为习惯等方面更是有着巨大的差异。随着西方文化，尤其是一些不良思潮在中国社会的广泛传播，中国传统文化与人们固有的价值观念遭受了巨大冲击，原有的传承千年的立场观点受到不断的质疑和挑战，面临对本国文化的认同压力，人们难免产生价值取向上的迷茫与困惑，甚至形成错误的世界观、人生观、价值观，影响当代人的"耻"德培养。

在如今的社会中，存在狭隘民族主义、新自由主义、拜金主义、享乐主义、个人主义等多种不良社会思潮。这些社会思潮与新时代中国的主流意识形态相背离，不断宣扬错误的甚至扭曲的价值观念，对全社会公民尤其是青少年的正确道德观念的形成与发展造成严重冲击；也时刻混淆着是非、善恶、荣辱的标准和界限，致使人们的道德判断能力不断降低，耻感意识逐渐淡化，最终陷入追寻物欲、丧失自我的泥沼，难以自救。例如，消费主义作为一种以无节制消费和享乐为主要导向的负面思潮，使无止境的物质享受和即时满足成为美好生活的代名词，将人引向了不断以消费来获得感官快乐的深渊，同时催生了个人主义、享乐主义、功利主义等不良价值倾向，使人被物质所支配，精神诉求被物质消费所肢解，人自由而全面的发展被物质财富所代替，最终造成人的异化，丧失自我发展的能力。

每一种不良社会思潮的存在和发展都是对人们健康思想观念的侵蚀，是引发价值失范现象，造成社会耻感淡化、思想堕落的重要原因。不良思潮，通过持续不断地传递错误认知，将行为限定于过分禁锢或大肆放纵的极端内，以自我、私利、欲望等作为追寻的目标和人生价值的实现因素，逐步消解个体的道德认知能力，最终在无形之中淡化甚至彻底消除人们的知耻心。知耻本就是基于正确道德认知而形成的道德自觉，一旦认知扭曲，必然会造成人们对于"耻"德的背离，这是影响"耻"德发展最基础却也最关键的因素。

2. 科技异化下的"耻"德迷茫

科技的快速发展正推动着人类社会从信息时代进入智能时代，科技力量的日渐壮大也在不断地为人们的生产和生活提供便利、解决难题，成为当代社会发展的重要依赖力量。但与此同时，科技异化现象的出现及日趋严重，尤其是对人类伦理道德的消极影响，已经成为社会进一步发展所不能忽视的重要问题。"人类利用科学技术改变过、塑造过和实践过的对象物，或者人们利用科学技术创造出来的对象物，不但不是对实践主体和科技主体的本质力量及其过程的积极肯定，而是反过来成了压抑、束缚、报复和否定主体的本质力量，是不利于人类的生存和发展的一种异己性力量"[1]，这就是科技异化。

马尔库塞认为异化现象的实质是人的异化，科技的实际运用改变了发展科技的初衷，人逐步受到机器的操控，更为严重的是这种操控已经从身体深入到大脑甚至灵魂。[2] 科技异化的出现源于科技与伦理的疏离、理性与价值的分裂，异化的加重也反过来加剧了对社会伦理道德底线的冲击，致使人们在现实与网络的交汇中丧失理性判断、扭曲价值认知，失去行为能力，在迷失自我中成为科技的支配物。

信息的大量流动与及时更新是科技发展的表现之一，人们能迅速、便捷地知晓世界上的各类消息，但大量信息也会使人无所适从，影响人的道德认知和判断能力。人们依赖网络获取信息而降低了对现实世界的探索与发现，沉迷于获取快餐式的消息而略过精读与思考的过程，注重信息的复制与整合而忽视了自我创新能力的提升。网络在生活中所占比重的快速增加不仅使人们的生活和情感被网络所牵制，也令人们的认知和精神被科技控制，这种束缚将人的精神世界置于科技之下，随之而来的便是人的精神贫困与认知异化。

对科技的过分信仰与依赖使人们的道德判断标准受制于机器，继而导致理性与价值的分裂，个体道德判断能力、知耻意识的全面下降。网络暴力的频繁出现、网络谣言的屡禁不止等，皆是对社会道德底线的持续挑战，也是对部分处于网络社会中的人存在耻感意识模糊、价值观念不清的现状的鲜明体现。道德判断力的不足进一步导致人们实践兴趣、行为能力的持续降低，抑或出现"知行不一"的现象，人们会沉迷于网络世界的自由、便捷与快节奏，继而逃避现实、逃避真实的自我。如果放任科技异化，不寻求途径达到科技发展与人的发展之间的和谐统一，那么人就无法真正成为"人"，只能逐渐沦为科技的附属物，成为自己创造物的奴隶。

### 3. 德育失衡下的"耻"德变形

洛克曾说："我们日常所见到的人中，他们是行为端庄或品质邪恶，是有用或无能，十分之九都由他们的教育所决定，人与人之所以千差万别，均仰仗

---

[1] 李桂花, 张雅琪. 论科技异化与科技人化 [J]. 科学管理研究, 2006, 24(4):18—21.
[2] 李翔. 马尔库塞科技异化理论视阈下的网络异化研究 [J]. 大庆师范学院学报, 2017, 37(5): 10—13.

教育之功。"① 洛克的"绅士教育"思想认为，教育的目标应是培养德、智、体全面发展的绅士，其中，德行是第一位的，是最不可缺少的。这其实就表明了德育之于个体德性发展的重要性，德性养成应成为现代教育的重要基础。但在社会转型与西方文化思潮不断冲击本土文化的大背景下，德育的内容与形式都无法切合个体全面发展的需要，无法应对社会矛盾纠纷不断、社会道德状况不佳的社会实际，尤其是因德育失衡而导致的耻感教育的不完善，更是成为阻碍"耻"德发展、影响个体德性完善的桎梏。

德育的内容和形式本应该是多层次、立体化、一以贯之的，但德育失衡的产生使德育变成了单一、片面、枯燥的工作，失去了应有的生机与活力，也限制了它本身的发展。在当代的家庭教育中，教育失衡主要体现在重养轻教和重智轻德两类问题。受中国传统思想的影响，父母的责任通常是生养孩子而非教育，为孩子的成长提供充足的物质基础也往往比充实精神世界更重要。在此基础上，许多因过度溺爱、盲目护短等错误教养方式而导致的孩子性格和思想上的问题就衍生了。家长未意识到家庭德育在孩子价值观成型过程中的重要性，因而忽视了言传身教、家教家风的力量，即使近年来孩子的教育问题逐渐被家长重视，也仅仅限于学习成绩、艺术技能等方面而非品德塑造。对"智"和"才"的过分重视使"德"的培养被大大压缩，孩子被禁锢于学业压力中无法脱身，生活的乐趣和意义被逐渐消磨，最终丧失的便是健康的心理和良好的品德。

此外，学校德育中存在的重形式轻成效、重说教轻实践、重政治轻道德等问题也是德育失衡的重要体现。无论是初级教育、中等教育，还是高等教育，进行道德教育时都倾向于知识灌输，以课时的完成和考试分数而非学生道德素质的切实提升作为德育成果；在德育内容的设置上，更倾向于进行政治教育而非品德养成，致使学生对于德育课的态度逐渐公式化，甚至产生轻视、厌恶的心理。家庭德育的缺位与失衡，学校德育的形式化与政治化，既会打破"智"与"德"之间的连接与和谐，使人们培养"耻"德的积极性与主动性不断降低，也使畸形的德育观逐渐产生、成型，进一步阻碍"耻"德的发展与弘扬。

4. 制度不善下的"耻"德失序

个体的生活环境与其道德意识的形成和发展有密切联系，因而社会整体耻感意识的淡化也与道德问题频发、不良风气肆虐的社会伦理环境干系重大。其

---

① 约翰·洛克.教育漫话[M].徐大建，译.上海：上海人民出版社，2014:1.

中，因社会制度不完善而导致的一定意义上的社会公平正义的缺失是不良社会环境形成的重要原因，也构成了有德者质疑社会道德准则、失望于人性与社会环境，以及无德者利用制度漏洞肆无忌惮谋利作恶的重要因素。社会制度的建立是社会存在发展的需要，旨在规范个体行为以形成和维护社会秩序的良性运行，是实现社会公平正义的根本保证。"正义是社会制度的首要价值，正像真理是思想体系的首要价值一样"①，只有将正义原则体现于制度建设的全过程，以合理的制度安排和公平正义的社会运行机制给予人们正义的道德感受和社会环境，才能解决各类社会道德问题，推动社会的和谐发展。在当代社会，道德问题的产生确实取决于个体的思想道德素质，但一个人的品质好坏并不仅仅来自自我约束的力量，也需要社会正义氛围的渲染和鼓励，引导个体形成正确的道德认知并转化为道德实践，从内心深处认同并做到行己有耻，以避免产生任何因非道德行为而引发的耻感。

"耻"德的养成有赖于公平正义的社会环境的支撑，而正义环境的形成又依靠合理制度的有效运作与保障。制度的不完善甚至缺位是引发当前社会众多道德问题的主要原因，诸如贪污腐败、徇私舞弊、制假造假等恶劣行为的发生，又或是让好人"流血又流泪"而导致的道德冷漠现象的加重，都与现实的制度环境有重要关联。当一个社会以正义制度规则为支撑，充分保证和维护全体社会成员的合法权益，实现社会的良性运行，那么反过来，所有的社会成员也会主动守法守德，为维护社会的和谐稳定与发展出力。但是，当制度的建立无法保证完全的公平正义，无法为道德的遵从提供保障，无法使非道德行为得到应有的制裁，甚至为它的产生提供机会之时，那么必然结果便是人们知耻心的逐渐弱化，以及为避免高成本道德行为而形成的道德冷漠或道德沦丧。不断提升人们的道德素养依旧是改善社会道德现状，提升社会整体道德水平的根本途径，但这不仅仅需要从社会成员的思想层面入手，也需要从正义制度的建立和完善出发，通过保障社会的公平正义来营造良好的社会环境，切实形成积极向上的良善社会风气。

### 5. 公众人物失德下的"耻"德黯淡

公众人物指在社会一定领域内具有一定社会地位、社会知名度、重要影响力，并与社会公共利益有密切关联的人物，例如领导人、艺术家、明星、社会活动家等。作为被社会公众广泛熟知并关注的人物，公众人物的言行总是处于

---

① 约翰·罗尔斯.正义论[M].何怀宏,何包钢,廖申白,译.北京:中国社会科学出版社,1988:1.

社会各界的监督之下,其行为性质也会对社会氛围、行业风气、公民的道德认知等产生重要影响。一般而言,无论是因为公众人物本身所拥有的话语权和影响力,还是借由媒体的包装、宣传而具有的高曝光率和号召力,他们的存在往往被人们理想化、模范化,他们的行为也因而具有示范、导向的作用。相较于普通人而言,公众人物的言行一旦有失妥当,尤其是做出失德失信、违法违规的错误行为,其影响必然是巨大且恶劣的。因此,公众人物在享受比普通人更多的社会资源,并从中获取更大利益的同时,理应承担起更多的社会责任,严以律己,以身作则,维护好自身的社会形象,成为弘扬社会主义核心价值观和传播社会正能量的公共标杆。

  近年来,公众人物失德现象频繁出现,诸如政府官员的贪污腐败、专家学者的学术剽窃、明星艺人的偷税漏税、知名企业的制假贩假等违法失德行为的产生,不仅持续降低了公众人物在社会中的公信力,引发社会信任危机,也严重败坏社会风气,影响公民正确道德观念,尤其是正确荣辱观的培养。公众人物之所以能成为公众人物,多数源于他们的职业身份和专业技能,是建立在权力、责任和利益的高度统一基础上的,一旦三者之间的和谐被打破,就会导致违法失德行为的产生。当功利至上的价值观念深入人心,权力的运用变成了谋取个人私利的手段,资源的分配与获取成了钱权交易的产物时,公众人物便会抛却耻感与担当,丢掉社会责任而沉浸于追求欲望与利益。网络的发达使公众人物的违法失德行为在传播过程中呈现出典型的"蝴蝶效应",能引发全民的关注和热议,行为性质过分恶劣甚至会引发民众对法律和社会道德规范的质疑,为社会的道德建设与和谐发展带来较大负面冲击。公众人物具有的社会影响力也使他们的价值观念、言行举止能对普通民众产生较大的道德影响力,一旦他们出现道德失范,就会影响一部分人的道德发展,使他们出现道德迷茫、道德共识分化等问题,有时甚至会混淆人们的荣辱判断标准,出现荣耻颠倒或以耻为荣的问题,丧失最基本的道德底线,这无论是对个人成长还是对社会发展都是极大的危险。因此,在"耻"德建设过程中,应该首先抓住公众人物这个"重要少数",不断提升他们的"耻"德修养,再通过以点带面的方式,逐步、扎实地推动全社会耻感意识的巩固与深化。

## 五、"耻"德现代弘扬的原则和实现路径

  如何实现传统"耻"德的现代化转型,发挥传统耻感文化在新时代社会道德建设中的时代价值,是当代"耻"德建设的根本任务。目前,我国正处于社

会转型关键期，不稳定、不平衡的社会道德状况既使道德领域不断出现新的挑战，也在极力呼唤社会道德建设的新发展与道德秩序的全面建构，尤其是作为道德底线的"耻"德建设。"耻"德建设是一个"系统工程"，需要从环境、制度、宣传等多方面入手来推动"耻"他律到"耻"自律的发展，实现社会整体"耻"德修养的提升与稳固。

### （一）"耻"德现代弘扬的基本原则

弘扬中华传统"耻"德，既不能借助国家的强制力来操作，也不能通过机械的文化灌输来实现，而应在处理好古与今、知与行、主与次关系的基础上，联系社会道德现状，遵循社会发展规律，有针对性地推动"耻"德的传承与弘扬。

#### 1. 继承与创新的有机统一

继承指在已存在的类的基础上进行扩展以形成新的类，体现的是一种对传统的传承与坚持，是发展的基础；创新的实质是"扬弃"，是实现事物从"旧质"向"新质"的飞跃，是一种由辩证否定而形成的改革与革新，是发展的动力。继承与创新之间既对立又统一，两者相互依存、相互作用、相互影响，并在一定条件下相互转化，共同构成了当代"耻"德发展的坚实基础与强大动力，是必须坚持与把握的基本原则。

中华传统"耻"德作为中国传统文化的重要组成部分，在传统文化的沃土中萌芽、形成、成熟、发展，历经千年而拥有了深厚的思想内涵与理论价值，具备强大的生命力与感召力，是当代"耻"德发展及弘扬的重要根基与思想来源。无论是"行己有耻""有耻且格"的个体"耻"德要求，还是"国之四维""五伦八德"中关于知耻的重要内容，都具有超越时空的重要价值，对不同时代、不同层次的道德主体皆有教化、引导的功用，是应当坚持并积极弘扬的。但是，随着历史变迁、社会变化，传统"耻"德中的一些内容显现出了不合时宜的趋势，甚至与当代社会主流价值观背道而驰，这就是"耻"德发展过程中需要剔除的糟粕，也是进行创新，推动传统"耻"德更好地融入当代社会，实现更好发展而要做的辩证否定，是对所继承内容的重要升华。继承是创新的基础，只有善于继承，才能为创新提供良好的思想来源与理论支撑；创新是继承的升华，只有懂得创新，才能激发继承的生机与活力，实现事物的发展与飞跃。继承与创新是实现传统"耻"德现代弘扬的两个轮子，只有坚持两个轮子一起转，才能实现传统向代的顺利转型。

2. 理论与实践的辩证统一

理论是人们关于事物知识的系统性理解与论述，实践是人们能动的改造客观世界的一切社会物质活动。理论来源于实践，又指导实践，同时实践能反过来检验和修正理论，两者是相互依存，密不可分的。任何理论的形成与发展皆要从实践出发，再回归于实践，显示出自身的价值；一切实践的目的皆是在获得正确的认识之后，通过指导实践来更好地改造客观世界，只有做到理论与实践的辩证统一，才能实现更好的发展。

无论是耻感文化，还是"耻"德，其本质都是一种社会意识形态，是社会存在的反映，具有相对独立性。传统"耻"德在发展过程中，以一定时期的社会生产方式为基础，具备自身独特的发展规律，从而促成内涵丰富的耻感文化。因此，在寻求传统"耻"德在当代的新发展时，要立足于当代社会实际，体现最广大人民的根本利益，从实践本身而非理论本身出发进行原生价值的弘扬以及新的道德价值的发掘与创造，以此深入推进耻感伦理建设。发展"耻"德的最终目的是实现全社会公民在意识和行为层面的知耻求荣，创造一个更加公平正义、风清气正的良好社会环境。这就意味着对"耻"德的发展不仅在于人们知耻意识的提升，更为重要的是行为上的落实。所以，耻感伦理建设要以现实道德问题与公民"耻"德现状为根据，理论建设与实践探索、解决思想问题与解决实际问题共同推进，一方面与时俱进推进传统耻感文化的发展，另一方面将耻德理论与道德建设实践进行更紧密的结合，从而实现耻德理论的历史价值和时代价值的有机统一。

3. 主导性与多样性的统一

当代社会的"耻"德建设与发展是在扬弃中华传统"耻"德的基础上，结合当下社会的主流价值观与社会背景进行的深层次的"耻"文化升华与弘扬，最终目的是提升全社会人民的知耻意识。这是一次传承与创新的统一，既包括对原有耻感文化精华的提炼与弘扬，也包括结合时代内容进行的创新与超越，这就要求在"耻"德建设过程中要坚持主导性与多样性的统一，做到坚持原则、合理引导与开放包容，实现优良传统与时代的有机结合。

坚持原则指在"耻"德建设过程中要时刻坚持以马克思主义为指导，以社会主义核心价值观为核心，积极运用马克思主义的立场、观点和方法正确分辨耻感文化中的精华与糟粕，把握建设与发展的主流方向，并切实推动耻感文化的内涵发展与社会主义核心价值观深度融合，提升建设与发展的时代性与实效性。合理引导指在传统耻感文化与当代国内外耻感文化纷繁交错的背景下，要合理引导社会公众明辨善恶、是非、荣辱，坚持正确的文化方向与树立正确的荣辱观念，在尊重差异的基础上实现价值观"一元"与"多元"的和谐统一。开放包容指在全球化趋势深入发展的背景下，各种文化、思想观念多样化的潮流中，要积极接受并容纳不同的思想认识、社会思潮，尊重差异且善待差异，创造更大范围内的社会共识。坚持主导性是为了保证"耻"德建设的方向正、不跑偏，扎实建设根基；坚持多样性是为了凝聚"耻"德建设的思想共识，汇聚建设力量，只有将两者合理地统一起来，才能正确认识和推动当代"耻"德建设又好又快发展。

### （二）传统"耻"德现代弘扬的路径

有"耻"才能有德，知耻才能止于至善，传统"耻"德的价值历久弥新，对新时代中国的道德建设有着极大的推动作用。在寻求传统"耻"德现代弘扬的路径时，既要以其现有的群众基础和发展水平为依据，找到合适的切入点与发展方式，也要针对"耻"德缺失的多方面原因，多措并举，精准发力，有效推动传统"耻"德的创造性转化与创新性发展。

#### 1. 弘扬传统荣辱思想以拓展"耻"德发展空间

中华传统荣辱思想源远流长、博大精深，既深刻包含着使人明是非、分善恶、知荣辱的核心思想理念，也集中体现着慎独内省、知行合一、防微杜渐等个体提升德性的道德修养方法，是中华民族积攒千年的道德精神财富。"但令人遗憾的是，对于这样一份极其珍贵的文化遗产，人们并没能给予很好地守望，基于各种政治目的和社会需要，再加上缺少辩证思维，他们在不少关键所在都没能给予传统道德以合理评价和正确对待"[①]，致使传统荣辱思想的价值在时代发展进程中被逐渐消磨，失去了应有的生命力与影响力。

弘扬传统荣辱思想，其意义不仅仅在于它本身所具有的积淀千年的关于何为荣辱、如何为人处世的宝贵价值内涵，更在于其中贯穿始终的对"有耻""知耻"的重视和强调。当代"耻"德植根于传统荣辱思想之中，两者是相互依存、相互促进的关系。对传统荣辱观的忽视、丢弃甚至诋毁，以及对知耻重要性

---

① 邹兴平. 转型时期的耻感文化：蜕变与重建[J]. 湖南师范大学社会科学学报, 2010(2):28—31.

的轻视是导致社会道德问题频发的重要原因，也是导致社会主义荣辱观实效甚微的根源。因此，只有着重挖掘传统荣辱思想中的时代精华，并将其融入现代"耻"德建设中，才能拉紧"耻"德存在与发展的精神纽带，真正从历史结晶中提炼时代发展力量，从继承和升华中拓展时代发展空间，稳步推进"耻"德建设。

合理的耻感首先产生于对"耻"的正确界定，要坚持继承传统"耻"德与弘扬"八荣八耻"荣辱观相结合，将抽象的善恶与荣耻概念化为富有民族特色、时代特色、实践特色的具体行为准则，持续不断地向人们输送正确的荣辱标准，使人们做到"耻所当耻"。在"耻"德建设过程中，也要将传统荣辱思想的重要内容与社会主义核心价值观联系起来，与以"社会公德、职业道德、家庭美德、个人品德"为主要内容的"四德"建设贯通起来，与乡规民约、社区守则、影视作品、文学著作等结合起来，全方位、全领域地增强传统荣辱思想在新时代的宣传与弘扬，不断提升社会公众对"耻"德的重视和培养，凝聚社会共识，以思想影响行为，以认知带动实践，加快推动个体的"耻"德养成。此外，面对中国特色社会主义进入新时代的社会实际，要注重"耻"德理论的新发展，不断赋予传统"耻"德新的价值内涵和表现形式，努力构建具有中国特色、时代特征、民族特性的新时代耻感文化。

2. 营造良好伦理环境以培养"耻"德发展沃土

"人创造环境，同样环境也创造人。"[①] 环境是人类生存发展的空间，潜移默化地影响着人的成长，尤其是生活环境的质量和氛围，更是对人的性格、思维方式、行为习惯等有直接影响。不同的生活环境造就个体不同的世界观、人生观、价值观，继而形成不同的生活方式、待人原则、行为准则等，由此产生了每个个体不同的人生，这是由环境差异而导致的个体差异。同时，人与环境相互依存、相互影响，具有双向互动性，并呈现一种动态平衡状态。这就意味着任何一方的不当发展都会对另一方产生巨大影响，从而破坏双方之间的良性关系。社会整体耻感淡化的道德局面本质上来源于人类言行上的不正当与道德伦理观念上的不完善，而这种不正当和不完善程度的加深又会进一步导致社会道德问题的加重和社会伦理环境质量的下降，呈现出恶性循环的态势。因此，从社会环境入手提升社会整体道德水平，需要为当前的环境注入以"善"为核心

---

① 卡尔·马克思，弗里德里希·恩格斯.马克思恩格斯文集(第一卷)[M].中共中央马克思恩格斯列宁斯大林著作编译局,译.北京：人民出版社,2009:545.

的新鲜空气，着重知耻环境的建设，使人们在环境中得到应有的思想和行为上的正确引导与监督，继而积极反馈至环境中，实现双方的和谐发展。

公共文明的程度是对公民文明素质发展状况的客观评价，既是一个社会成熟程度的重要标志，也是社会伦理环境质量的重要体现。在推进社会主义现代化的进程中，培育公共意识，涵养公共文明是构建现代文明秩序，迈向现代化的重要环节，良好伦理环境的形成也离不开对公共文明的培育与发展。加强公民的规则意识，使他们清楚地意识到在公共领域的任何交往与行为都不是随意的，而是需要遵守社会的普遍性规则的，并且只有实现从对规则的外部遵守到对规则的内在认同与主动践履的发展，才能不断涵养人们的公德意识，深化发展公共文明。此外，培育与发展公共文明，也要坚持以社会主义核心价值观为引领，充分发挥道德教化、制度创新、外在机制的构建与强化等手段的重要作用，积极解决一切阻碍社会良性发展的各种问题，推动社会形成明礼知耻、近善远恶的良好社会风气。伦理环境质量的提升与公民耻感意识的加强是相生相伴的，皆可从提升公民的规则意识入手，以外部规则的遵守来保障公共文明秩序，以规则的内化来增强公民的耻感，最终通过社会公共文明程度的提高来体现并维持环境与人的发展之间的良性循环。

此外，良好伦理环境的营造也需要与时俱进，积极把握经济社会发展对伦理环境提出的新要求，全方位推进各项建设以不断满足人民日益增长的美好生活需要，努力构建公平正义的社会环境来保障人们的合法权益，开创社会整体善行恶止、荣生耻灭的良好局面。

### 3. 加强社会耻感教育以引领"耻"德发展方向

个体德性发展是依靠自身的主观努力而非外在的强制灌输，是坚持以德修身并持续为实现道德人格的完善而努力的过程，但主观能动性的发挥需要依赖外在力量的指引和激励，耻感教育就是其中的引路人。耻感教育不仅是一种底线教育，也是一种养成教育、社会教育，在个体"耻"德的培育过程中起着至关重要的作用。作为底线教育，耻感的形成能帮助个体达成对低层次道德要求与目标的认知与践行，并为个体追求高层次的道德目标提供方向指引与动力支持；作为养成教育，耻感的发展能从衣食住行等诸多方面培养个体良好的道德习惯，潜移默化地引导个体存心养性、为善去恶，做到道德自律；作为社会教育，耻感教育能通过家庭、学校、社会的"三线"并进，实现耻感由启蒙、发展至成熟的顺利推进，不断提升个体的道德层次。只有持之以恒地坚持以耻感教育为"耻"德发展指引方向，才能合理有序、本末相顺地推动当代"耻"德建设。

加强耻感教育要努力探索全方位、多层次、立体化的"耻"德教育新模式，积极构建家庭、学校、社会"三位一体"的"耻"德教育体系，使耻感教育在新时代发挥出新的力量，指引社会成员"耻"德发展的正确方向。首先，要以家庭作为耻感教育的第一阵地。父母作为孩子的第一任教师要承担起道德教育的重任，通过不断提升自身道德修养实现以身作则，抓好家风家教建设以营造良好的家庭道德氛围，摆脱重养轻教、重智轻德的错误教育理念，做到合理关心爱护、科学教育引导，不缺位，不失职，上好孩子人生中的德育第一课。其次，要以学校作为耻感教育的主要阵地。在教育内容上，要与时俱进，加大现实道德问题在内容上的比重，不断推动理论知识大众化、通俗化；在教育方法上，要理论与实践并进，既要进行课堂理论教育，也要加强社会实践活动，让知耻意识既深入于心也落实于行；在教育手段上，要积极运用新媒体技术，加强德育网络阵地建设，多渠道、多方面地为学生提供耻感教育。最后，要深入开发社会作为耻感教育的有力阵地。在社会上要大力宣扬以"八荣八耻"为主要内容的社会主义荣辱观，积极运用文化讲堂、农家书屋、文体俱乐部等文化阵地进行耻感文化的普及与宣传，以"八荣八耻"知识竞赛、传统文化读书会等形式加深人们对"耻"德的了解与践行，推动全社会形成"明礼知耻"的良好氛围。

4. 树立先进道德典型以凝聚"耻"德发展力量

一个典型就是一面旗帜，一个模范就是一座丰碑。先进典型作为时代的先锋、群众的楷模，代表着高尚的人生境界和道德追求，是进行"耻"德建设，推动"耻"德发展的重要力量。大多数人在成长过程中都会听到或者接触到所谓的"先进典型"即"榜样"，劳动模范、优秀共产党员、"双百"人物、"两弹一星"元勋、感动中国人物等，都是能对全部社会成员起到表率效用的人，即使是儿时校园中的三好学生、工作单位中的优秀员工等也是各个时期在大家身边的榜样，是在道德发展上的学习目标。先进典型的存在本就是一种"理想的化身"，是正能量的体现，他们的言行可以对人们起到示范引领的作用，引导人们见贤思齐、择善而从，感知榜样的力量来实现自我完善与自我发展。因此，要利用好先进典型在精神引领、催人奋进上的重要作用，积极影响和带动群众向善而行，起到"树起一个点，带动一大片"的良好效应。

通过先进典型引领社会成员的"耻"德发展，需要发挥先进典型在精神和言行上对个体的重要示范作用。先进典型之所以能成为道德学习的标杆，原因之一便是他们的言行与精神和社会道德准则高度契合，甚至高度接近善，是以身作则的良好体现。"耻"德培育的途径和目标皆是求善，以典型的善行激发个体向善的奋进动力，是具备强烈针对性和实效性的手段。无论是社会道德准则还是法律，都因其条文的形式而令普通民众感觉冰冷而遥远，但先进典型的示范可以让公众直观地感受到何种行为是光荣的，何种行为是可耻的，比单纯的理论教育更贴近实际、贴近生活、贴近群众，更具有说服力与感染力。在全国范围内不断推出各具地域特色和行业特征的先进道德典型，大力宣扬他们的先进事迹，并积极开展有关学先进、学典型、做榜样等专题活动，可以让社会成员通过耳濡目染，将获得的榜样力量切实融入自身的思想观念中，体现于现实的道德行为中，使社会主义荣辱观的内涵通过先进典型的示范引领而广泛、深刻地融入全社会，为进一步推进新时代公民道德建设提供强大精神动力。

### 5. 发挥舆论引导优势以控制"耻"德发展路径

舆论指相当数量的社会成员对社会普遍关注的某一问题、事件、现象的共同看法或意见，其实质是对社会存在的反映。舆论处于社会意识形态的最表层，具有反映民意、维护社会共同价值观和指示意识形态最新变化的作用。[①]习近平十分重视舆论引导的作用，认为"好的舆论可以成为发展的'推进器'、民意的'晴雨表'、社会的'黏合剂'、道德的'风向标'，不好的舆论可以成为民众的'迷魂汤'、社会的'分离器'、杀人的'软刀子'、动乱的'催化剂'。"[②]由此可知，舆论是一把双刃剑，用得好就是一把蕴含强大力量的发展利器，用得不好则会成为破坏社会和谐的致命武器。随着信息化社会的高速发展，舆论对人们的情绪、思想、行为的影响越来越大，有时甚至能直接影响整个社会的风气和价值取向，是一股不可忽视的力量。因此，要牢牢把握正确舆论导向，积极做好舆论引导工作，使舆论的精神力量化为社会公众形成正确"耻"德认知，践行正确道德行为的现实之力。

在当代社会，许多不良观念和行为的产生都与不良媒体的恶意带动和舆论

---

① 常宴会.习近平关于舆论引导重要论述的逻辑理路研究[J].思想理论教育导刊,2020(11):45—49.

② 中共中央文献研究室.习近平关于社会主义文化建设论述摘编[M].北京：中央文献出版社,2017:38.

操纵有莫大的联系，社会公众普遍存在的"看客"心态和"吃瓜"心理使他们在看待任何事件或问题时缺乏良好的分析与判断能力，感性对待而非理性处理的评判方式也使许多错误信息和恶意节奏有了可乘之机，将局面推向混乱，令不良舆论风气充斥在整个社会。所以，做好舆论引导工作，首先要坚持党管媒体原则，完善网上舆情发现、研判、处置、回应机制，通过依法管理以及政策法规制度的完善，加强对网络舆论的有效管控和引导。其次，要建立媒体平台内容监管机制。监管部门及传媒机构必须履行监管责任，构建行业规范，发挥人工智能和大数据技术优势，阻止和减少有害信息的生产和传播，提升媒体公信力。[①] 再次，要端正媒体平台的传播倾向，提升媒体工作者的道德水平和责任意识，在信息传递过程中保证信息的准确度与合理性，在对待热点问题时也能坚持正确、合理、实事求是的态度，弘扬主旋律，传播正能量。最后，要注重舆论导向与群众认知、社会生活的贴近性，借助群众喜闻乐见的方式制造、传播正向舆论，使舆论的价值引导力量真正走进群众内心，为群众的"耻"德培育注入强大的动力与正能量。

### 6. 完善道德立法以构建"耻"德发展保障体系

法律是成文的道德，是底线的道德，遵守法律就是对最基本的道德的遵守，实施法治就是在为道德建设保驾护航，提供法律保障。目前，随着社会的发展而产生的利益主体多元化与主体美好生活需要的多样化，使当代社会的道德价值取向发生了深刻变革，原有的社会基本道德准则无法适应社会发展新形势，新的社会道德规范体系则处于不完善的阶段，还未完全建立起来，新旧道德体系之间的冲突、不协调严重削弱了道德引导社会良性运行的调控作用，导致社会道德问题不断产生。因此，在推动新时代"耻"德建设的过程中，要加强法治建设，完善道德立法，用法律的形式将新的社会道德要求与耻感伦理要求确定下来，通过法律的权威与约束力强化个体的耻感意识，以法治和德治的有效结合来保证"耻"德建设的实效性。

"耻"德的形成是道德主体将外在的社会道德规范内化为自身的行为准则，将道德他律转化为道德自律的过程，是追求并满足于由正确言行带来的肯定与光荣，远离并耻于由非道德行为带来的否定和惩治的过程，"耻"德是在主体崇德向善、祛恶避耻的道德认知和道德行为中形成与发展的。这就意味着"耻"德的培育不仅需要依靠道德准则对个体的软约束，更需要依靠法律惩治对个体

---

① 罗新宇. 马克思主义新闻观与智媒时代网络舆论治理 [J]. 青年记者, 2020(32):14—16.

的硬约束，以完善道德立法倒逼公民德性提升，并通过培育公民的守法精神强化其理性意识和责任意识，加快耻感的形成与稳定。

加强法治建设应当坚持立法先行，在全面推进社会主义核心价值观与社会主义荣辱观融入中国特色社会主义法律体系的基础上，不断加强顶层设计，将当代社会道德领域的突出问题与新要求及时转化为法律规范，以良法的形成倡导文明行为，重点整治非道德行为甚至是违法行为，强制公民明确有所为而有所不为，实现良法与善治的有机结合。同时，要着力健全体制机制，将彰显中华传统美德、弘扬社会正能量的善行良举，诸如见义勇为，从单纯的道德概念、道德倡导转向法律概念，使具备高度道德自觉，主动履行道德义务的道德主体的善行受到法律的保护，避免造成道德践履与道德回报间的巨大落差，以及陷入进行善举却反受其害的不良局面，最大限度地激发社会公众保持善心并积极践行善行的道德热情，在全社会范围内形成良好的道德氛围。此外，要针对不同地区、不同行业、不同人群，将社会主义荣辱观融入社会公德、职业道德、家庭美德等领域，制定更为细化的具体行为准则，以规章制度的形式使人们的言行时刻受到正确引导，在日常生活、工作中也充分展现良好的"耻"德素养。

# 参考文献

[1] 中共中央文献研究室. 习近平关于全面深化改革论述摘编 [M]. 北京 : 中央文献出版社 , 2014.

[2] 中共中央文献研究室. 十八大以来重要文献选编 ( 上 )[M]. 北京 : 中央文献出版社，2014.

[3] 中共中央纪律检查委员会, 中共中央文献研究室. 深入学习习近平同志关于党风廉政建设和反腐败斗争重要讲话 [M]. 北京 : 人民日报出版社 , 2014.

[4] 中共中央国家机关工作委员会. 学习习近平同志关于机关党建重要论述 [M]. 北京 : 党建读物出版社 , 2016.

[5] 邓小平. 邓小平文选 ( 第二卷 )[M]. 北京 : 人民出版社 ,1994.

[6] 习近平. 在哲学社会科学工作座谈会上的讲话 [M]. 北京 : 人民出版社 , 2016.

[7] 习近平. 习近平谈治国理政 [M]. 北京 : 外文出版社 , 2014.

[8] 习近平. 习近平谈治国理政 ( 第二卷 )[M]. 北京 : 外文出版社 , 2017.

[9] 人民日报评论部. 习近平用典 [M]. 北京 : 人民日报出版社 , 2015.

[10] 人民日报政治文化部. 共产党员应知的党史小故事 [M]. 北京 : 人民出版社 , 2019.

[11] 《坚定不移反对腐败的思想指南和行动纲领》编委会. 坚定不移反对腐败的思想指南和行动纲领 [M]. 北京 : 人民出版社 , 2018.

[12] 《中共中央关于构建社会主义和谐社会若干重大问题的决定》辅导读本.《中共中央关于构建社会主义和谐社会若干重大问题的决定》辅导读本 [M]. 北京 : 人民出版社 , 2006.

[13] 中共中央马克思恩格斯列宁斯大林著作编译局. 马克思恩格斯选集 ( 第三卷 )[M]. 北京 : 人民出版社 ,1995.

[14] 李大钊. 李大钊选集 [M]. 北京 : 人民出版社 ,1959.

[15] 中共中央马克思恩格斯列宁斯大林著作编译局. 马克思恩格斯选集 ( 第一卷 )[M]. 北京 : 人民出版社 ,1972.

[16] 马克思恩格斯选集 ( 第一卷 )[M]. 北京 : 人民出版社 , 2012.

[17] 中共中央马克思恩格斯列宁斯大林著作编译局. 马克思恩格斯全集(第二十三卷) [M]. 北京 : 人民出版社 ,1972.

[18] 鲁迅. 鲁迅全集(第六卷)[M]. 北京：人民文学出版社,1981.

[19] 司马迁. 史记[M]. 北京：中华书局,2006.

[20] 休谟. 人性论[M]. 北京：商务印书馆,1980.

[21] 罗国杰,夏伟东. 以德治国论[M]. 北京：中国人民大学出版社,2004.

[22] 许慎. 说文解字新订[M]. 臧克和,王平,校订. 北京：中华书局,2002年.

[23] 朱立春. 新编说文解字[M]. 江西：江西美术出版社,2018.

[24] 朱熹. 五朝名臣言行录[M]. 上海：上海商务印刷馆,2015.

[25] 李大钊. 五四运动文选[M]. 北京：三联书店,1959.

[26] 湖南省社会科学院. 黄兴集[M]. 北京：中华书局,1981.

[27] 张勇,童哲. 新时代政德课[M]. 北京：东方出版社,2018.

[28] 卢风. 享乐与生存[M]. 广州：广东教育出版社,2000.

[29] 沈其新. 中华廉洁文化与中国共产党先进性建设[M]. 湖南：湖南大学出版社,2008.

[30] 王艳丽. 看齐意识：干部选拔任用的重要标准[M]. 北京：石油工业出版社,2016.

[31] 福泽谕吉. 福泽谕吉自传[M]. 马斌,译. 北京：商务印书馆,1996.

[32] 新渡户稻造. 武士道[M]. 张俊彦,译. 北京：商务印书馆,1993.

[33] 罗国杰. 伦理学[M]. 北京：人民出版社,1989.

[34] 张传玺. 从"协和万邦"到"海内一统"先秦的政治文明[M]. 北京：北京大学出版社,2009.

[35] 王凯旋. 中国科举制度史[M]. 沈阳：万卷出版公司,2012.

[36] 华宸. 真实的四大家族[M]. 北京：中共党史出版社.2017.

[37] 吴兢. 贞观政要卷六[M]. 王泽应,点校. 北京：团结出版社,1998.

[38] 房列曙. 中国历史上的人才选拔制度[M]. 北京：人民出版社,2005.

[39] 宋振国,刘长敏. 各国廉政建设比较研究[M]. 北京：知识产权出版社,2005.

[40] 汤因此,池田大作. 展望21世纪——汤因此与池田大作对话录[M]. 北京：国际文化出版公司,1985.

[41] 刘杰. 转型期的腐败治理[M]. 上海：上海社会科学出版社,2014.

[42] 辛向阳,陈建波. 中国特色反腐倡廉道路研究[M]. 天津：天津人民出版社,2015.

[43] 杨河. 中国共产党革命精神史读本，社会主义革命与建设篇[M]. 北京：人民出版社,2015.

[44] 于华. 中国共产党意识形态领导权研究[M]. 北京：人民出版社,2017.

[45] 邓学源. 廉洁文化价值论[M]. 北京：中国社会科学出版社,2019.

[46] 张奇臻. 新说文解字[M]. 武汉：崇文书局, 2016.

[47] 楼宇烈主撰. 荀子新注[M]. 北京：中华书局, 2018.

[48] 钱宗武解读. 尚书[M]. 北京：国家图书馆出版社, 2017.

[49] 司马迁. 史记[M]. 北京：团结出版社, 2017.

[50] 杨伯峻译注. 论语译注[M]. 北京：中华书局, 2015.

[51] 方勇注译. 孟子[M]. 北京：商务印书馆, 2017.

[52] 方勇评注. 墨子[M]. 北京：商务印书馆, 2018.

[53] 王弼. 老子道德经注[M]. 楼宇烈, 校释. 北京：中华书局, 2011.

[54] 周晓露. 商君书译注[M]. 上海：上海三联书店, 2014.

[55] 王伏玲, 高华平评注. 韩非子[M]. 北京：商务印书馆, 2016.

[56] 贾谊. 新书校注·大政上[M]. 阎振益, 钟夏, 校注. 北京：中华书局, 2017.

[57] 王夫之. 读通鉴论[M]. 北京：中华书局, 2013.

[58] 班固. 汉书[M]. 北京：中华书局, 1962.

[59] 肖群忠. 孝与中国文化[M]. 北京：人民出版社, 2001.

[60] 司马光. 资治通鉴[M]. 夏华, 译. 辽宁：万卷出版社, 2016.

[61] 思履. 论语全解[M]. 北京：联合出版社, 2015.

[62] 张岱年. 中国哲学大纲(第一版)[M]. 北京：中国社会科学出版社, 1982.

[63] 陈弱水. 说"义"三则[M]. 北京：新星出版社, 2006.

[64] 陈弱水. 公共意识与中国文化[M]. 北京：新星出版社, 2006.

[65] 王正平. 中国传统道德论探微[M]. 上海：上海三联书店, 2004.

[66] 本杰明·史华兹. 古代中国的思想世界[M]. 程钢, 译. 南京：江苏人民出版社, 2004.

[67] 罗尔斯. 正义论[M]. 何怀宏, 何包钢, 廖申白, 译. 北京：中国社会科学出版社, 1988.

[68] 中华人民共和国统计局. 中国统计年鉴(2007)[Z]. 北京：中国统计出版社, 2007.

[69] 王正平. 中国传统道德论探微[M]. 上海：上海三联书店, 2004.

[70] 庞朴. 儒家辩证法研究[M]. 北京：中华书局, 1984.

[71] 黄玉顺. 中国正义论纲要[J]. 四川大学学报(哲学社会科学版), 2009(5):32-42.

[72] 高华平, 王齐洲, 张三夕译注. 韩非子(2版)[M]. 北京：中华书局, 2015.

[73] 马世年译注. 潜夫论[M]. 北京：中华书局, 2018.

[74] 李振宏注说. 新语[M]. 郑州：河南大学出版社, 2016.

[75] 王天海, 杨秀岚译注. 说苑[M]. 北京：中华书局, 2019.

[76] 张沛撰. 中说译注[M]. 上海：上海古籍出版社, 2011.

[77] 齐己.齐己诗注[M].潘定武,张小明,朱大银校注.合肥:黄山书社,2014.

[78] 陆九渊.陆九渊集[M].钟哲点校.北京:中华书局,1980.

[79] 黎靖德.朱子语类(第2册)[M].北京:中华书局,1999.

[80] 王夫之.俟解[M].北京:中华书局,1983.

[81] 郑若萍注译.日知录[M].武汉:崇文书局,2017.

[82] 孙钦善选注.龚自珍选集[M].北京:人民出版社,2004.

[83] 朱维铮,姜义华.章太炎选集[M].上海:上海人民出版社,1981.

[84] 朱熹.四书章句集注[M].合肥:安徽教育出版社,2001.

[85] 刘致丞.耻的道德意蕴[M].上海:上海人民出版社,2015.

[86] 石成金.传家宝[M].张惠民,校点.郑州:中州古籍出版社,2000.

[87] 刘玉瑛.干部实用名言词典[M].北京:中央党校出版社,1999.

[88] 中共中央马克思恩格斯列宁斯大林著作编译局.马克思恩格斯文集(第一卷)[M].北京:人民出版社,2009.

[89] 曾参,子思.大学、中庸[M].中华文化讲堂注译.北京:团结出版社,2016.

[90] 乔立君.官箴[M].北京:九州出版社,2004.

[91] 王正平.中国传统道德论探微[M].上海:上海三联书店,2004.

[92] 孔颖达.礼记正义[M].北京:中华书局,1980.

[93] 孙希旦.礼记集解[M].北京:中华书局,1989.

[94] 黄怀信.逸周书校补注译[M].西安:西北大学出版社,1996.

[95] 杨向奎.宗周社会与礼乐文明[M].北京:人民出版社,1992.

[96] 邹昌林.中国礼文化[M].北京:中国社会科学文献出版社,2000.

[97] 徐复观.中国人性论史[M].上海:华东师范大学出版社,2005.

[98] 彭林.中国古代礼仪文明[M].北京:中华书局,2004.

[99] 钟敬文.中国民俗史[M].北京:人民出版社,2008.

[100] 张自慧.礼文化的价值和反思[M].上海:学林出版社,2008.

[101] 章越松.社会转型下的耻感伦理研究[M].北京:中国社会科学出版社,2016.

[102] 魏英敏.新伦理学教程[M].北京:北京大学出版社,1993.

[103] 亚里士多德.尼各马可伦理学[M].苗力田,译.北京:中国社会科学出版社,1990.

[104] 罗伯特·艾尔斯.转折点:增长范式的终结[M].戴星翼,黄文芳,译.上海:上海译文出版社,2001.

[105] 约翰·洛克.教育漫话[M].徐大建,译.上海:上海人民出版社,2014.

[106] 中共中央文献研究室. 习近平关于社会主义文化建设论述摘编 [M]. 北京：中央文献出版社, 2017.

[107] 许慎. 说文解字彩图馆 [M]. 付改兰, 编. 北京：中国华侨出版社, 2015.

[108] 沈兼士. 广韵声系（下册）[M]. 北京：中华书局, 1985.

[109] 胡平生, 张萌译注. 礼记 [M]. 北京：中华书局, 2017.

[110] 王世舜, 王翠叶译注. 尚书 [M]. 北京：中华书局, 2012.

[111] 杨天宇. 周礼译注 [M]. 上海：上海古籍出版社, 2004.

[112] 孔丘. 诗经 [M]. 吕丽丽, 韩婷, 注译. 西安：三秦出版社, 2012.

[113] 陈剑译注. 老子译注 [M]. 上海：上海古籍出版社, 2016.

[114] 方勇评注. 庄子 [M]. 北京：商务印书馆, 2018.

[115] 李山, 轩新丽译注. 管子 [M]. 北京：中华书局, 2019.

[116] 张世亮, 钟肇鹏, 周桂钿译注. 春秋繁露 [M]. 北京：中华书局, 2012.

[117] 康有为. 论语注 [M]. 桂林：广西师范大学出版社, 2016.

[118] 瞿秋白. 瞿秋白文集：政治理论编（第4卷）[M]. 北京：人民出版社, 1993.

[119] 亚里士多德. 修辞术 [M]. 罗念生, 译. 上海：上海人民出版社, 2004.

[120] 亚里士多德. 尼各马可伦理学 [M]. 廖申白, 译注. 北京：商务印书馆.

[121] 威廉斯. 关键词：文化与社会的词汇 [M]. 刘建基, 译. 北京：三联书店, 2005.

[122] 丹尼尔·贝尔. 后工业社会的来临 [M]. 北京：商务印书馆, 1984.

[123] 马克斯·霍克海默. 批判理论 [M]. 李小兵, 译. 重庆：重庆出版社, 1989.

[124] 习近平. 思政课是落实立德树人根本任务的关键课程 [J]. 奋斗, 2020(17):4-16.

[125] 陈晨捷. "义"之作为"道德辨别力"及其可能 [J]. 伦理学研究, 2012(2):25-30.

[126] 邹丽莉. 冯继康：从公平正义的视角看和谐社会的构建 [J]. 理论学刊, 2006(7):42-43.

[127] 崔永学. 公民道德教育的若干问题研究 [J]. 教育评论, 2012(3):78-80.

[128] 罗国杰. 关于集体主义原则的几个问题 [J]. 思想理论教育导刊, 2016(6):36-39.

[129] 沈世玮. 舆论导向与道德建设 [J]. 新闻战线, 2004(6):40-42.

[130] 樊浩. 耻感与道德体系 [J]. 道德与文明, 2007(2):23-28.

[131] 吴小鸥, 徐加慧. "复兴教科书"的抗战救亡启蒙 [J]. 湖南师范大学教育科学学报, 2015(4):18-24.

[132] 高春花, 刘俊娥. 论耻感的道德价值——以中国传统道德文化为例 [J]. 河北大学学报（哲学社会科学版）, 2007(4):94-98.

[133] 汪凤炎. 论羞耻心的心理机制、特点与功能 [J]. 江西教育科研, 2006(10):34-37.

[134] 高兆明. 耻感与存在 [J]. 伦理学研究, 2006(3):1-5.

[135] 樊浩. 中国社会大众伦理道德发展的文化共识——基于改革开放40年持续调查的数据 [J]. 中国社会科学, 2019(8):24-44.

[136] 吴根友, 熊健. 传统社会的道德耻感论 [J]. 伦理学研究, 2017(6):36-38.

[137] 宋希仁. "八荣八耻"的道德哲学 [J]. 伦理学研究, 2007(1):19-23.

[138] 刘锡钧. 论"耻" [J]. 道德与文明, 2001(4):43-46.

[139] 郭聪惠. 中国传统耻感文化的当代道德教育价值解读 [J]. 青海社会科学, 2008(4):11-14.

[140] 李桂花, 张雅琪. 论科技异化与科技人化 [J]. 科学管理研究, 2006(4):18-21.

[141] 李翔. 马尔库塞科技异化理论视阈下的网络异化研究 [J]. 大庆师范学院学报, 2017(5):10-13.

[142] 邹兴平. 转型时期的耻感文化:蜕变与重建 [J]. 湖南师范大学社会科学学报, 2010(2):28-31.

[143] 常宴会. 习近平关于舆论引导重要论述的逻辑理路研究 [J]. 思想理论教育导刊, 2020(11):45-49.

[144] 罗新宇. 马克思主义新闻观与智媒时代网络舆论治理 [J]. 青年记者, 2020(32):14-16.

[145] 尹嘉希, 王霁霞. 网络信息举报的规范逻辑与权利边界 [J]. 北京警察学院学报, 2020(3):16-23.

[146] 习近平. 习近平论党的作风建设——十八大以来重要论述摘编 [J]. 党建, 2014(8):5-8.

[147] 习近平. 坚定文化自信, 建设社会主义文化强国 [J]. 奋斗, 2019(12):1-10

[148] 田旭明. 中国传统廉德文化的价值内蕴 [J]. 长春市委党校学报, 2014(6):18-20.

[149] 田旭明. 中国传统廉德文化融入大学生德育的价值效应及路径探索 [J]. 中国矿业大学学报(社会科学版), 2015(3):26-30.

[150] 田旭明, 陈延斌. 古代廉吏贪官家风比较之镜鉴 [J]. 中国纪检监察, 2015(10):31.

[151] 杨昶. "廉"德探源及古代廉吏标准 [J]. 华中师范大学学报(哲学社会科学版),1996(4):68-71.

[152] 唐贤秋. 中国古代廉政思想源流辨——兼与杨旭先生商榷 [J]. 陕西师范大学学报(哲学社会科学版), 2006(6), 21-26.

[153] 张建国. 传统廉德的内涵及其基本要求 [J]. 岳阳职业技术学院学报, 2017(4): 106-108.

[154] 刘任永. "礼义廉耻"今议 [J]. 中国纪检监察, 2015(5):58-59.

[155] 张建国. 传统廉德的内涵及其基本要求 [J]. 岳阳职业技术学院学报, 2017(4): 106-108.

[156] 周云芳, 谭忠诚. "廉"与古代官德 [J]. 山西农业大学学报(社会科学版), 2012(8):757-762.

[157] 陆晓禾. 政德建设从"廉"破题 [J]. 毛泽东邓小平理论研究, 2018(8):69-72, 108.

[158] 何增科. 廉洁政府与社会公正 [J]. 吉林大学社会科学学报, 2006(4):15-23.

[159] 邱建成. 新常态下廉洁企业创建的思考 [J]. 管理观察, 2017(7):14-17.

[160] 秦海亮, 赵桂荣. 建设廉洁文化 创建廉洁企业 [J]. 冶金企业文化, 2007(3):56-57.

[161] 高建林, 何玉叶. 从廉洁文化的功能特性看高校廉洁教育的架构及应把握的环节 [J]. 思想教育研究, 2009(8):49-52.

[162] 郝峰, 殷雄飞. 高校廉洁文化建设的现状与对策分析 [J]. 江苏高教, 2010(1): 112-114.

[163] 唐贤秋. 从传统廉政文化渊源谈为政之德 [J]. 广西民族大学学报(哲学社会科学版), 2007(2):140-145.

[164] 汪凤炎. "德"的含义及其对当代中国的启示 [J]. 华东师范大学学报(科学教育版).2006(3):11-20.

[165] 王雄军. 公共权力异化与腐败治理 [J]. 中国监察 2007(1):56-57.

[166] 斯维至. 说德 [J]. 人文杂志, 1982(6):74-83.

[167] 戴淑芬, 陈翔. 《心书》识人用人学——诸葛亮用人之道 [J]. 北京科技大学学报(社会科学版), 2004(3):93-96.

[168] 王浦劬. 国家治理、政府治理和社会治理的含义及其相互关系 [J]. 国家行政学院学报, 2014(3):11-17.

[169] 张康之. 论"廉政建设"一词的完整内涵 [J]. 中国行政管理, 2010(8):21-22.

[170] 黄义英, 秦馨: 廉政、廉政文化和廉政文化建设的理论内涵 [J]. 前沿, 2010(9): 8-11.

[171] 鲁勇. 廉政、勤政与善政 [J]. 红旗文稿, 2010(13):23-25.

[172] 肖生福.影响廉政政策制定的若干因素探析[J].徐州师范大学学报(哲学社会科学版),2010(4):108–112.

[173] 刘新华.廉政文化建设的基本内涵与价值初探[J].宁波大学学报(人文科学版),2005(2):147–150.

[174] 许国彬.对廉政文化进校园和大学生廉洁教育的思考[J].国家教育行政学院学报,2005(8):20–23.

[175] 蔡娟.廉政文化建设研究综述[J].山东社会科学,2010(4):164–167.

[176] 王爱云.社会主义核心价值体系的中国传统文化底蕴[J].学术论坛,2008(4):116–119.

[177] 鲁洁.教育的返本归真——德育之根基所在[J].华东师范大学学报(教育科学版),2001(4):1–6, 65.

[178] 李资源.论延安时期党风廉政法制建设的基本经验[J].江汉论坛,2011(1):21–25.

[179] 沈其新.中华廉洁文化基本理论三题[J].湖南社会科学,2007(5):145–148.

[180] 崔英楠,王柏荣.改革开放40年与我国廉政制度建设[J].北京联合大学学报(人文社会科学版),2018(3):39–46.

[181] 范铭武.常教育 常提醒 促使党员干部廉洁自律[J].新长征,2020(9):22–23.

[182] 蒋萍.礼仪道德的历史传统及现代价值[J].求索,2004(5):163–164.

[183] 陈来.儒家"礼"的观念与现代世界[J].孔子研究,2001(1):4–12.

[184] 张良才.中国传统礼仪教育及其现代价值[J].齐鲁学刊,2000(4):100–103.

[185] 覃遵祥.礼制、道德、礼节——简论"礼"的历史意义和现代价值[J].孔子研究,1994(1):95–99.

[186] 张夫伟.孔子"礼"思想的当代德育价值[J].鲁东大学学报(哲学社会科学版),2012,29(5):92–95.

[187] 庾良辰.儒家"礼"思想对当代道德教育的启示[J].道德与文明,2011(4):91–93.

[188] 黄素华.浅谈孔子"仁""礼"思想[J].文学界(理论版),2011(3):105–106.

[189] 武宁."礼"与"俗"的历史演变及其当代境遇反思[J].国际儒学论丛,2018(1):177–185, 245.

[190] 冯永刚.构建现代公民道德教育体系的必要性及路径选择[J].教育理论与实践,2017(4):50–53.

[191] 丁鼎."礼"与中国传统文化范式[J].齐鲁学刊,2007(4):125–128.

[192] 高海波. 从中华传统美德的历史发展看传统道德的"创造性转化、创新性发展"[J]. 中国哲学史, 2018(4):5–11.

[193] 汤一介. 论儒家的"礼法合治"[J]. 北京大学学报(哲学社会科学版), 2012(3):7–11.

[194] 李礼. 构建全媒体时代宣传思想工作新格局探赜[J]. 思想理论教育, 2020(2):100–105.

[195] 丁恒星, 焦敬超. 论中国传统文化与思想政治教育的关系[J]. 学校党建与思想教育, 2017(18):23–25.

[196] 程竹汝. 论法治与德治相辅相成的内在逻辑[J]. 中共中央党校学报, 2017, 21(2):45–52.

[197] 肖巍. 传统道德教育理论中的德智关系[J]. 清华大学学报(哲学社会科学版), 2002(6):46–51.

[198] 李承贵. 中国传统哲学中的德智关系论[J]. 齐鲁学刊, 2001(2):5–13.

[199] 钱民辉. 教育处在危机中 变革势在必行——兼论"应试教育"的危害及潜在的负面影响[J]. 清华大学教育研究, 2000(4):40–48.

[200] 崔雪茹. 《论语》中的"智德"思想研究[J]. 武陵学刊, 2014,39(6):13–18, 65.

[201] 朱海林. 先秦儒家智德观及其现代启示[J]. 华北电力大学学报(社会科学版), 2007(2):85–88.

[202] 肖群忠. 智德新论[J]. 道德与文明, 2005(3):14–19.

[203] 肖群忠. 智慧与道德[N]. 中国教育报, 2012–05–11(005).

[204] 肖群忠. 智慧、道德与哲学[J]. 北京大学学报(哲学社会科学版), 2012,49(1):45–53.

[205] 徐卫红. 道德和知识的分域——中国教育传统的一个问题分析[J]. 教育史研究, 2020, 2(2):28–42.

[206] 米建国. 智德与道德:德性知识论的当代发展[J]. 伦理学术, 2019,7(2):242–255.

[207] 赵平. "智德"及其当代价值[J]. 齐鲁学刊, 2019(6):76–85.

[208] 郭明俊. 儒家"智"的意蕴与价值[J]. 人文天下, 2019(18):2–7.

[209] 贾庆军. 试论荀子"知"的层次和境界——以《正名》《解蔽》篇为例[J]. 宁波大学学报(教育科学版), 2016,38(5):36–44.

[210] 孔毅. 智德·智能·才性四本——汉魏之际从重智德到尚智能的演变及影响[J]. 重庆师范大学学报(哲学社会科学版), 2010(4):36–42.

[211] 邓球柏."仁义礼智信"的由来、发展及其基本内涵(上)[J].长沙大学学报,2005(6):4-10.

[212] 方朝晖.知识、道德与传统儒学的现代方向[J].中国社会科学,2005(3):80-90,206-207.

[213] 唐坤.道家绝圣弃智的无为境界新论[J].湖北社会科学,2004(12):102-103.

[214] 唐晓勇.福泽谕吉的智德论及其现代意义[J].西南民族大学学报(人文社科版),2003(12):393-395.

[215] 赵馥洁.中国古代智慧观的历史演变及其价值论意义[J].人文杂志,1995(5):25-30.

[216] 向玉乔.论道德智慧[J].伦理学研究,2014(5):16-21.

[217] 龙兴海.论道德智慧[J].湖南师范大学社会科学学报,1994(4):36-40.

[218] 罗洪铁,王丽.邓小平人才思想研究[J].探索,2014(6):26-30.

[219] CHELE G E ,LUCINSCHI D L ,STEFANESCU C .Ethical aspects of internet derived information utilization in adolescents: the role of family and education[J]. Procedia – Social and behavioral sciences, 2014, 149(41):164–168.

[220] CLINE E M . Confucian ethics, public policy, and the nurse–family partnership[J]. Dao, 2012, 11(3):337–356.

[221] ARGYS L M ,AVERETT S L .The effect of family size on education: new evidence from china's one–child policy[J]. JODE – journal of demographic economics, 2019, 85(1):21–42.

[222] 国务院新闻办公室.中国的对外援助(2014)白皮书[EB/OL].(2014-07-10)[2016-02-05].http://www.gov.cn/zhengce/2014-07/10/content_2715467.htm.

[223] 贵州日报.民以食为天 食以安为先——食品安全如何保障[EB/OL]（2013-03-05）.http://theory.people.com.cn/n/2013/0305/c49156-20680737.html.

[224] 中央网信办举报中心.2020年全国网络举报受理情况[EB/OL].(2021-01-18)[2021-03-24].https://www.12377.cn/tzgg/2021/c93838d1_web.html.

[225] 光明日报.《中国大学生社会责任感调查报告(2020)》显示:我国大学生社会责任感总体处于较高水平[EB/OL].(2020-11-09)[2021-03-31].https://edu.gmw.cn/2020-11/09/content_34353024.htm.

[226] 中国消费者协会.2020年全国消协组织受理投诉情况分析[EB/OL].(2021-02-03)[2021-03-24].http://www.cca.org.cn/tsdh/detail/29923.html.

# 参考文献

[227] 教育部. 国务院教育督导委员会办公室提示: 制止校园餐饮浪费防止走偏 [EB/OL].(2020-10-10)[2021-03-26].http://www.moe.gov.cn/jyb_xwfb/gzdt_gzdt/s5987/202010/t20201010_493833.html.

[228] 国家统计局. 人口总量平稳增长 人口素质显著提升——新中国成立70周年经济社会发展成就系列报告之二十 [EB/OL].(2019-08-22). http://www.stats.gov.cn/ztjc/zthd/sjtjr/d10j/70cj/201909/t20190906_1696329.html.

[229] 蒋矣. 中共中央关于全面推进依法治国若干重大问题的决定 [N]. 人民日报, 2014-10-29(01).

[230] 马超, 贾东. 让见义勇为者不再"流血又流泪" [N]. 法制日报, 2016-09-20(10).

[231] 李志军. 中国特色社会主义不是其他什么主义 [N]. 中国青年报, 2019-4-15(2).

[232] 习近平. 弘扬"红船精神" 走在时代前列 [N]. 人民日报, 2017-12-1(2).

[233] 张胜, 靳昊. 社会心态积极健康, 民心民意基础牢固 [N]. 光明日报, 2021-02-03(1).

[234] 邓然. "中国好人"传递社会正能量 [N]. 光明日报, 2013-08-10(11).

[235] 朱丽莉. 中央文明办发布十二月"中国好人榜" [N]. 光明日报, 2016-12-31(3).

[236] 侯文坤. 中央文明办发布12月"中国好人榜" [N]. 光明日报, 2019-12-29(3).

[237] 张维. 职业索赔何以人人喊打 [N]. 法制日报, 2019-09-05(8).

[238] 吴月辉. 科学伦理不可或缺 [N]. 人民日报, 2011-08-04(016).

[239] 习近平. 在同各界优秀青年代表座谈时的讲话 [N]. 人民日报, 2013-05-04(002).

[240] 张烁. 坚持中国特色社会主义教育发展道路 培养德智体美劳全面发展的社会主义建设者和接班人 [N]. 人民日报, 2018-09-10(001).

[241] 习近平. 决胜全面建成小康社会 夺取新时代中国特色社会主义伟大胜利 [N]. 人民日报, 2017(001).

[242] 张烁. 把思想政治工作贯穿教育教学全过程 开创我国高等教育事业发展新局面 [N]. 人民日报, 2016-12-09(001).

[243] 倪光辉. 胸怀大局把握大势着眼大事 努力把宣传思想工作做得更好 [N]. 人民日报, 2013-8-21(001).

[244] 习近平. 在布鲁日欧洲学院的演讲 [N]. 人民日报, 2014-4-01(002).

[245] 习近平. 决胜全面建成小康社会 夺取新时代中国特色社会主义伟大胜利——在中国共产党第十九次全国代表大会上的报告 [R]. 北京: 人民出版社, 2017.

# 后 记

本书为浙江省中国特色社会主义理论体系研究中心宁波大学基地、宁波大学软实力与中国精神研究中心、宁波市新时代思想政治理论与实践研究基地研究成果，共分五篇及一个前言。其中，前言由陈正良执笔，"义德"篇由王梦执笔，"礼德"篇由孔斌执笔，"智德"篇由王珂执笔，"廉德"篇由毛航执笔，"耻德"篇由吴珍波执笔，陈正良教授负责提纲的拟定与统稿工作，宁波大学马克思主义学院部分研究生参与了书稿的校对工作。

在本书写作过程中，参考借鉴了国内外许多专家、学者有关的研究成果和有关实际工作部门、媒体公开报道的有关资料，在此一并予以感谢。

本书的出版得到了宁波市马克思主义理论重点学科和宁波市新时代思想政治理论与实践研究基地的资助，在此表示真诚感谢。同时，感谢吉林大学出版社编辑为本书出版付出的辛勤劳动。